U0262234

脆弱时刻

如何渡过气候危机

[美] 迈克尔 · E.曼（Michael E. Mann）
著
魏科 林征 译

OUR FRAGILE MOMENT

How Lessons from Earth's Past Can Help Us Survive the Climate Crisis

人民东方出版传媒
People's Oriental Publishing & Media

迈克尔·曼将这本书献给

他的妻子劳琳·桑蒂（Lorraine Santy）和女儿梅根·多萝西·曼（Megan Dorothy Mann），并纪念弟弟乔纳森·克利福德·曼（Jonathan Clifford Mann）和母亲宝拉·费诺索德·曼（Paula Finesod Mann）

译者序

2009 年 11 月，气候科学家和气候科学迎来至暗时刻。当月“气候门”事件爆发，黑客组织入侵英国东英吉利大学气候研究所（CRU）的邮件服务器，盗取了 1000 多封电子邮件和 3000 多份有关气候变化的文件，主要涉及 CRU 当时的主任菲尔·琼斯（Phil Jones）和全球气候学家的往来信件。这些被盗取的邮件很快在互联网上广泛传播，反气候变化者如获至宝，从中深度挖掘，很快挖出很多“宝藏”。

本书作者迈克尔·曼深陷“气候门”事件中，作为全球从事气候变化资料重建的顶级科学家，他与菲尔·琼斯有着深入的合作和交流，共同参与了政府间气候变化专门委员会的气候变化评估报告的起草工作。在邮件沟通里，科学家之间交流会放松很多，与大家想象的古板严谨大相径庭，例如劳伦斯·利弗莫尔实验室（Lawrence Livermore Laboratory）的研究人员本·桑特（Ben Santer）在信件里声称要把某位著名的气候变化否认者“打得满地找牙”。在一封邮件中，迈克尔·曼和琼斯商讨了向学术期刊《气候研究》（*Climate Research*）施加压力，“干掉”（get rid of）某个麻烦的编辑，从而阻止其发表气候变化否认者的研究成果。迈克尔·曼还建议同事不向该期刊投稿，除非其改变编辑出版立场，这些邮件成为指控气候科学家垄断学术进行“科学清洗”的根据。

事件的起因很简单，2003 年，《气候研究》发表了气候变化否认者萨莉·巴里古纳斯（Sallie Baliunas）和威利·索恩（Willie Soon）的一篇文章，这二位得到石油和煤炭机构超过 100 万美元的资助，并得到反气候变化的游说团体马歇尔研究所的支持。他们的文章认为全球变暖是由太阳活动变化引起的。任何科研论文要在正规的科研杂志发表，不仅需要提供基本的事实证据，还需要对已有的全球变暖的理论进行比较，以证明自己的理论更合理。这篇文章显然都不具备，不过他们另辟蹊径。《气候研究》的一位编辑将稿件带给了否认气候变化的审稿人，从而使文章得以通过审稿流程而发表。对于这样的不规范行为，《气候研究》10 名编辑中有一半提出辞职，以抗议同行评审的不规范。所以迈克尔·曼对该期刊有意见，也是事出有因。

对迈克尔·曼构成重大打击的是 1999 年的一封邮件，这也是“气候门”中气候变化否认者的集中火力攻击点。在邮件中，菲尔·琼斯和他的同事在讨论过去一千年的气候变化数据的图表时，表示他按照迈克尔·曼的方法，把全球降温藏起来。“我刚刚完成了 Mike（Michael Mann）在《自然》文章上的把戏，也就是把实际的温度添加到每个系列的最后 20 年（即 1981 年之后）；对 Keith（Keith Briffa）的时间序列则从 1961 年开始，以便把降温藏起来”[I've just completed Mike's *Nature* trick of adding in the real temps to each series for the last 20 years (ie from 1981 onwards) and from 1961 for Keith's to hide the decline]。

一石激起千层浪!

泄露的邮件成为化石燃料工业和反气候变化群体手中的“重型武器”。“全球气候联盟”(Global Climate Coalition)、非政府国际气候变化小组(Nongovernmental International Panel on Climate Change，NIPCC)等否认气候变化的组织借机对气候变化支持者和气候变化的科学事实进行攻击，声称气候变暖是“编造的事实”，是“世界历史上最大的科学丑闻”。

《纽约时报》在头版对被盗邮件事件进行了报道，称“这些邮件显示气候科学家密谋，以高估人类对气候变化的影响”。《华尔街日报》发表文章，声称“这些气象学家用一些不实数据制造气候变暖的假象，营造恐慌心理，然后从政府或其他机构手中‘骗’得了更多的科研经费。而实际上，全球变暖并没有那么严重，在很大程度上是被人为‘夸大’和‘扭曲’了”。

当事人菲尔·琼斯是一位温文尔雅的英国绅士，重压之下不得不宣布辞职，但这只是他噩梦般生活的开始。记者们蹲守在他家门口，并走访邻居挖掘“黑料”，无数污言秽语的谩骂邮件涌进他的生活，有人说要亲自杀了他，有人鼓励他赶紧自杀，“地下六英尺才是你应该待的地方。我希望很快看到你自杀的消息”，有人称他为“纳粹气候凶手”。菲尔·琼斯承受着巨大的压力，睡觉和吃饭出现了困难，健康每况愈下，处于崩溃的边缘。

而事实上，科学家和数学家使用“trick”一词来指代解决问题的方法，科学家说“把降温藏起来”也只是彼此之间的调侃。然而汹涌的浪潮裹挟而来，菲尔·琼斯和迈克尔·曼像是被卷入风暴里的树叶。美国宾夕法尼亚州立大学宣布对迈克尔·曼展开“不规范科学研究”调查，接着是第二次调查，然后是美国环境保护局调查、美国商务部调查、美国国家科学基金会调查；大洋彼岸的菲尔·琼斯则被东英吉利大学调查，后续还有下议院科学技术委员会独立气候变化审查、国际科学评估小组调查，英国查尔斯王子也到东英吉利大学听取报告。

半年多的调查结束，宾夕法尼亚州立大学的调查委员会认定，“迈克尔·曼博士没有参与，也没有直接或间接参与任何严重偏离学术界公认惯例的行为”。英国下议院科学技术委员会给出的结论是“琼斯教授和 CRU 的科学声誉没有问题……全球变暖正在发生，并且是由人类活动引起”“关于琼斯阴谋隐瞒削弱全球变暖的证据的说法是错误的”。

这些盖棺论定的调查证明了迈克尔·曼和菲尔·琼斯的清白，本来应该像阳光驱走黑暗一样，让气候变化研究和全球应对气候危机重新恢复正常，然而，“气候门”的影响延续至今，气候行动延宕多年，致使气候危机愈演愈烈，目前还看不见彻底扭转的迹象。

这不是迈克尔·曼首次遭遇调查，早在 2006 年，美国国家研究理事会（National Research Council）就组织专家对迈克尔·曼进行调查，就他的“曲棍球杆曲线”进行研究。所谓的“曲棍球杆曲线”是迈克尔·曼与合作者通过使用气候指标和统计方法重建的过去 1000 年全球平均温度的曲线。这个曲线显示了过去几个世纪的气候相对稳定，然后在工业化时期出现了急剧的温度上升，因曲线末端陡然翘起（代表近百年来升温的速率极快），形状类似曲棍球杆而得名，被联合国政府间气候变化专门委员会（IPCC）报告采用。反对者对迈克尔·曼的方法和技术细节进行大肆攻击，认为数据权重在全球分布不均，偏向于北美西北部，并不能完整反映全球气候变化等。

在全球变暖的研究中，尽管各地数据略有差别，但无论是只分析美国，还是只分析欧洲或者中国的数据，得到的都是一致的升温的趋势，即使只使用一个站点的长期序列，也能得到全球温度升高的结论，这是全球变暖的基本特征，“一叶落而知天下秋”。而反对者紧追不放，声称迈克尔·曼方法有误，数据不完全，得到的是扭曲的全球温度趋势，并不可信。随着政治家、激进分子的加入，事情变得复杂起来。迈克尔·曼本人开始收到邮件、电话的死亡威胁，甚至收到了疑似带有炭疽杆菌的包裹，连美国FBI都介入其中。各种丑化迈克尔·曼的动漫在网上传播，认为他是骗子的谩骂铺天盖地而来。针对他的传唤和独立调查多如牛毛，“真金不怕火炼”，调查肯定了他研究结论的严谨性。这不得不让人感慨，科学家对温室气体的飙升发出危险警报，社会应该为科学家送上感谢信，而现实很残酷，科学家得到的是传唤和谩骂。2023年，当曲棍球杆曲线诞生25年之后，更多的研究得到的历史数据重建曲线完全印证了迈克尔·曼当年结果的正确，这些相互独立的曲线组成“曲棍球杆曲线联盟”，揭示出我们目前气候变暖史无前例，更凸显出应对气候危机的紧迫性。

迈克尔·曼是个幽默的人，擅长于自嘲和调侃，在美国国会听证会上，他也会口吐芬芳，引起满堂喝彩。在本书中，他还会时不时揶揄科学家给自己工作命名的时候，要么太缺乏想象力，把几个人姓氏一凑了事；要么太玄幻，居然用诸如盖亚、美狄亚之类的神仙名字命名科学假说，明摆着给人竖立活靶子。话里话外都透露着还是自己“曲棍球杆”这个名字起得最好的意思。译者多次跟他通信确认对某些双关、用典的理解。无论何时译者给他写信，他基本都能秒回，隔着屏幕都能感觉到他的小心机被我们领会到的得意。

与菲尔·琼斯不同，曼从不选择沉默，他从象牙塔里的科学极客成为斗士，在繁重的科研和教学任务之余，进行了勇敢的反击，对那些由石化企业和组织支持的政客、传播气候变化伪科学的“科学家”、媒体红人等进行了毫不留情的批判，2004 年他和热心普及气候科学知识的加文·施密特（Gavin Schmidt）创立了 RealClimate 网站，以此为阵地，向公众和媒体普及气候知识。同时，他不再回避镜头，积极参与电影、电视、广播等平台活动，开了推特和脸书，在“真理越辩越明”中开启了新的人生。

迈克尔·曼是优秀的学者，2020 年，他被增选为美国科学院院士，尽管他也是个很骄傲的人，他在本书中却还是盛赞了美国著名天体物理学家卡尔·萨根（Carl Sagan）教授，认为卡尔·萨根虽然因为直言不讳得罪了许多圈里人而无缘院士，但是他对科学的贡献，尤其是对公众普及科学知识的能力和魅力超过了大多数科学院院士，包括曼自己。向“偶像”学习，曼在“战斗”的岁月里，笔耕不辍，截至 2023 年，已经出版了 7 本气候变化科普书，几乎每一本的标题都充满了战斗的气息，例如《曲棍球杆和气候战争：来自前线的报道》《新气候战争：夺回我们星球的战斗》《疯人院效应：气候变化否定论如何威胁我们的星球，摧毁我们的政治，让我们抓狂》等。

本书的战斗气息已经平息，在译者看来，一方面是近几年气候危机愈演愈烈，极端天气频发，已经让反气候变化者失去了公众的信任，另一方面，新崛起的“Z 世代”（指 1995—2009 年出生的一代人）年轻人拒绝忽悠且极具行动力，让老一代反气候变化者失去了听众。本书围绕气候变化的历史，从地球初生时黯淡的日光开始，历经冰雪地球、二叠纪末的大灭绝、白垩纪末的大灭绝、始新世初的“热室地球”、过去数百年前的冰河时代，一直到如今的全球变暖时代，从地球过往的经验教训里，寻找我们渡过目前危机的方向。

迈克尔·曼对本书投入了极大的感情，文字严谨、华丽且丰富，他时而娓娓道来，时而神采飞扬，时而痛心疾首，时而慷慨激昂，时而严谨学术，时而狡黠活泼，展现出充沛的感情和丰富的内心世界。他信手拈来科学、文学、电影、音乐和科学上的逸闻趣事，这使本书的翻译充满了挑战。幸好，本书翻译工作伊始，我就明智地拉林征女士“入伙”。她曾担任国际气象和大气科学协会执行局秘书，现为英文学术期刊《大气科学进展》（*Advances in Atmospheric Sciences*）的编辑，因为期刊工作关系，和包括迈克尔·曼以及前文提及的菲尔·琼斯在内的许多国际知名科学家早就认识，时有邮件往来。作为一名擅长“为他人作嫁衣裳”的编辑，她没有我的“学者包袱”，因而和这些“大牛”科学家的交流比我更多了些不懂就问的随性不羁，翻译中遇到拿不准的问题她总能找到合适的专家请教，且总能迅速得到热情洋溢的解答和确认。我们一起层层解析迈克尔·曼埋在书中的电影梗、神话梗、宗教梗、歌词梗和科学八卦，经常围绕八卦笑得人仰马翻，商量要不要把某个八卦注释和读者们一起分享，所以本书比原书多了100多条“译者注”。在译者看来，这极大地提升了原书的可读性和趣味性。

回想2009年当“气候门”事件爆发之时，译者在中国科学院研究生院（2012年更名为中国科学院大学）讲授“高等大气动力学”，在期末安排同学组成小组，就气候变化问题进行辩论，原以为这种对气候科学和科学家的污蔑会是一阵风，随即消失于互联网短暂的记忆中，毕竟“清者自清，浊者自浊”，未承想“气候门”和气候战争的大风延续至今。时至今日，无论是中文还是英文互联网，依然充斥着反气候变化者的各种言论，对迈克尔·曼的攻击视频依然赫然在目。不得不感慨，“谣言一张嘴，辟谣跑断腿”，气候变化涉及更复杂的政治与经济，也凸显了舆论战场上的复杂和波诡云谲。

由于反气候变化的观点和材料在各个领域传播超过30年，跨越了代际，甚至成为很多人根深蒂固的认知，“全球变暖并没有发生”“全球变暖是发达国家的阴谋”“全球变暖即使发生了，其影响也有限”“全球变暖有助于我国重回汉唐盛世”“全球增暖是全球科学家的共谋”“别有用心的科学家人为修改数据”“人类活动在影响全球气候方面微不足道”“地球曾经比现在热得多，现在这点儿升温不算什么”“气候本来就是变化的，现在的变暖很正常”“全球变暖是太阳活动引起的”……这样的观点有数百条之多，甚至很多气候变化领域内的科学家也无法完全识别真伪，在本人曾被拉入的某教授群里，也经常有教授发言，引用的无非就是以上这些被人设计并传播的观点和所谓证据。有些气候学家因此默默退群，认为“没法儿与没有数理基础的人讨论气候科学”。

问题是，如果科学家都从公众话语里“退群”了，谁来当吹哨人？

为了让公众更好地了解气候科学，尤其是古气候学，曼在这本书里几乎不使用任何数学公式，每当微积分、斯特藩－玻尔兹曼定律、普朗克反馈等专业名词冒头时，他会用高中生能够理解的代数式和物理知识进行解释。译者拿家人和亲戚朋友家正在上高中的孩子亲测，表示理解起来问题不大。以译者多年来从事科研和科普的经历来看，我们需要沟通并同心协力将理论付诸行动的人，往往就是没有太多数理基础的人。这也是我们选择翻译这本书的初衷。

正如曼在书中指出的，现在更让人忧心的不是气候变化否定论者，而是末日论，是那些鼓吹现在做什么都来不及，号召大家“躺平”的别有用心的论调。2020 年 12 月 12 日，在联合国气候雄心峰会上，联合国秘书长安东尼奥·古特雷斯（António Guterres）呼吁全球所有国家进入气候紧急状态，直到实现碳中和。同样也是在这一年，习近平主席在第 75 届联合国大会上宣布“碳达峰”和“碳中和”的目标和承诺。在此之后，我国迅速将“双碳”作为国家战略，并建立起“1+N”的双碳政策体系。积极应对气候变化，关乎生态文明建设，也关乎我国能源、经济和社会的转型，是我国构建“人类命运共同体”的核心事项。

轻舟已过万重山。从强调“共同但有区别的责任”到强调“秉持人类命运共同体理念，携手应对气候环境领域挑战，守护好这颗蓝色星球”，世界正大踏步走上积极应对气候危机，坚持绿色发展之路。国内目前依然否认气候变化的顽固分子不仅完全不了解科学事实，也罔顾国家政策和世界趋势，沉浸在自己想象的世界里。尤其是对极端天气里最不发达（最贫穷）国家、弱势人群和穷困人口遭受的损失视而不见，失去了善良和纯真，是到了必须反省的时候了。

地球没有人类，确实照样转，但这本书从古气候学视角深入浅出地阐述了这样一个道理：正是因为有包括人类在内的生命形式的存在，地球才能演化成如今的宜居模样，而我们正在有意无意间，一步步毁掉我们的共同家园。

本书中迈克尔·曼多次提到的卡尔·萨根，是一位杰出的天体物理学家和优秀的科普工作者，他以宏大的宇宙观告诉我们：在庞大的包容一切的暗黑宇宙中，我们的行星只是一个孤独的小蓝点。没有任何迹象表明，宇宙中会有救星来拯救我们脱离自己的处境。这几年《三体》和《流浪地球》在中国掀起科幻热浪，我猜想作者刘慈欣一定凝视过卡尔·萨根的"暗淡蓝点"，从而构思出让人不寒而栗的"黑暗森林法则"。

因此，请允许我斗胆借用和糅合迈克尔·曼和卡尔·萨根的话来结束这篇译者序：

> 如果我们继续沿着目前不可持续的道路前进，地球仍然是宇宙中那个暗淡的蓝点，但属于我们人类的脆弱时刻就将结束，地球也将不再是我们生生不息的家园。

魏科

2023 年 11 月 29 日于北京

目　录

引言

我们生活的星球，正如金凤花姑娘[①]所喜欢的那样，一切刚刚好。它有水，有富含氧气的大气层，还有保护我们免受紫外线伤害的臭氧层，既不太冷又不太热，看起来正适合生命存在。随着最近詹姆斯·韦布空间望远镜的问世，我们可以将视线延伸到近140亿光年。尽管我们这样努力搜寻，但迄今为止在宇宙中还是没有发现其他如同地球一样宜居的行星。地球这个行星几乎就像是专门为我们量身定制的，可事实上并非如此。

地球45.4亿年的漫长历史已然证明，即使没有人类，它也能运转如常。最早的类人猿，也就是原始人类出现在200多万年前。但直到距今20万年，现代智人才开始漫步地球。而人类文明延续至今只有6000年左右，仅占地球历史的0.0001%——这在地质年代里只能算是一个瞬间。

是什么造就了我们这个美好又脆弱的瞬间？具有讽刺意味的是，成就这一瞬间的，正是那个现在威胁我们的东西——气候变化。6500万年前一颗小行星的撞击引起了一场波及全球的尘暴，

① 欧美童话故事里，金凤花姑娘来到三只熊的家里，喝了不热不冷的粥，坐了不软不硬的椅子，所以常用金凤花姑娘来形容一切“刚刚好”。——译者注

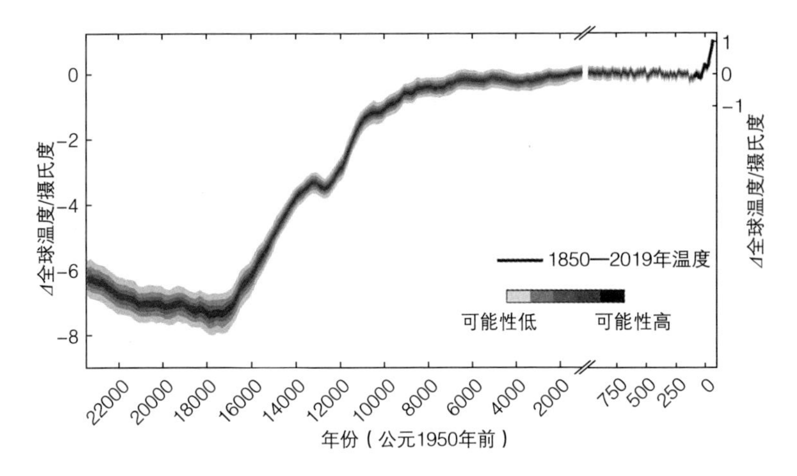

图 0–1　过去 24000 年全球气温变化的估值

注：本书所述的“脆弱时刻”被定义为从大约 6000 年前到 20 世纪中叶 (时间轴的“零点”) 的这段时间

导致全球温度急剧下降，灭绝了恐龙，同时为我们的祖先铺平了道路。

那时，我们的哺乳动物祖先只有小型鼩鼱[①]大小，为躲避食肉恐龙四处逃窜，东躲西藏。但随着恐龙的消失，它们从阴影中走出来，填补新的生态位[②]，并分化出灵长类、猿类，最终演化成人类。这样的撞击事件要是发生在今天，将对现代人类文明造成

① 鼩鼱（qú jīng），因形似长嘴老鼠，以昆虫为食，又名尖嘴鼠、食虫鼠。体长仅 4—6 厘米，尾长 4—5 厘米，体重 1—5 克；牙齿多，第 1 对门齿发达，其余各齿有尖的齿突。鼩鼱是最早的有胎盘类动物，产生于中生代的白垩纪，是哺乳动物中最原始的一类。——译者注

② 生态位是生态学中常用的术语，在本书中会多次出现，指的是一个物种在生态系统中特定的生存和生长条件。可以理解为一个物种在生态系统中的角色或工作，包括如何适应特定的环境条件、获取食物和生存资源的方式，以及与其他生物的关系等。每个物种都有其独特的生态位，这有助于它们在生态系统中找到自己的生存空间并避免与其他物种直接竞争。——译者注

毁灭性打击。但如今，我们真正面临的紧迫威胁，不是气候变冷，而是化石燃料燃烧和碳污染导致的气候变暖。

其实，气候从一开始就在塑造和指引着我们。在距今250万年前的更新世时期，随着地球的降温，热带地区变得更加干旱，非洲的热带森林被稀树草原所代替，这使我们的祖先不得不走出森林，走向大地，学会狩猎。而今天，如果气候同样持续变干，许多地区就将面临干旱和野火的威胁。1.3万年前，正值地球从最后一个冰河时代解冻出来，北大西洋海域发生了著名的“新仙女木事件”[①]（Younger Dryas），引起突然的降温，这对原始社会里依靠狩猎和采集生活的人来说是个挑战，却意外地促进了新月沃土地区[②]农业的发展。如今，随着格陵兰岛的冰川融化，大量淡水注入北大西洋，使海水变淡，导致向北的“海洋传送带”[③]洋流系统受到破坏，引起类似北大西洋降温的事件，则会威胁鱼类种群生存，进而削弱我们养活这个饥饿星球的能力。16—19世纪的“小冰期”导致欧洲大部分地区出现饥荒和瘟疫，也导致诺尔斯殖民地的崩溃[④]。然而，这对另外一些人却是福音，比如荷兰人能够利用这一

---

① “仙女木”是寒冷气候的标志植物。新仙女木的“新”表示末次冰期持续升温过程中的最后一次寒冷事件。——译者注

② 新月沃土地区指的是西亚两河流域及其附近一连串肥沃的土地，包括今天的伊拉克、叙利亚、黎巴嫩、约旦、以色列和巴勒斯坦等地。这个地区因其土地肥沃和适宜农业生产的气候条件而著名，历史上也是许多古代文明的发源地。——译者注

③ 海洋传送带即温盐环流，通俗来说，就是海水在深度、温度和盐度等方面存在差异，这些差异会影响海水的密度，从而使得海水在全球范围内流动，对全球气候和生态系统都具有重要的影响。——译者注

④ 诺尔斯人来自北欧的斯堪的纳维亚半岛，他们在10世纪向外扩张，在格陵兰岛和北美纽芬兰岛建立殖民地，持续了大约500年。诺尔斯殖民地于14世纪衰落，15世纪完全消失。——译者注

时期的强风缩短远洋航程。借此，荷兰西印度公司和东印度公司成为海上贸易的霸主，几乎垄断了通往南北美洲、非洲、澳大利亚和新西兰的欧洲航线。有那么一会儿，他们似乎掌控着世界，就好像曾经的恐龙一样，但也确实就那么一会儿。

所以，地球上人类的生存故事十分复杂。气候多变，有时会创造出新的生态位，人类或者人类的祖先可以伺机而动；有时会带来挑战，造成破坏，进而激发创新。但令人难以置信的是，人类文明所能承受的气候变化范围相当狭小，让人类能在地球上生存的条件相当脆弱。今天，我们庞大的社会基础设施支撑着超过80亿人[①]的生存，这是一个已经超过我们地球自然承载能力（在没有人类技术的支持下，地球所能提供的资源极限）的数量级。所以，我们人类如今能得以生存，有一部分得益于我们的基础设施。而建设这些基础设施时的外部条件（如气候）能否一直保持稳定如前，决定了这些庞大基础设施的韧性[②]。

但不幸的是，今天大气中二氧化碳的浓度，已经达到自原始人第一次在非洲大草原上狩猎以来的最高值，大大超过了人类文明萌芽时期的最高范围。如果我们继续燃烧化石燃料，这颗行星会继续升温，很有可能最终超过我们适应能力的极限。现在的我们离极限还有多远？本书将会回答这个问题。

---

① 2022年在本书成书时世界人口还未超过80亿，而当年年底，2022年11月15日，联合国宣布全球人口达到80亿。——译者注

② 原文“resilience”这个词首次出现在2007年IPCC的第四次评估报告中，被用来描述生态系统和人类社会对气候变化和其他压力的适应能力。该报告的中译本将其翻译为“韧性”，在不同语境下还可翻译为“抵御风险的能力”“恢复力”“弹性”，翻译中会视语境交替使用。——译者注

我们将回顾人类文明是如何发展到今天的。在这一过程中，地球赐予了我们稳定的气候，这是令人难以置信的馈赠，让人类不仅能够生存，还兴旺繁荣。我们将了解到，如果继续沿着现在的道路前进，人类文明将面临怎样的危险。我们将深入研究被称为“古气候学”的领域，这是一门关于研究史前气候的学科。这门学科为我们提供了至关重要的经验教训，因为我们目前要应对的挑战之难，是人类作为一个物种从未面临过的。毫无疑问，我们已经意识到面临的是气候危机。接下来的内容将为你们提供必要的知识，以充分认识到正在面临的威胁程度，同时鼓励尽早采取行动，以免悔之晚矣。只有了解了过去的气候变化，以及这些环境变化如何使人类得以繁荣发展，我们才能理解如下看似矛盾的情况：一方面，我们“这 瞬”的环境相当脆弱——毁灭性的野火、“百年一遇”的飓风或每天 110 华氏度（约 43.3 摄氏度）的高温事件——这些迹象汇总在一起，昭示着我们似乎正在滑向不宜居的深渊；然而另一方面，对地球历史的研究也显示，气候在一定程度上具有韧性。所以，气候变化是一场危机，但也是一场可以解决的危机[1]。

在本书中，我们会反复提到一个重要观点：我们必须接受科学的不确定性。科学的过程就在于自身的不断发展。新数据不断浮现，帮助我们完善已有的理解，有时还会改变我们之前的看法。气候变化反对者坚持认为，科学的不确定性是我们现在不应该行动的原因之一。对他们来说，不确定性意味着不可信，或者可能会在某些方面反应过度，比如可能会损害经济。但事实恰恰相反，许多关键的气候影响已经超过了早期的科学预测，例如，致命的天气事件增加、冰川消失和由此造成的海岸淹没，等等。不确定性不是我们的朋友，但正因为有不确定性，我们才应该采取更大规模的预防措施和更协调一致的行动。

正如我们将看到的，这种不确定性导致的结果就是答案并不总是清晰明了。我们回看过去的气候时，这一点尤其突出，因为年代越久远，数据就越少、越模糊。我们的本能总是试图得出简单的类比和明确的结论，但科学不是这样，地球气候这样的复杂系统也不是这样运作的。因此，我们也必须接受科学的不确定性导致的细微差别。事实上，当我们寻求有关过去和未来气候的关键问题答案时，细致入微的观察和分析是最好的手段。

不同的科学研究往往得出略有不同的结论，只有通过评估众多科学研究的相似结果和证据，我们才能得出更确切的结论，并开始建立科学共识。我一直很喜欢艾拉·弗拉托夫（Ira Flatow）讲的一个故事。和蔼可亲的弗拉托夫主持美国全国公共广播电台（NPR）“科学星期五”节目，节目里他曾介绍美国国会在20世纪70年代初，对超声速飞机旅行潜在威胁的调查：

> 美国国会任命参议员埃德蒙·马斯基（D-ME）担任调查委员会主席，马斯基顺手又成立了一个来自美国国家科学院的权威委员会来研究这个问题。6个月后，他们向国会委员会报告。当时所有的媒体记者都在，摄像机开始录像。
>
> 首席科学家说：“参议员，我们准备好作证了。”马斯基回答说：“好吧，告诉我答案是什么，到底会不会有危险？”这位科学家拍了拍桌子上的一大摞纸，说：“我这里有很多论文，它们明确表明这将是一个危险。”马斯基听后，正准备作出结

论性发言，但这位美国国家科学院的科学家又插话说，“另一方面，我这里还有一组论文，说那些论文还不足以得出这个结论。”参议员被搞得疲惫不堪，抬起头大声喊道：“谁能给我找个能一锤定音的科学家？”[2]

这是一个有趣的故事，却蕴含一个严肃的教训。每个人都想要一个“一锤定音的科学家”，但科学显然不是这样的。

更为复杂的是，新闻和媒体报道往往热衷“轰动一时”的研究，以及耸人听闻的新发现，以获取点击量和浏览量。因此我们常常会面临所谓“打脸”效应。例如，这周我们被告知有一项研究表明巧克力、咖啡或葡萄酒（基本上生活提供的所有好东西）是健康的，但是下一周我们读到另一个新研究的报道标题，坚持认为这些东西对人有害[3]。

结果是，我们对科学理解的偏见比实际情况更加两极分化，且变化不定。这种现象在气候话语中很容易看到，例如，上一周我们被告知，会导致所有海平面上升的格陵兰冰盖可能处于崩溃的边缘，而下一周的一项研究表明，它比我们想象的更稳定。我们经常看到关于“末日冰川”和“甲烷炸弹”的可怕标题，这些标题掩盖了尽管可怕但更加复杂的事实，更重要的是，客观评估基本科学证据后得出的结论远远没有那么令人绝望。

因此，考虑到不确定性及其所有影响，我们将关注每个人心中的大问题：我们注定要失败吗？本书会告诉您，这个问题的答案完全取决于我们自己。来自古气候记录的全部证据，也就是地球过去气候变化的记录，实际上已提供了行动蓝图，指引我们该如何保护我们的脆弱时刻。今天，气候行动要取得实质性成果，必须意识到最大的威胁不再是否定论，而是绝望和末日论。这些论调错误地认为现在采取任何行动都为时晚矣。可我们对古气候记录的回顾将表明，事实并非如此。

人类及其所享有的气候受两个方面的影响：一方面，人类的行动，特别是燃烧化石燃料和造成碳排放，已在过去两个世纪左右对气候轨迹产生了影响；另一方面，气候的长期轨迹也影响到我们，而正是这个轨迹将我们带到了今日。通过回顾这个轨迹，我们可以洞察未来的可能性。在我的上一本书《新气候战争》（*The New Climate War*）中，我调查了过去半个世纪以来化石燃料企业及其支持者所开展的各种宣传和施压，这些手段迄今仍阻止我们采取必要行动来避免灾难性的气候变化，让我们如今触及了人类可持续居住的极限。

本书将转而着眼于地球气候历史对人类的影响，以及其中的经验和教训。同时需要注意，古气候学只是证据之一，它不能解答关于人为气候变化的所有问题，因为在过去，并没有哪个历史片段可以完美相比于我们未来可能面对的挑战。但是，结合现代气候记录的解读，在最先进的地球气候系统模式指引下，古气候学将为我们评估当前形势的危险性提供重要信息。我们在应对日益严重的气候危机时，古气候学强调了减缓和适应气候变化的紧迫性，也凸显了我们在避免灾难方面仍然拥有的能动性。

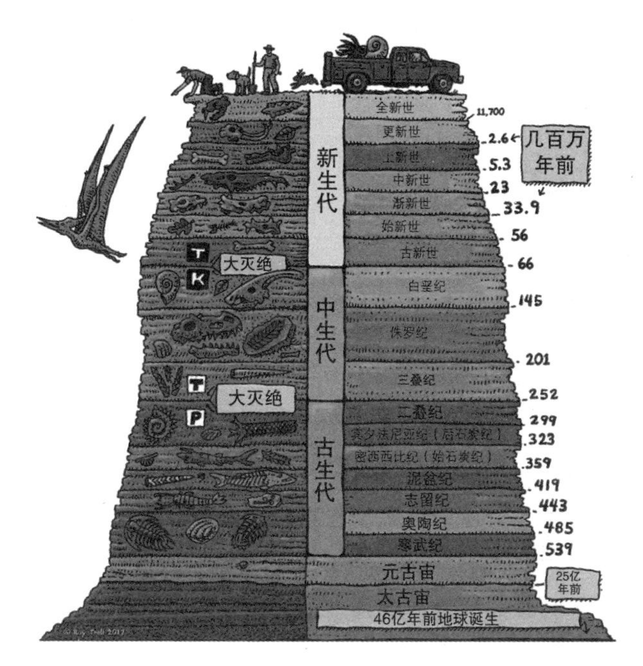

全新世
11,700
更新世
2.6
几百万年前
上新世
5.3
中新世
23
渐新世
33.9
始新世
56
古新世
66
新生代
T
K
大灭绝
白垩纪
145
侏罗纪
201
中生代
三叠纪
252
T
大灭绝
P
二叠纪
299
宾夕法尼亚纪（后石炭纪）
323
密西西比纪（始石炭纪）
359
泥盆纪
419
志留纪
443
奥陶纪
485
寒武纪
539
古生代
元古宙
25亿年前
太古宙
46亿年前地球诞生

图 0–2　地质年代表

第一章

我们的时刻开始了

> 我们正处于人类历史的十字路口。从来没有哪个时刻像今天这样既如此危险又充满希望。我们是第一个将进化掌握在自己手中的物种。
>
> ——卡尔·萨根[①]

我们现在面临的困境着实具有很强的讽刺意味，因为正是我们人类自己造成了全球变暖。事实上，我们在地球上的出现归功于气候变化，不过是自然的变化。在地球历史上，一会儿小行星剧烈地撞击地球，一会儿气候突然变暖，再加上板块碰撞和海洋传送带的崩溃也掺和其中。如果没有一连串剧烈的气候事件和变故，我们不可能到达我们现在所处的这一刻。

我们出现了

气候变化从一开始就塑造了人类。这听起来简单，但实际并非如此。不是所有的进化或社会趋势都是由环境变化驱动的，更不用说被气候变化驱动了。有些只是反映了自然选择在环境条件下缓慢而稳定的进展、偶然的发现和创新。但毫无疑问，有一些关键发展是由气候事件驱动的，从而造就我们成为今天的人类。让我们从头开始说起吧。

---

① 卡尔·萨根（Carl Sagan，1934年11月9日—1996年12月20日），美国天文学家、天体物理学家、宇宙学家、科幻作家和杰出的科普作家。本书第二、四章对他的理论和对科学传播的贡献有专门的论述。——译者注

有人认为，人类生命可能始于大约 40 亿年前，当时第一个生物体在原始淤泥中出现。但事实上，真正的人类起源要晚上几十亿年——更准确地说是在 6600 万年前，一颗巨大的小行星撞击了地球。这颗小行星直径几乎有 8 英里（约 12 千米）[①]，时速 3 万英里（约 4.8 万千米，比声速快 3 倍以上），在墨西哥尤卡坦半岛海岸附近的海底形成了一个 100 英里（约 160 千米）宽的撞击坑。这场史诗般的撞击将大量的碎片喷射到大气层中，遮天蔽日，使地球迅速降温。大约 80% 的动物物种，包括非鸟类恐龙（之所以需要使用“非鸟”这个限定词，是因为鸟类是直接从恐龙进化而来的，它们实际上是恐龙的一个幸存的亚纲），都消失了。

但正如本书将反复提到的，对一些生物来说的悲剧，却是对另一些生物的机遇。这次灾难事件带来的一个重要后果是，它为我们极遥远的祖先消灭了主要的掠食者，使那些曾在岩石间东躲西藏的小型啮齿哺乳动物走出藏身之处，占据新的生态位。这次碰撞标志着中生代[②]恐龙时代的结束，也是新生代[③]哺乳动物时代的开始。

大约 5600 万年前，也就是恐龙灭绝后的 1000 万年，气候变化，这次是自然发生的气候变化，给我们带来了另一个挑战。当时，气候变化表现为突然急剧升温，被称为“古新世—始新世热极值期”。这发生在始新世[④]早期，此后是长达2000万年的始新世。

---

① 本书原文以英制单位为主，在翻译时转化为国际单位。——译者注

② 根据最新的国际地质年表，中生代为距今约 1.45 亿年到 6600 万年。——译者注

③ 新生代为距今 6600 万年至今。——译者注

④ 始新世为距今 5600 万年至 3390 万年。——译者注

这次气候变化产生的进化压力为一种全新的哺乳动物，即灵长类动物开辟了生态位。最初是一种类似狐猴的原始生物，学名叫森林鼠猴（Dryomomys）。它确实是我们的祖先，身长只有5英寸（约12.7厘米），而且只吃水果。所以，如果邀请它来参加感恩节晚餐的话会有点尴尬①[1]。

始新世早期和中期有着温暖潮湿的温室气候，有利于增加植物多样性，反过来又为灵长类动物创造了新的环境生态位。湿润的热带和亚热带森林使得早期的树栖灵长类动物分化，并扩散到北美、欧亚大陆和非洲。随后的始新世中期和晚期，气候慢慢变冷，从大约3400万年前开始进入渐新世②时期。

是什么驱动了这种降温趋势？在20世纪90年代初，著名的古气候学家莫琳·雷莫（Maureen Raymo）和比尔·罗迪曼（Bill Ruddiman）认为这是由始新世早期印度板块和亚洲板块的碰撞导致的。这次碰撞抬高并形成了青藏高原，同时也形成了巍峨的喜马拉雅山脉（和雄伟的珠穆朗玛峰）。来自印度洋温暖、湿润的空气与山脉相遇，并向山顶抬升，湿气在上升过程中冷却凝结成降雨。如今，我们将这个系统称为南亚夏季风[2]。

更多的降雨意味着更多的岩石风化，大气中的二氧化碳溶解在溪流和河流中，形成碳酸并溶解岩石。例如，像长石这样的硅酸盐岩石，会被溶解成黏土、钙离子和碳酸盐离子。这些物质会流入溪流和河流，最终进入海洋。来自大气的碳，埋藏于海洋，

---

① 感恩节餐桌上以火鸡等肉食为主，素食的它受邀来参加感恩节晚餐的话，估计宾主双方都比较尴尬。——译者注

② 渐新世为距今约3400万年到2300万年。——译者注

削弱温室效应，从而使地球降温。

正是在渐新世早期，我们称为“冰室”气候的最初迹象开始显现。大约 3400 万年前，冰盖首先在南极洲形成，后来北美洲和格陵兰岛也形成了冰盖[3]。

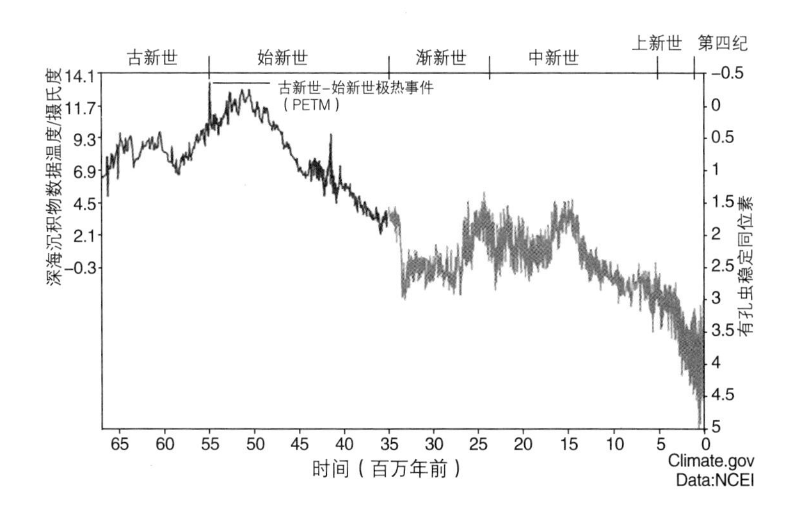

图 1–1　过去 6500 万年来全球温度的变化

二氧化碳的减少和降温一直持续到 2400 万年前开始的中新世时期。寒冷的气候导致亚热带森林退却，取而代之的是林地——由树木、草、灌木和其他植物组成的更加开阔的环境，这又为灵长类动物创造了一个新的生态位，它们在树上荡来荡去的时间更少，而在地面上待的时间更长。欢迎来到“人猿星球”！在中新世中期猩猩出现了，几百万年后大猩猩出现了，又过了几百万年，黑猩猩也出现了。随着灵长类动物时不时地直立，使用原始工具，形成更复杂的社会组织，逐渐出现类人猿和原始人，然后越来越接近人类这个物种——智人。

1200 万至 600 万年前，欧亚大陆的森林和林地消失了，类人猿的数量也随之减少。有一批原始人迁移到东南亚和非洲，其中有些最终进化成人科动物——一个更为特殊的群体，包括现代人类、已灭绝的古人类物种和我们的直系祖先。与此同时，二氧化碳的减少和降温仍在继续，草原继续扩张，北半球开始在格陵兰岛和北美洲形成冰盖，并不断扩张。

500 万年前，我们进入了上新世。大气中的温室气体浓度在 380ppm 到 420ppm 之间①，是大气中温室气体的浓度最后一次与如今的浓度相当。然而，奇怪的是，当时地球实际上比今天温度高 3.5—5 华氏度（1.9—2.8 摄氏度），海平面可能比现在高 30 英尺（约 9 米），这是怎么回事？我们很快就将探讨这个“悖论”[4]。

当时智人还没有出现，但我们的直系祖先已经出现了。第一批直立行走的人类，比如地猿（不久还会出现南方古猿），是从非洲大陆早期的原始人类进化而来的。持续的降温下，广阔的亚热带稀树草原和大草原取代了森林和林地。虽然这些环境并不适合大猩猩（大猩猩撤退到潮湿的热带地区，至今仍生活在那里），对新进化的古人类来说却颇为理想，这就开辟了一个适合直立行走物种的生态位。它们是杂食动物，除了猿类祖先青睐的水果和坚果，它们的食谱中还补充了可食用的植物和莎草，并在热带草原上集体捕食大型猎物以获取肉类。

---

① ppm（parts per million），是用溶质质量 / 体积占全部溶液质量 / 体积的百万分比来表示的浓度，也称百万分比浓度。——译者注

时间快进到260万年前，我们直接进入了冰室气候——更新世。降温仍在继续，北半球开始形成冰盖。我们人属的几个物种游荡在非洲大草原上，有些利用扩张的草原进化成跑得更快、效率更高的猎人，有些使用简陋的石器，还有些发展出更大更聪明的大脑，最终进化成我们这个物种——智人。

到70万年前，气候已经进一步降温，冰川分布更广，冰盖延伸到北美洲和欧亚大陆。这些扩张的冰盖驱动大气急流向赤道移动，使亚热带和热带地区降温并干旱化，其中就包括原始人居住的非洲大部分地区。被扰乱的气候模态可能让古人类进化出更强大的大脑。这些聪明的古人类能够制定策略来应对气候变化带来的严峻挑战，包括设计更精巧的石器工具和组成日益复杂的社会群体。比如，在团体狩猎中使用设计更精巧的长矛，采用复杂的群体狩猎策略，以便在其他食物来源匮乏时，采用更高效的狩猎来获取食物[5]。

更大的冰盖从根本上改变了气候系统本身的动力学，在寒冷的“冰期”和温暖的“间冰期”之间产生更大、更缓慢的振荡，冰期有广泛的冰盖，间冰期则冰量大幅减少。这些巨幅振荡的形成与地球绕太阳运行轨道的天文周期密切相关，特别是周期大约为10万年的偏心率的变化（变化指的是地球围绕太阳的公转轨道是更偏圆形，还是更偏椭圆形）[6]。

长期的降温趋势从大约70万年前开始，持续了几十万年。这导致冰盖断断续续地增长，且越来越大。在随后的冰期/间冰期循环期间，在非洲热带和亚热带地区造成越来越严重的气候扰动。最近的一次完整周期是所有周期中摆动幅度最大的一次。13万年前开始的埃姆间冰期极端温暖（其最高温度甚至可能超过今天的温度），而大约 2 万年前的末次冰盛期则非常寒冷，当时冰盖甚至覆盖了现在的纽约市。在那次振荡期间，全球气温变化约为 9 华氏度（5 摄氏度），而中高纬度地区的气温变化则是这个数值的两倍，这主要是由于冰雪的增长或萎缩所产生的放大效应，这是一种所谓的正反馈循环。我们将在后面章节了解到，正反馈循环是气候变化中至关重要的过程。这种巨大的气候振荡带来更大的选择压力，让人类大脑越来越大、越来越聪明，从而能设计出越来越巧妙的应对机制，以应对极端气候状况所带来的挑战。

我们的时刻终于到来了。原始智人的骨骼化石最早出现在 30 万年前的非洲，头盖骨表明他们的大脑和我们的大小差不多。从解剖学上讲，现代智人出现于 20 万年前，而 10 万年前的头盖骨显示，他们的大脑在各个方面，包括大小和形状，都与我们无异。在 20 万到 10 万年前，智人开始采集和烹饪贝类，并制作渔具。他们开始使用语言，逐步发展成为现代人类。得益于小行星撞击、长期的降温趋势，以及更新世晚期巨大的气候振荡循环所带来的一次次升温和降温，现代人类最终诞生。然而，人类还需要经历一系列的气候事件和偶然因素，才能出现对文明崛起至关重要的创新[7]。

在荒野中

人类出现的第一个十万年里，确实是在实际意义上的荒野①中度过的。早期的智人四处游荡，以狩猎—采集部落的形式存在。随着尼安德特人和丹尼索瓦人等古老的人类亚种迁徙到包括欧洲和亚洲在内的其他大陆，智人的数量不断增加。有证据表明，我们曾与这些人类亚种交战过，有时还与他们杂交（今天我们中的许多人身上依然有他们的基因）。但大多数情况下，一定程度上因为气候变化的帮助，我们战胜了他们。一些考古学家认为，大约4万年前的尼安德特人之所以没有能力抵御欧洲漫长的严寒，是因为他们过于依赖狩猎特定的大型野生动物，而这些动物的数量因为严寒的影响而减少了[8]。

在接下来的4万年里，智人将继续利用大脑优势，制作日益复杂的石器，穿上衣服，并通过复杂的语言彼此交流。我们举行庄重的埋葬仪式，佩戴装饰性的项链，并雕刻人形小像。我们在洞穴壁上绘制壁画，特别是绘制我们的猎物，用图形记录我们的生活方式。我们发展了航海技术，迁移到更遥远的大陆，比如亚澳地区，并最终到达美洲大陆[9]。

虽然我们已经走了很长的路，但我们还不够文明。由于游猎生活方式的限制，我们还没有能力建立永久或半永久的定居点、

---

① 原文 in the wilderness 典出《圣经 · 马太福音》（玛 4:1–11）："那时候，耶稣被圣神领到旷野，为受魔鬼的试探。""在荒野中"一词在西方语境里有强烈的《圣经》色彩，因此作者提示说此处是实际意义上的荒野，指纯粹字面上的意思，人类当时确实是在荒野中。——译者注

形成复杂的社会等级制度，或者进行劳动分工以可持续性地支持大量人口。不过这一切都将因为一次气候变故而发生改变。这次意外发生在最后一次冰期结束时的大消融时期。

当大量淡水被突然释放到海洋中时，气候系统就会发生某种“故障”。巨大的劳伦泰德冰盖的快速融化就是这次事件的导火索。这是一个覆盖北美洲北半部的大陆冰川，南缘一直延伸到芝加哥和纽约市。这次冰川融化开始于大约15000年前，正是上一次冰期即将结束的时候。大消融持续了大约2000年。这个温暖的间冰期被称为“波林—阿勒罗德”（Bølling–Allerød）暖期。

快速的冰融化导致大规模淡水涌入北大西洋。有人推测，在不同文化中都存在的洪水神话，包括《创世记》中的诺亚洪水①和古美索不达米亚的《吉尔伽美什》史诗②中描述的大洪水，可能就来源于这些融水事件。有一个特别突出的脉冲式融水，被命名为“融水脉冲1A”，发生在距今14700至13500年前，仅仅300年就向海洋释放了大量的水，足以使全球海平面飙升整整44英尺（约13.4米）[10]。

然而，来自“融水脉冲1A”的部分水汇集在一个巨大的冰川湖泊中，这个湖泊被称为阿加西湖，形成于当时位于加拿大中南部的劳伦泰德冰盖的南端，这里有一个巨大的冰坝阻止了水流入

---

① 挪亚洪水指的是《旧约》开篇的《创世记》中的挪亚方舟的故事，描述了一场大洪水，据说是上帝为了清除世界上的邪恶而降下的灾难。在这个故事中，挪亚被要求建造一艘方舟，并在洪水来临之前将自己的家人和各种动物带入方舟中，以幸免于洪水的破坏。——译者注

② 《吉尔伽美什》是世界上最古老的史诗之一，据称起源于古代美索不达米亚地区（今伊拉克）。它讲述了古代英雄吉尔伽美什的冒险故事。——译者注

海洋。在 12900 年前的某天，大坝突然破裂，大规模冰川融水的释放使得北大西洋北部海域海表盐度急剧降低。由于淡水比咸水轻，停留在上层，因此大量淡水的涌入阻止了表层水的下沉。而这些表层水的下沉本应构成海洋“传送带”环流的一部分。所谓的海洋传送带是一个大规模的蝴蝶结状的带状洋流系统，将温暖的亚热带表层水向北传送，使北大西洋和邻近地区变暖（著名的“墨西哥湾暖流”就是其中的一部分）。随着下沉中断和传送带内向北暖流的关闭，北大西洋外缘、东北美洲和西欧的邻近地区开始降温，几乎回到了冰河时代的状态[11]。

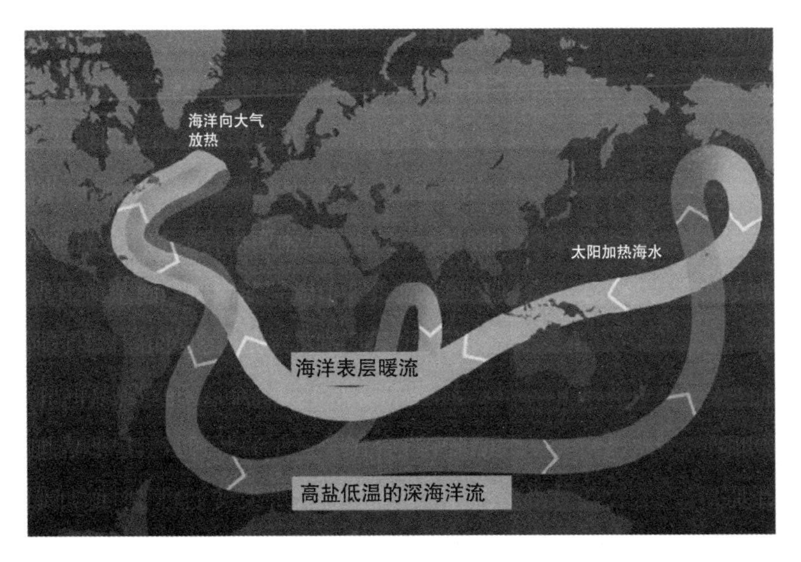

图 1-2　由主要的海洋表层和深层环流组成“全球传送带”（温盐环流）

如果你看过电影《后天》[①]，那么你一定对这个海洋传送带崩溃导致冰河时代来临的情景，或者说夸大版的情景很熟悉。当然了，这部电影对现实进行了戏剧化的加速和夸张。全球变暖不会导致巨大的龙卷风暴发摧毁好莱坞，不会导致超冷的空气柱在所过之处把人冻僵，更不会在一周内形成巨大的冰盖将美国覆盖。但这个故事中有一点是真实的：气候模式表明，人类造成的气候变暖可能导致海洋传送带减速。虽然现在北美洲没有被冰盖覆盖，但是格陵兰岛却有，而且冰盖正在以前所未有的速度流失。有朝一日，它可能向北大西洋释放足够多的淡水，造成类似的（如果不是那么戏剧性的）传送带关闭。事实上，我自己的一些研究表明，这种转变已经开始了。我和我的合作者发现，在过去的一个世纪里，尽管世界其他地区已经在变暖，北大西洋格陵兰岛以南的一小块区域实际上已经变冷了[②]，这种区域性降温的模态带有海洋传送带受全球变暖影响而减速的“独特烙印”[③]【12】。

科学家称12900年前这种北大西洋回归冰期状态的现象为“新仙女木事件”。“新”是因为它是发生在冰河时代末期的两次寒冷事件中更近期（也更明显）的一次，而“仙女木”则是因为在这一

① 2004年上映的一部科幻灾难电影，全球总票房5.54亿美元，导演是罗兰·艾默里奇（Roland Emmerich），主要演员包括丹尼斯·奎德（Dennis Quaid）、杰克·吉伦哈尔（Jake Gyllenhaal）和艾米·罗森（Emmy Rossum）。电影中北大西洋径向翻转环流中断，导致极寒的冰河时代突然来临，主人公在冰封的美国展开一系列救援行动。——译者注

② 这个变冷区域被称作“冷斑”区（cold blob）。——译者注

③ 原文为fingerprint，直译为指纹，指气候受某种特定强迫时表现在空间和/或时间上的形态，一般利用气候模式模拟来估算观测数据中的气候响应。提出气候变化“指纹”识别方法的气候学家克劳斯·哈塞尔曼（Klaus Hasselmann）与另外两位科学家一起荣获了2021年诺贝尔物理学奖。——译者注

时期的欧洲高纬度湖泊沉积物中，普遍发现了苔原草本植物仙女木（Dryas octopetala）的残骸。北大西洋及其邻近地区的海洋传送带系统关闭，并由此引发了延续约 1000 年的降温，一直持续到冰河时代的最终结束，直到 11700 年前全新世时期开始。

这一降温事件似乎激发了最终使人类文明成为可能的关键创新之一。11700 年前，新仙女木时代的结束标志着全新世间冰期（暖期）的开始，也标志着考古学家所说的新石器时代的开始，这是石器时代的最后阶段。有人说，石器时代的结束并不是因为缺少石头。这种说法无疑是正确的。石器时代结束是因为有更好的东西出现了，这就是所谓的新石器革命[①]。一系列引人注目且相互关联的人类创新，使我们从以往的游猎生活转向永久定居、农业和耕种的生活。

这一切似乎都始于中东与地中海东部接壤的一块回旋镖形状的地区，即著名的新月沃土地区。这个地区横跨现代伊拉克、叙利亚、黎巴嫩、巴勒斯坦、以色列、约旦和埃及北部，以及科威特北部地区、土耳其东南部地区和伊朗西部地区。这个地区被认为是“文明的摇篮”，因为许多技术创新，包括文字、车轮、农业和灌溉等，都起源于这里。

萌芽于这片区域的叙利亚南部的纳图夫文化尤为重要，它发展于大约 15000 年前的旧石器时代末期，正值我们开始走出冰河时代。纳图夫人的不同寻常之处在于，他们的生活方式以定居为主，而不是游猎。他们建立的小型定居点充分利用了当时肥沃的土壤、

---

① 新石器革命也称作“农业革命”。——译者注

相对温暖和降雨充沛的优势。这些有利的气候条件为定居式的狩猎和采集提供了可能。纳图夫人一边捕猎瞪羚，一边采集大量的野生谷物、豆类、杏仁、橡子和开心果等。他们使用燧石制作的镰刀、石磨和石臼来收割和研磨谷物。这些都是农具的雏形，但纳图夫人还是狩猎采集者，而不是农民。至少当时还不是[13]。

新仙女木事件造成肥沃的新月沃土地区的降温和干旱化，给纳图夫人带来了困境。由于环境不再有利于进行定居式狩猎采集活动，他们被迫采取各种适应性策略。纳图夫人中的一群人，在内盖夫沙漠和西奈半岛北部变成了游牧民族，最终形成了哈里夫文化，这种文化以其“哈里夫尖”的箭头而闻名。然而，其他纳图夫族群却采取了相反的策略，他们在加强狩猎采集活动的同时，继续保持定居。正是选择的这条路径，最终引导他们进入了农耕和农业时代[14]。

那时纳图夫人通过定居采集生活已经意识到，种子种植后可以生根发芽，这些认识为栽培野生植物奠定了基础。在新仙女木事件时期，应该是北方部落的纳图夫人为了获得更多食物，首先学会了栽培各种谷物作物。你早餐时吃 Chex 牌麦片吗？这得感谢纳图夫人[15]。

新获得的农业知识迅速传遍了新月沃土地区的全部纳图夫部落。晚期纳图夫部落广泛出现了装饰身体的绿色珠子，似乎强调了耕作对他们文化的重要性。随着新仙女木时代的结束，该地区再次变得更加温暖，冬季也有了稳定的降雨。农业生产变得更加普及和高产。随着狩猎和放牧自然而然地转变为定居生活，定居点农民开始驯养牛、山羊、绵羊和猪，畜牧业也开始形成。

与此同时，类似的事情也在中国上演。新仙女木时期的气候影响再一次似乎起到了关键作用。波林–阿勒罗德（Bølling–Allerød）暖期时，中国华北地区温暖湿润的气候条件有利于该地区的狩猎采集部落的形成，这些部落的规模不断扩大，人数增长，并扩展到之前曾是干旱和半干旱的地区中。但是，在新仙女木时期出现的干旱和寒冷的条件使得觅食更具挑战性，因此他们转而种植野生小米作为获取食物的一种手段。随着猎人成为农民，人类开始饲养猪等家畜。大约在这个时期，中国南方出现了水稻种植，这可能起源于长江流域的采集者。农业几乎同时在不同地区独立出现，彰显了大规模气候变化是如何推动人类社会的创新的[16]。

文明诞生

我们这个物种，也就是智人，终于从游猎生活过渡到定居生活。我们学会了栽培农作物和饲养牲畜。我们开始改变地球的自然景观。随着我们获取食物的效率越来越高，我们的数量呈指数级增长。部落变成了村庄和小镇，然后发展成城市，社会等级开始形成。至此，文明的种子已经牢牢扎根，但仍需要几千年的萌芽才能以“城邦”（周边有领地的城市）的形式出现最初的文明。

1.1 万年前，在新仙女木时期结束仅仅 700 年后，就在约旦河谷半干旱的起伏山丘上，现代耶路撒冷以东的一个泉眼处，出现了一个纳图夫人的原始城市——耶利哥。到 8500 年之前，这个城市曾经被废弃，后来又被重新占领，发展成为一个泥砖建造的农耕村庄。村庄被一道著名的石墙①环绕，村里还有一个巨大的石塔。有证据表明，在这个时期，人们驯养山羊作为可靠的肉食来源。耶利哥城可能养活了几千人，石塔和石墙等宏伟建筑显示了协同劳动的开始。与此同时，人类还建立了其他许多类似的农业群落。

大约在8200年前，许多这样的定居点突然被大规模遗弃。这是因为该地区再次经历了一次突发干旱事件，该事件持续了大约2个世纪。这样的气候条件更有利于小型且能自给自足的个体家庭单位。古气候证据表明，这是一次小型的新仙女木事件。劳伦泰德冰盖的残迹融化时，大规模的融水最后一次涌入海洋。也许又有一个冰坝崩溃了，从残留的阿加西湖释放到北大西洋的融水虽然没有让海洋传送带崩溃，但是也使其大大削弱，导致北大西洋再次降温，肥沃的新月沃土地区也再次变得干旱[17]。

大约8000年前，美索不达米亚恢复了更湿润的气候，促使人们定居在新月沃土地区北部的底格里斯–幼发拉底河流域的肥沃河谷。当地居民很可能利用了这里的河堤和季节性水源，形成非常原始的灌溉雏形。居住在这里的农耕文明被称作哈拉夫文明，这一地区包括土耳其东南部、伊拉克北部和叙利亚。该地区所扮演的标志性角色为它赢得了一个名字——美索不达米亚，在希腊语中意为“两河之间的土地”。雅尔莫②等村落就是这种文化的典范。

① 耶利哥城墙被攻破是西方家喻户晓的故事。《旧约》记载，耶利哥城墙高厚，犹太军久攻不下，后围城行走7日然后一起吹号，上帝以神迹震毁城墙，使犹太军轻易攻入。——译者注

② 雅尔莫，位于现在的伊拉克北部。——译者注

我们认为在这里出现了重大的技术创新，可以找到的证据包括装饰性陶器，它取代了更原始的编篮和羊皮袋。该地的大部分食物源于小麦和大麦的种植，以及饲养被驯化的山羊。个人住宅的大小、形状和布局表明，扩展家庭①已成为当时基本的社会单位，而大型粮仓则表明有了社区层面的合作。现在，需要有原始的社会等级制度，来决定谁得到哪块土地，并如何世代相传。这需要某个人或团体作出这些决策，更为复杂的社会政治体系、更高的社会复杂性和权力等级制度应运而生。例如，雅尔莫就被认为是早期的酋长国[18]。

大约2000年后，也就是距今6000年前，在所谓的全新世中期，第一个真正的人类文明——城邦——在美索不达米亚出现。这一次我们应该再次感谢气候变化。为了理解气候变化在这一时期起到的作用和方式，我们需要考虑另一个与地球绕太阳公转有关的循环。不过这次循环与地球轨道的形状无关，而与春分秋分的岁差（即轨道的摆动）有关。这种循环周期较短，不是10万年，而是接近2.6万年，对热带和亚热带的影响特别明显[19]。

地球的自转轴与地球围绕太阳公转的轨道平面并不成直角。它是倾斜的，与绕日轨道的垂直方向的夹角大约为23.5度。地球像旋转的陀螺在减速时那样摇摆，来回摇摆一次（进动）需要2.6万年。今天，地球的摇摆使北半球远离太阳，所以冬至（12月22日前后）与近日点时间（目前的近日点是1月4日前后）几乎相同。

---

① 大家庭，除了核心家庭成员（父母和子女）之外，还包括其他亲属，例如祖父母、叔伯姑舅、堂兄弟姐妹等。在这样的家庭中，多个代际成员共同生活、相互支持和互相照顾，可以提供更广泛的社会支持和更强的亲情联系。——译者注

由于我们在北半球的冬天离太阳更近，冬天就不那么冷了。同样，在仲夏，我们离太阳更远，夏天就更凉爽一些。总体而言，我们如今的季节性会更弱。而在12000年前，在全新世开始时，情况几乎相反，季节性增强了。与我们人类故事最相关的是6000年前，也就是全新世中期，那时处于两个极端的中间，正慢慢向季节性降低过渡。

陆地比海洋升温更快，所以夏天傍晚，在沿海地区，陆地温度升高，空气上升，凉爽、潮湿的空气从海洋传到陆地，我们就吹到了凉爽的海风。季风可以被看作大陆范围的海风循环：当季节性更强时，大陆的夏季更暖，会出现更强的季风。我们之前在探讨板块运动对气候的长期影响时，提到的印度夏季风就是一个例子，另外在西非也有一个相关联的夏季风。

这两个季风似乎都对发生在美索不达米亚的事情起到了作用。来自气候模式①的数值模拟和古气候“代用资料”的观测数据（例如洞穴沉积物的地球化学证据），表明该区域在全新世早期比较潮湿，这是由于南亚夏季风更强和更偏北，给该区域带来了更多的印度洋水分；而西非季风更强，导致大西洋水分更多地输送到北非，并使撒哈拉沙漠变绿。撒哈拉地区植被的增加可能改变了风场的模态，从而有利于更多的水分进入美索不达米亚。到了全新世中期，由于季节性减弱，季风也随之减弱，于是该地区向半干旱气候过渡[20]。

正如新仙女木时期气候的不利变化迫使当时的人们选择不同

---

① 国内也常翻译为“气候模型”，二者基本无差别，本书中用“气候模式”。——译者注

的应对策略，从而促进耕作和农业的发展一样，在全新世中期，美索不达米亚的气候变化也迫使人们有效利用水资源。这片“两河之间的土地”非常适合灌溉，浑然天成地包含了水利的基本元素，所需的只是对社会组织进行升级，以便实施更为复杂精妙的农业灌溉工程。城邦就可以提供这样的组织支持[21]。

美索不达米亚的文明就这样诞生了。第一个城邦是建立在南部的苏美尔（现在伊拉克中南部），这里从被称作乌鲁克的时期（6100—4900 年前）开始就一直有人居住。在灌溉技术的帮助下，这里的农民可以大量种植谷物和其他作物，这养活了其他居民，让他们可以自由地从事其他工作，比如建筑，从而形成了第一个真正的城市定居点。

苏美尔被划分为许多独立的小城邦，每个城邦的人口都超过 10000 人。这些独立的小城邦被运河和石头边界分隔开来。它们之间进行贸易，货物通常沿着美索不达米亚南部的运河和河流运输，这反过来也导致经济和文化更加趋同。没有城墙意味着不同小城邦之间普遍没有战争，但现在已经进入了“铜器时代”，出现了刀、钻、楔、锯、长矛、弓、箭和匕首，后面这几样东西意味着至少偶尔的摩擦也是存在的。

有许多共同特征显示这些城邦国家正日益文明，虽然这些文明里存在的缺陷，也被后来的社会继承了。每个小城邦都是神权国家，以一座供奉城市守护神的神庙为中心。中央集权的政府雇用专门的工人来劳动。没错，后来我们称这些人为奴隶。社会结构是男性主导的，并呈现分级的特征，由一个牧师国王领导，有一个长老理事会协助。当时已经有法律，尽管它有时残酷且不公正，例如被发现有不忠行为的妇女会被执行石刑。在最初的城邦中有乌鲁克、乌尔和阿卡德。乌鲁克是到目前为止被发现的城镇化水平最高的城市，人口超过 5 万，堪比一个现代的小城市。

今天可以和文明联系在一起的许多特征，在当时已经很明显了。比如，以花瓶、碗和盘子的形式出现的精致陶器，还有装蜂蜜、黄油、油甚至早期葡萄酒（可能是用枣子酿造的）的罐子，这些罐子以黏土密封。有人戴着头饰和黄金项链。有简单的家具，包括床、凳子和椅子。有壁炉和神龛。那时已有书面语言，用木片或石板刻字。人们用七弦琴和长笛演奏音乐。

其他文明几乎在同一时间出现在地中海的半干旱地区和中东的其他小区域，例如大约 5000 年前的古埃及文明、大约 4500 年前的印度河流域文明和大约 4000 年前的米诺斯文明。每个小区域都利用先进的灌溉项目来应对干旱气候的挑战。气候变化似乎再一次促进了相似的创新几乎同时、独立地在世界不同区域出现。

但是在美索不达米亚发生了一些独特的事情。4300 年前，苏美尔人和阿卡德人统一成一体，并拥有共同的统治者，即阿卡德的萨尔贡。世界上第一个真正的帝国诞生了。阿卡德帝国以阿卡德为中心，扩展到周边广阔的地区。他们利用强大的军事力量，影响着美索不达米亚和包括安纳托利亚与沙特阿拉伯在内的邻近地区。

新出现的社会组织、劳动分工和社会等级制度使帝国具备更强悍的震慑力和影响力，表现为士兵阶级的出现，以及冶金工人制造的越来越先进且有杀伤力的武器。帝国还以复杂的灌溉工程的形式提高了社会韧性：该区域变得更加干旱，降水间隔越来越长，基本指望不上，此时灌溉工程就可以支持农业生产。但是任何基础设施的韧性都是有限度的，因此我们走到了可能最重要的发展阶段：大约 4200 年前阿卡德帝国的衰落。

现在，我们必须警惕气候决定论——这种观念认为，每一个重大的历史事件、每一个社会起源或崩溃都可以完全通过气候变化的视角来解释。影响社会变化的人类行为和社会政治动态极为复杂，对此，我们必须始终保持清醒认识。但话虽如此，气候突变及其与社会动荡的相互作用，依旧很可能是造成人类历史上首个大帝国衰落的根本原因[22]。

在 20 世纪 90 年代早期，耶鲁大学人类学家哈维·维斯（Harvey Weiss）最早提出了这个假设（当时这一假设争议很大，现在则有大量的古气候证据证实了这一假说）。当时他对勒伊兰山①的考古遗迹进行了详细的研究。勒伊兰山曾是阿卡德帝国的行政中心[23]。

干旱的确切原因尚无定论。有人认为当时可能发生了大型火山喷发。如果是像 1815 年导致“无夏之年”的菲律宾坦博拉火山（Mount Tambora）一样的爆发性热带火山喷发，就可以将足够多的颗粒物喷射到平流层，阻挡大量的太阳光。虽然与 6600 万年前小行星撞击地球造成的严寒和恐龙灭绝相比不值一提，但它足以让副热带地区在十多年里变得寒冷、干旱。一组地质学家最近对沉积物的分析表明，阿根廷北部热带安第斯山脉的塞罗布兰科火山群在 4200 年前左右喷发，这可能是全新世最具爆发性的一次喷发。

---

①　勒伊兰山是位于叙利亚东北部的一个城市遗址，有许多建筑和遗迹，包括宫殿、宗教神庙、商业和居民区。——译者注

其他文明也受到这次强烈的大面积干旱的影响。建造了宏伟金字塔的古埃及王国、印度河流域的哈拉帕文明，以及处于青铜器时代初期的巴勒斯坦、希腊、克里特岛文明，都发生了农业减产。然而，唯独阿卡德帝国在干旱打击下一触即溃，看上去是维持这样一个庞大而多样化的文明，不堪重负所致[24]。

阿卡德帝国过于依赖帝国北部的生产力，利用当地丰富的物产向帝国其他地区分发粮食，并支持庞大的军队。干旱带来的毁灭性后果被民间故事《阿卡德的诅咒》① 所记载，故事绘声绘色地描述了阿卡德帝国陷入的困境："……广阔的耕地不产粮，淹没的土地不养鱼，灌溉的果园不出糖浆和酒，密集的云朵不降雨。"农业崩溃之后，北方人口大规模向南迁徙，遭到当地南方人口的抵制，他们修建了一道从底格里斯河一直延伸到幼发拉底河的长达100 英里（约 160 千米）长的城墙，以阻挡移民。如果这种情景听起来熟悉和令人不安②，那么这里有一个原因，我们将在后面讨论。

虽然该地区的其他文明没有立即崩溃，但它们也受到了干旱的不利影响。在几个世纪之内，它们也将在很大程度上面临灭亡，因为它们非常依赖与美索不达米亚的贸易，而这种贸易随着阿卡德帝国的陨落而消失。印度河流域文明将在几百年内消失，随之消失的还有米诺斯文明。我有幸目睹了，实际上也消费了它们伟大的文化成就：我在参观希腊克里特岛和锡拉岛（又名 Santorini）的发掘现场的时候，品尝了一种名为"阿西尔提科"（Assyrtiko）的

① 《阿卡德的诅咒》据说是在阿卡德帝国灭亡后不久流传开的民间故事。故事将阿卡德帝国的灭亡归因于对神灵的冒犯。——译者注

② 这里暗讽特朗普政府为阻挡墨西哥移民斥巨资修建的边境墙。——译者注

美味白葡萄酒，这种葡萄酒起源于米诺斯人。米诺斯文明在距今3500年前消失，锡拉岛火山毁灭性的喷发加速了它的消失。如果你有机会在火山留下的新卡门尼岛（Nea Kameni）火山口温泉里游泳，我建议你可千万别错过。

到目前为止，我们关注的是欧洲和亚洲，而在美洲也发生了非常相似的情况。距今17000—15000年间，亚洲部落利用冰河时代晚期的低海平面时期，通过陆桥到达北美洲。在几千年里，一些部落一路往南迁徙到秘鲁。又是在全新世中期，第一个真正的美洲文明——秘鲁的卡拉尔——出现了。气候变化，表现为厄尔尼诺现象（El Niño），再次成为文明崛起的关键因素。

厄尔尼诺现象是指热带太平洋东部表层水域的周期性变暖，如今每3—5年发生一次（厄尔尼诺的命名来自拉丁语“圣婴”，因为变暖总是在北半球圣诞节前后出现）。人们很容易说，这种变暖是由信风减弱（热带地区的表面风往往从东吹向西）造成的，但是因果关系在这里是一个棘手的问题。强信风导致深冷的海水上翻到赤道东太平洋的表面（“上翻流”），使那里的海洋表面降温。由于向西远至印度尼西亚的海水更加温暖，加热了大气，使其上升，然后在高空向东移动，在东部下沉到海面，然后再从东向西移动，产生了前面提及的信风，并完成了大气环流圈。我们不能说海洋导致了大气环流，就像我们不能说大气导致了海洋环流一样。相反，这是海洋—大气系统的一种相互耦合、相互依存和协调一致的状态。

如果这种状态被天气扰动所扰乱，使信风减弱，那么东部海表水温升高，就失去了与西部的海表水温差。正是这种温度差驱动了大气环流圈，形成了信风，因此整个环流圈减弱的话，信风就会进一步减弱。这是一个自我驱动的循环。这个系统每隔几年就会在弱环流（东部海表水温变暖，厄尔尼诺现象发生）和强环流（东部海表水温变冷，拉尼娜现象发生）之间来回振荡。这整个海洋与大气耦合的现象被称为“厄尔尼诺/南方涛动”，或者就叫 ENSO[①]。赤道太平洋的降温和升温调整两个半球的西风急流，从而改变了北美、非洲和亚澳地区的季节性天气模态。在北美西部，厄尔尼诺年往往比较潮湿，大西洋飓风季相对平静。拉尼娜年则恰恰相反，北美西部干旱，大西洋风暴肆虐。

如今，厄尔尼诺现象很常见，我们近些年也看到了一些强厄尔尼诺事件，例如 1982/1983 年、1997/1998 年和 2014—2016 年（异常长）的事件。但是我们也在热带太平洋地区看到了持续时间长的拉尼娜现象。气候变化会导致更强更频繁的厄尔尼诺现象吗？或者会导致相反的结果，把我们推向一个更多拉尼娜的世界吗？古气候记录提供了一些线索，我们很快就会看到。

然而对目前来说，重要的是，我们现在能够理解全新世早期到中期 ENSO 现象大幅减弱的可能原因。包括珊瑚骨骸、海洋和湖泊沉积物在内的大量古气候资料为我们提供了解读的证据。如前所述，季节性的增强导致了季风的加强。这反过来又有利于热带太平洋地区在即将发生厄尔尼诺现象这一非常时期，也就是北半球的冬季，刮起更强的信风。如果信风很强，海洋环流就不会太弱，也就是说，会很难发生厄尔尼诺现象。随着季风和信风逐渐

① ENSO 是厄尔尼诺/南方涛动 El Niño/Southern Oscillation 的英文缩写。——译者注

减弱，厄尔尼诺现象从长期休眠中醒来。到了距今 5000 年前，厄尔尼诺现象再次加剧[25]。

在秘鲁海岸线沿线可以找到世界上生物资源最丰富的一些海域，这要归功于信风引起的沿海上翻流，将营养丰富的深海水抽到海面。浮游植物利用这些营养物质，通过光合作用维持着丰富的海洋食物链，包括大量的沙丁鱼、凤尾鱼和鲭鱼。然而厄尔尼诺事件切断了上升流，从而关闭了这个大型天然渔场。

厄尔尼诺事件的反复出现导致秘鲁沿海渔业文化的主要食物来源间歇中断。然而，尽管厄尔尼诺现象不利于捕鱼，却有利于水资源；厄尔尼诺事件期间温暖的沿海水域给通常是沙漠的沿海地区带来了暴雨。有了水，就有了种植作物和农业的可能性，但前提是你必须储存水以度过两次厄尔尼诺事件之间的长期干旱期，这需要储水和灌溉技术。只有文明的组织结构才能支持这样的创新。于是诞生了被称为卡拉尔的复杂文明，他们通过在沿海渔业和内陆农业这两种经济之间进行贸易，从事集中的粮食生产。他们建造了固定的住所，为群体聚会建造了下沉广场，还有 85 英尺高（约 26 米）的金字塔。这个文明持续了大约 1000 年。如果这个时间看起来很短暂，那么想想看，从红发埃里克①开垦格陵兰到今天的时间差不多也就这么长[26]。

尽管所有这些早期文明都消失了，但人类文明本身得以生存、繁荣和传播。在距今 3800 年左右，安第斯高地的人民开始种植玉米，秘鲁的查文文明开始发展。大约在同一时期，中美洲的玛雅

① 埃里克本人长着红头发、红胡子，当时人们按照外貌特征给知名人物起绰号，因而他被称为红发埃里克。——译者注

人开始种植作为主食的玉米，以及豆类、南瓜和辣椒等其他作物。阿卡德帝国陨落后，美索不达米亚人最终合并成两个主要的阿卡德语国家：北部的亚述和南部的巴比伦尼亚。古埃及王国与阿卡德帝国几乎在同一时间解体，但这与其说是一次“崩溃”，不如说是一个世纪之久的“插曲”，因为古埃及王国已向新王国过渡。迈锡尼文明在青铜器时代晚期（距今 3700 年至 3100 年）蓬勃发展，随后是古希腊文明，其标志是政治、哲学、艺术和科学的诸多创新成就，包括引入民主作为一种统治制度。当我们进入“公元纪元”时，这些贡献将从根本上塑造出西方文明[27]。

公元纪元

公元纪元（公元），即我们现在居住的时代，是从公历的第一年开始（我在公元 2022 年开始写这本书）。公元时代提供了许多气候如何影响人类文明的案例，这些案例复杂精妙。正如我们将要看到的，不是简单的火山喷发或其他气候事件毁灭了文明，而是气候压力和社会政治因素之间复杂的相互作用导致了社会崩溃。在这一点上，也许没有比古希腊和古罗马更好的例子了。

公元前 323 年亚历山大大帝驾崩，如果说以此为希腊文明结束的标志还有争议的话，那么当罗马人在公元前 146 年征服希腊时，希腊文明就肯定寿终正寝了。但值得注意的是，当希腊沦陷时，罗马人实际上接受了他们的大部分文化，包括其民主政治、社会结构以及同样的万神殿，这表明了“结束”这个概念也很难界定。希腊文化，毕竟还是幸存了下来。罗马帝国正式开始于公元前 27 年，当时恺撒·奥古斯都宣布自己是罗马的皇帝。因此，大约在 27 年后，罗马帝国崛起，公元时代始于此。奥古斯都统治时期的特点是罗马世界的相对和平（被称为“罗马和平”），在两个多世纪里，罗马世界基本上没有冲突，即使罗马帝国继续在边疆进行帝国主义的扩张，罗马世界仍然拥有这一相对和平的属性。

在两个世纪内，罗马人控制了一个庞大且地理多样化的地区，北至大不列颠岛北部，南到撒哈拉边缘，西起大西洋，冬至美索不达米亚。帝国人口繁盛，数量达到了惊人的 7500 万。在气候历史学家中，现在有一个普遍的观点，即气候变化带来的压力是这个伟大帝国衰落的重要驱动力，遵循着“帝国诞生、扩张、繁荣、变得过于分散、遭遇可能是气候引起的挑战、然后衰落”的模式[①]。

可事情没有那么简单。尽管许多人把罗马帝国的衰落归咎于气候变化，但他们所基于的证据要么是选择性的，要么是道听途说或非常牵强。这种观点认为，从公元前 200 年到公元 150 年，存在一个“罗马气候盛世”，那时的气温据称比今天要高。这种观点认为“罗马人很幸运”，在这个有利的时期建立了他们的帝国。随后，由于多次大规模火山喷发，气候条件在所谓的“晚古小冰

---

① 这句话出现在《崩溃：人类社会的简史》（*Collapse: How Societies Choose to Fail or Succeed*）一书中，作者为地理学家和作家贾雷德·戴蒙德（Jared Diamond）。该书探讨了不同社会和文明崩溃的原因，并通过历史和现代案例研究，提供了关于可持续发展和环境问题的见解。——译者注

期”①迅速恶化，帝国分崩离析[28]。

这是个好故事，很适合拍 HBO（美国有线电视网络媒体公司，HBO 电视网）的纪录片。但这并不正确。对古气候证据的最新评估显示，没有证据表明该地区存在长达几个世纪的暖期，更不用说全球暖期了。古气候证据反而表明，在那段时间里，温度和降雨模态的区域变化以及温暖程度并没有达到我们现在的水平。认为火山活动导致“晚古小冰期”降温进而导致帝国崩塌的观点忽略了这样一个事实，即降温发生在公元 6 世纪，而帝国，这里说的是西罗马帝国（主要是地中海西部和邻近地区）的崩溃，发生在公元 5 世纪晚期，也就是一个世纪之前[29]。

导致西罗马帝国灭亡的似乎是与气候变化无关的社会压力。贫穷、衰落的西罗马变得过度扩张，面临着来自下层农民阶级日益增长的躁动，这些下层阶级憎恨精英们颓废的生活方式。公元 410 年，罗马城被游牧的西哥特人洗劫一空，城市遭到严重破坏。公元 476 年，有日耳曼血统的意大利军事领导人奥多阿切尔废黜了西罗马帝国的最后一位皇帝——罗慕路斯・奥古斯都。

但是东罗马帝国（也称为拜占庭帝国②）又是怎么回事呢？东罗马帝国确实崩溃了，只不过发生在大约 1000 年之后，也就是公元 15 世纪，因此认为公元 6 世纪的降温和干旱是近因的说法是非常不可信的。但是气候变化可能确实起了一定的作用，它可能实际上延长了东罗马帝国的寿命。古气候代用资料，如湖泊沉积物、

---

① “晚古小冰期”，也被称作“古罗马末期小冰期”。——译者注

② 东罗马帝国的都城君士坦丁堡（今伊斯坦布尔），是在希腊古城拜占庭的基础上建立起来的，因此东罗马帝国也被称为拜占庭帝国。——译者注

钟乳石和石笋沉积物（称为“洞穴石”）数据表明，从公元 5 世纪开始，地中海东部的冬季趋于潮湿。冬季是该地区的雨季，冬季降雨（以及山区的积雪）和今天一样，对于补充地中海区域漫长夏季造成的缺水至关重要。作为前面提及的全新世中晚期干旱化趋势的一部分，近几千年来的夏季变得越来越干旱。

是什么原因导致冬天变得更加潮湿，从而延长了拜占庭帝国的寿命？西风急流从西向东穿越大西洋的位置决定了地中海东部和中东地区的冬季降雨。在有些年份，急流向北移动，给欧洲带来温暖、暴风雨和潮湿的天气，但纬度偏南的地区缺乏降雨。这种急流行为的逐年波动被称为“北大西洋涛动”。在另一些年份，急流径直穿过大西洋进入地中海地区，带来了充足的暴雨。这种与欧洲的寒冷干旱以及中东的湿润状态有关的事件是北大西洋涛动的“负位相”①。北大西洋涛动受到太阳加热变化的影响，其中的机制有些复杂。但最终的结果是，太阳加热的减弱有利于北大西洋涛动的负位相。这种减弱从公元 5 世纪中叶开始，在冰芯的放射性碳沉积物中有所记录，可能会导致北大西洋涛动的负位相，并增加当时在东地中海和中东地区的降雨量【30】。

这种气候趋势显然在拜占庭帝国东部发挥了有利作用。来自孢粉沉积物和历史资料的证据表明，公元 5 世纪中叶，随着农业定居点的扩张，该地区的农业迅速发展。受益于农业生产率的提

① 北大西洋涛动是冰岛低压和亚速尔高压之间的跷跷板式振荡现象，当冰岛低压增强（气压降低）时，亚速尔高压也随之增强（气压增强），此时西风急流偏强，位置偏北，这样的状态即为北大西洋涛动的“正位相”；反之，当冰岛低压减弱时（气压升高），亚速尔高压也随之减弱（气压降低），此时西风急流稍弱，位置偏南，这样的状态对应北大西洋涛动的“负位相”。——译者注

高，东罗马帝国的税收制度[①]让国库充盈，可以为关键基础设施建设提供更多支持，如建造先进的灌溉系统和有利于提升韧性的水利工程，免受特别干旱地区的农耕之苦，所有这些都为帝国的进一步扩张和巩固提供了保障[31]。

拜占庭帝国最终在中世纪灭亡了。瘟疫使帝国元气大伤，近一半的君士坦丁堡人口死于公元1347—1353年暴发的黑死病（是的，在瘟疫从亚洲传播到欧洲的过程中，气候可能起了作用）。帝国继续削弱和分裂，最终以1453年奥斯曼帝国攻陷君士坦丁堡而结束[32]。

气候变化在过去至少1000年中持续在一定程度上发挥指引人类历史的作用。在全球范围内，工业化前的温度变化是微小的。大致发生在15—19世纪的所谓“小冰河时代”，在全球范围内温度似乎比之前的4个世纪仅低了不到2华氏度（1.1摄氏度）。这种微小的差异应归因于气候自然驱动因子的温和变化（此前4个世纪太阳加热更强，且大型火山喷发更少）。然而，气温和降雨量的区域变化较大，这是与北大西洋涛动和ENSO有关的大气环流变化的结果，而这些变化本身可能就是这些自然驱动因子造成的。在之前的中世纪（11—14世纪）时期，北美大部分地区、北大西洋和欧亚大陆相对温暖，但热带太平洋地区较为凉爽，美国西部特别干旱，看上去是热带太平洋持续低温的拉尼娜现象造成的。这些相当大的区域气候变化肯定影响了人类历史，至少对一些社会

① 国家向农民征收土地税、人头税、牧场税、牲畜税等，还强迫农民承担建筑、运输等劳役。在农村中还实行连环保制度，凡因逃亡而无人耕种的土地，责成同村人代缴土地税。——译者注

的解体起到了作用[33]。

有一个典型的例子就是15世纪挪威人在格陵兰岛的定居点的消亡。公元985年，埃里克·瑟瓦尔德森（即“红发埃里克”）率领一支船队从冰岛前往格陵兰岛南部，船上载有约500名男女、牲畜和补给品。他们在南格陵兰①维持着永久定居点，饲养奶牛和绵羊，种植谷物，同时通过卓越的航海技术与欧洲大陆保持着贸易往来。直到15世纪，这一切才土崩瓦解。

挪威人受益于相对温暖的环境，这种环境之所以能够形成，部分原因是中世纪持续存在的北大西洋涛动的正位相模态。到了15世纪，正位相被负位相所取代，寒冷开始袭来。寒冷无疑给这些狩猎和农业殖民定居点带来了挑战，我们可以合理推断它至少导致了公元1400年至1450年间挪威人的定居点的灭亡。但是糟糕的决策也在这次崩溃中扮演了关键角色。例如，科学家们认为，挪威人对海象牙的过度依赖起到了关键作用。海象牙是一种有价值但日益减少的贸易商品。同时，该区域日益增厚的海冰阻碍了贸易，因此，与欧洲大陆贸易的中断至少是气候变冷的间接后果，这表明气候和社会政治因素叠加，可导致文明的崩溃。毫无疑问，挪威人的定居点的灭亡改变了历史的进程。正如我们在前面的章节中看到的那样，它为荷兰成为海上霸主提供了机会。胜者为王，败者离场[34]。

而要找到北美气候崩溃的典型例子，我们就得追溯到几个世纪前被称为阿纳萨齐的玉米种植文明，它位于美国西南部的“四

---

①　格陵兰岛的南部地区，包括南部沿海地带和附近的岛屿，该地区气候相对较温暖，冰盖覆盖较少，有着壮阔的自然景观。——译者注

角”地区[①]，始于公元前12世纪，在公元1300年左右突然结束了。阿纳萨齐的农业似乎无法适应当时美国西部日趋干旱的环境。公元13世纪晚期，当地的干旱达到顶峰，导致阿纳萨齐人的定居点被遗弃。为了探索气候引起的压力与社会决策如何相互作用，科学家们使用了多主体建模[②]，模拟阿纳萨齐人会采用哪些更加合理的应对气候变化策略，例如通过改变作物和定居点。虽然实际的阿纳萨齐文明在公元1300年迅速且剧烈崩溃，模型却表明，如果阿纳萨齐人采用不同应对方案，农业水平虽然有所降低，但农业在模拟的文明中仍然可以延续。这个模拟试验突显了气候和文明崩溃之间有时颇为复杂的关系[35]。

有些时候，气候变化的影响是什么，甚至气候变化是有害还是有益，都很难说。例如，有许多关于欧洲“小冰期”的低温是如何对社会产生负面影响的说法——那时的降温更为明显（由于北大西洋涛动负位相的普遍存在，引来了来自北极的冷空气）。17世纪晚期至18世纪早期法国特别寒冷，这种条件似乎至少导致了最初的歉收、食品价格飙升和大规模死亡。但是法国政府采取了适应性措施来缓解饥饿和死亡，比如从阿尔及利亚进口粮食。伦敦

① “四角”地区是美国科罗拉多州、新墨西哥州、亚利桑那州和犹他州的交会点。这个地区以其干旱的气候和沙漠景观而闻名，被称为“四角”地区是因为这里的边界形成了一个四方形的角落。这个地区有丰富的文化遗产，包括古代印第安文明的遗址和文化景观。——译者注

② 多主体建模（Agent Based Modeling），指构建一个人工世界，进行各种可能情景的资源利用模拟，共同讨论和验证各种资源管理的解决方案。多主体建模方法被认为是研究人类与环境交互这一复杂系统最适宜的方法之一。——译者注

人用在泰晤士河上举行冰上庆典来排遣冬天的寒冷。[①]荷兰人通过饮食多样化避免粮食短缺，而且正如我们之前提及的，让他们真正受益的是利用强风来缩短远洋航行，改善与亚洲的贸易[36]。

另一个例子是法国大革命。有人认为气候因素导致了这一事件，认为“小冰期”是一个潜在的原因，但也暗示了其他气候影响，如1788年和1789年连续多年的高温和干旱，甚至1788年7月13日还发生了一场严重冰雹，所有这些导致农作物大量减产，粮食供应受到损害。正如一位作家[②]所描述的那样，“多年来积累的气候压力、金融不稳定和政治冲突在1788年和1789年残酷地汇聚在一起”，从而产生了暴动。问题是，实际上没有证据表明“小冰期”，也就是欧洲较冷的一段时期会导致法国出现极端高温和干旱，更不用说像冰雹这样反常的独立天气事件了。有时候，天气只是天气，而不是气候[37]。

法国大革命的根本原因在很大程度上是政治，而不是环境。当时的政府没有处理好社会和经济平等的问题（听起来很熟悉吧？），并且在管理经济方面做得不好，结果导致了大范围的失业、经济萧条和食品价格飙升；再加上工人阶级不满统治精英阶层的奢侈生活方式，这就造就了一场革命所需的所有要素。与气候有关的

---

① 伦敦的“冰上庆典”（Frost Fairs）是在泰晤士河上举行的庆典活动，通常在寒冷的冬季，泰晤士河结冰时举办。庆典活动包括在冰面上设立摊位，售卖食物、饮料，举办游戏和各种娱乐活动。人们可以在结冰的河面上行走、滑冰、玩游戏等。该庆典持续了数百年，但随着19世纪中叶以后气候变暖，泰晤士河不再经常结冰，这样的活动逐渐消失。——译者注

② 这里指历史学家和作家威廉·H. 麦克尼尔（William H. McNeill），他是一位著名的文明史学家，作品涵盖广泛的历史主题，包括气候变化对文明的影响。——译者注

压力会不会是一个恶化的因素呢？是的。它们能为法国大革命负责吗？不能。

社会崩溃的复杂性的例子不仅限于欧洲和北美。例如，人们往往以为小冰河时代导致了位于墨西哥东南部和危地马拉的玛雅帝国的衰落。（海洋沉积物的化学沉积中记录的）公元 9 世纪和 10 世纪发生了一系列严重干旱，人们以此认定这导致了 10 世纪玛雅文明经典时期[①] 的崩溃。然而，早在公元 7 世纪，低地玛雅城市就开始一个接一个地消失了。记录在案的干旱证据在时间和空间上都与玛雅城市的灭亡不一致，其中许多城市只是经历了轻微的破坏。甚至在公元 16 世纪早期西班牙人到来之前，这些城市还一直相当繁荣[38]。

警世寓言

气候塑造了我们，从 6600 万年前，我们那和啮齿动物一般大小的遥远祖先从恐龙的阴影中爬出来，到 500 万年前，我们不那么遥远的灵长类祖先从树上下来，在古老的非洲大草原上狩猎，一直如此。在过去的几十万年里，来来去去的冰河时代把我们从原始人变成猿人，又从人族变成了人类，在气候变化的巨大振荡中，

① 玛雅文明可以分为三个主要时期：前经典时期、经典时期和后经典时期，前经典时期跨越约公元前 2000 年至公元 250 年，为玛雅文明的起源和发展阶段；经典时期为约公元 250 年至公元 900 年，是玛雅文明的黄金时代；后经典时期为约公元 900 年至公元 1500 年，玛雅文明逐渐衰落和解体，不过一些城市仍然保持着一定程度的繁荣，并继续发展自己的艺术、宗教和贸易活动。——译者注

生存的挑战让更大的大脑和更高的智力存活了下来。1.2 万年前最后一次冰河时代末的寒冷时期迫使我们学习如何种植和饲养。

自那以后，各个文明分别周而复始地兴起和衰落，气候变化在这些兴衰中经常扮演角色。然而，总的来说，人类文明一直非常稳定——我们繁荣昌盛，人口呈指数级增长。在这个精确的时间框架内，我们作为一个物种的稳定性反映了全球气温的稳定性，这并不是巧合。在全球气候稳定的这段时间里，偶尔也发生火山爆发和太阳波动，岁差引起区域降雨量和温度模态、季风以及厄尔尼诺现象的缓慢变化。但是，可被察觉的气候变化仅限于区域范围内，当局部条件恶化时，人们可以迁移到其他气候条件更有利的地区。但是今天的气候变化是由化石燃料的燃烧引起的，而且是全球性的。全球海平面上升、更强烈的风暴导致的沿海地区被淹没、干旱的大陆以及更多极端天气事件，没有哪个地方能够幸免于难。

全球气温在过去 6000 年里如此稳定的事实本身就需要解释。古气候学家比尔·罗迪曼（Bill Ruddiman）为这个谜团提出了一个令人信服的解释，我们之前在探讨渐新世降温的原因时曾提及他的工作。比尔试图解释为什么全球气候在过去的 6000 年里如此稳定，按说气候本应慢慢降温，缓缓进入下一个冰河时代。他在 2010 年出版的《犁、瘟疫和石油》一书中总结了自己的观点——我们将很快讨论这本书标题里押头韵的几个单词的相关性。[①]

现在比尔已经从弗吉尼亚大学退休，在家工作，隐居在弗吉尼亚雪伦多亚河谷的一个田园牧歌般的山脚下，夹在西边的阿巴

---

① 原著英文标题 *Ploughs, Plagues and Petroleum* 里每个单词都以 P 开头，这是一种增强节奏感的修辞手法，叫作头韵。——译者注

拉契亚山脉和东边的蓝岭山之间。2020 年 3 月中旬，我在去夏洛茨维尔参加弗吉尼亚书展的路上拜访了比尔。当时我正要开始写这一章，有机会与他短暂地讨论了这项工作。他的观点在一开始曾引起争议，但经过多年艰苦工作的支持，比尔提出了令人信服的事实，即人类不是在近两个世纪工业革命时期才影响气候的，实际上在 6000 多年前人类就通过农业、森林砍伐和瘟疫的传播，控制了气候。

比尔认为，按照之前的冰期 / 间冰期循环，地球应该在大约 9000 年前就开始了缓慢但无情地从温暖的间冰期向寒冷的冰期过渡，二氧化碳浓度水平下降，气温降低，冰盖扩张。考虑到在大约 10 万年的循环往复中，间冰期峰值和冰期峰值之间有大约 9 华氏度（5 摄氏度）的温差，在这 6000 年的时间范围内，气候应该已经冷却了大约 1 华氏度（0.6 摄氏度）。但事实并非如此。全球气温几乎完全与之前持平。比尔认为，这个谜团的答案是：这种自然降温趋势被温和但不可忽视的人为温室效应所抵消。

当然，几千年前没有燃煤电厂或 SUV（运动型多用途汽车）。但是在欧亚大陆和北美，由于农业的刀耕火种而导致的森林砍伐越来越普遍，向大气中释放了越来越多的二氧化碳（“犁”）。有时，二氧化碳实际也会有所下降，因为流行病造成了人口减少，如中世纪欧洲的黑死病，以及 15 世纪晚期欧洲殖民美洲后，天花在美洲原住民中的传播（“瘟疫”）。过去 6000 年地球运转轨道发生了变化，按说二氧化碳浓度水平本应该是下降的，可是这期间的总体模态却是二氧化碳浓度水平长期稳定上升。基于我们已有的证据，我觉得比尔认为农耕改变了二氧化碳浓度水平的观点是很有说服力的。

而且还得加上甲烷。正如我们早些时候了解到的那样，中国的水稻种植大约始于6000年前的长江下游流域，并在随后的几千年里迅速传播到中国的其他地区，然后又传播到亚洲的其他地区。水稻种植需要淹没稻田，这就产生了大量的缺氧水池，这是一个厌氧细菌生产甲烷的完美滋生地。甲烷在大气中会快速氧化，因此它在大气中的寿命比二氧化碳短，但它仍是一种非常强大的温室气体。只要甲烷继续产生，就会持续对全球变暖产生影响。比尔认为甲烷异常的长期增长（甲烷本来也应该减少）与水稻种植面积的增长是相关的[40]。

因此，我们现在认识到“犁”和“瘟疫”发挥的潜在作用。而“石油”呢？石油与煤炭和天然气结合在一起，是我们自工业革命开始以来一直在燃烧的化石燃料。这导致了大气中二氧化碳浓度的急剧上升。在利用水力压裂开采天然气（又称“水力压裂法”）时，大量甲烷逃逸到大气中，且不断增加。随着时间的推移，我们似乎越来越擅长调高温度。

所以我们回到了这一章开始时提到的讽刺性转折。气候确实塑造了我们。我们这个聪明的物种之所以出现，部分原因是在更新世晚期，我们必须面对冰期和间冰期之间巨大的气候变化所带来的选择压力。最终我们用大脑创造了文明，发展了灌溉和农业，建立了城邦。这些活动让地球变暖了一点点。事实上，这点变暖刚好抵消了进入下一个冰河时代的缓慢温度下降。我们已经达到了最终的适应能力：不仅能够被气候控制，而且能够真正控制气候。我们帮助创造了当前这个脆弱的时刻，形成了稳定的全球气候，在此之上我们可以建设人类文明的基础设施。

我们本应该在领先的时候停下来，可我们还往前走。我们建立了一个完全依赖化石燃料的工业文明。我们运用我们的智慧和创造力，通过开采和燃烧煤炭、石油和天然气等方式来生产能源。这些能源反过来又促进了规模化的农业，使得我们可以养活地球上超过80亿的人口。但这些活动也开始使地球变暖，不是一点点，而是极大地改变了全球气候，改动了雨带，扩大了沙漠，融化了冰雪，升高了海平面，并引发了毁灭性的极端天气事件。

在短短几个世纪里，我们开发出了新的技术，开采那些埋藏在地下数百万年才形成的化石燃料，并在地质意义上的一个瞬间将它们返回大气层。再次引用伟大的卡尔·萨根的话："我们文明的正常运行，有赖于我们焚烧那些早在第一批人类出现之前数亿年就居住在地球上的卑微生物的遗骸。就像那些可怕的食人族邪教一样，我们依靠祖先和远亲的尸体生存。"[41]

我们创造的工业文明显然带来了重重问题，其中最突出的是气候危机。这也是在本章开头引用萨根的那句话中提到的"如此危险"。但工业文明也为我们提供了一定程度的适应力，甚至是机会，在一定程度上使我们免受自然气候变化和人为气候变化的影响。这就是萨根所说的我们这个时刻也"充满希望"。今天，我们拥有先进的技术，我们可以利用这些技术来适应气候变化。我们可以建设海岸防御，应对海平面上升；我们可以改良作物及优化品种，适应温度和降雨模态的变化；我们可以管理水资源和农业，应对更长的旱季和更严重的干旱。最重要的是，我们拥有使全球经济脱碳的技术知识，能从有害的化石燃料燃烧转向清洁能源和气候友好型的农业和土地使用政策。此时能阻碍我们的，已不再是技术，而是政治。

与我们在本章中研究的过往文明相比，我们有明显的优势。与之相比，我们有能力预测未来。尽管气候模式远非一个完美的水晶球，而且受到不确定性的影响，但它为未来气候系统可能如何演变提供了路线图。此外，气候模式还让我们明白，为了避免气候扰动达到危险水平，我们必须以多快的速度减少碳排放。我们也可以使用人口模型来估算人口增长最快的地方。所有这些信息都可以用来设计战略，将气候变化对最脆弱群体的影响降到最低。但是，我们必须认识到，应对气候变化也存在阈值。超过这些阈值，就超过人类文明所拥有的适应能力。在这里，我们必须再次尊重历史上诸多文明崩溃的教训。

本章前面详述的阿纳萨齐文明和阿卡德帝国的崩溃就是警示。正如我们所看到的，我们观测到了阿纳萨齐文明在公元 1400 年土崩瓦解。虽然模式考虑了气候条件，但并没有预测出这个时间点，这表明我们的模型可能遗漏了一些东西。在受到气候驱动的压力时，文明可能比我们预估的还要脆弱。在这个重要的测试案例中，尽管我们已经知道了社会最终崩溃的准确时间，可是我们最好的模式还是低估了社会崩溃的可能性。这给我们的启示是：我们应该暂停人类正在进行的前所未有且不可控的地球改造实验。如果我们的模型倾向于低估，那么在还存在不确定性的情况下，我们宁可过于谨慎（这条准则实际上有一个名称——“预防原则”）。何况化石燃料的持续燃烧威胁着人类文明的生存能力，今天我们所能承受的风险已经到了极限。

图 1–3　位于美国西南部“四角”地区的科罗拉多州梅萨维德国家公园的悬崖宫殿于 13 世纪末被废弃，原因是极端干旱对阿纳萨齐文明的影响

阿卡德帝国上千年前的余音在今天回荡，给我们提供了许多经验和教训。在气候恶化的情况下，阿卡德人拼命阻挡移民，从底格里斯河到幼发拉底河修建了被称为“驱逐亚摩利人”的隔离墙。这很难不让人联想到美国前总统唐纳德·特朗普试图在美国南部边境修建隔离墙，以阻挡墨西哥和中美洲的难民。持续的人口外流背后有多种因素，比如人民希望逃离贫困和暴力。但是人类造成的气候变化所导致的粮食安全危机，肯定是一个潜在的因素。联合国难民事务高级专员顾问安德鲁·哈珀在谈到这种大规模迁移时指出，“气候变化正在加剧存在了几十年的脆弱性和不满情绪，人们别无选择，只能离开”。[42]

然而，最重要的教训是，大型文明同时具有韧性和脆弱性。

它们就像双体船[①]。双体船的双船体设计使得它非常稳定，不会因受到海浪或风这种小力量的影响而翻滚。但正是这种能够应对小力量影响的设计，却导致它在遭遇大力量冲击时非常不稳定——很容易翻越字面意义上的临界点[②]而倾覆。阿卡德帝国的大量劳动力能够进行水储存和灌溉，并将资源从有盈余的地方运输到资源匮乏的地方，也就是能够利用文明工具减少其有限水资源的脆弱性 。但是，不断扩张的文明愈加脆弱，需要帝国不同组成部分之间的合作和一定程度的共同利益才能协作。而在面对长期干旱这种庞大外力时，帝国就崩溃了。这对我们如今真正全球互联的行星级规模的文明有什么启示？它是否容易在一个巨大的气候扰动下崩溃？更准确地说，我们能承受多大的扰动？

在接下来的章节中，这将是压倒一切的问题。我们将回顾过去的气候变化事件，了解我们的气候系统对各种大大小小破坏的适应能力。我们将从最初开始，从最初的地球和发生在地球 45 亿年历史早期的两个阶段——“黯淡太阳”和“冰雪地球”[③]开始。这两个阶段讲述了一个看似矛盾的问题——现代人类文明所依赖的气候系统同时具有韧性和脆弱性。

---

① 双体船有两个分离的水下船体，上部用加强构架连接成一个整体。两个船体内各设一部主机和一个推进器。——译者注

② 临界点（tipping point），本意是倾覆点，即过了某一个平衡状态会发生倾覆。——译者注

③ Snowball Earth 经常被翻译为“雪球地球”或“冰雪地球”，研究界并不作区分，由于在这一时期覆盖全球的主要是厚厚的冰，而并不是雪，因此本书中将其翻译为“冰雪地球”，或者“冰雪球”。——译者注

第二章

盖亚和美狄亚

——冰雪地球和黯淡太阳

有人说世界将在烈火中毁灭，
有人说是在冰中。
凭我已尝过的欲望的滋味，
我认为，世界将毁于火。
但如果它必须毁灭两次，
凭我对仇恨的充分了解，
我认为，冰的破坏力，
同样非同一般，
足以毁灭天地人寰。

——罗伯特·弗罗斯特①

我们人类文明繁荣发展，极其稳定地维持了6000年，这得益于气候反馈逐渐稳定，使气候一直维持在一个“中庸”的位置。稍微给气候系统加一点外力，它也不会崩溃，而会经过一段时间过渡为与原来略微不同的气候状态。但如果给的外力足够大，气候系统也可能失控。随着我们继续燃烧化石燃料并向大气中排放更多的含碳化合物，我们正越来越使劲地改变地球。问题是，我们什么时候才会意识到我们已用力过猛？

在早期的古气候记录中，有两个异常清晰的事件，可以说明气候既坚韧又脆弱。一个事件是所谓的“黯淡太阳悖论”，阐释了气候的稳定反馈机制（通常被称为“负反馈”），这一机制使地球

---

① 本诗出自诗歌《火与冰》，是美国诗人罗伯特·弗罗斯特1920年出版的诗集《新罕布什尔》中的一首。——译者注

在历史上的绝大多数时间里避免了气候失控。另一个事件是“冰雪地球”，蓝色星球一度（也可能是两次）变成了白色冰雪球，展示了气候的不稳定机制（通常被称为“正反馈”），这是一种恶性循环，会导致气候变化失控。

黯淡太阳悖论

地球形成于45.5亿年前。从那时开始到38亿年前结束的地质年代被称为“冥古宙”，以希腊神话里的冥界之神哈迪斯命名。这个称号当之无愧，当时的地球可能真的如同炼狱，因为它持续遭到“小行星”的轰击。那是一个个岩石和尘埃组成的球体，有月球大小，它们所到之处海洋蒸发，地表坍塌，尘埃遮天蔽日，可以用浩劫来形容。其中一个被称为忒伊亚的天体（以希腊神话里的大地女神盖亚的孩子命名），有火星大小，它撞击地球产生的大量物质最终聚合并形成了现在的月球。

这次大撞击在38亿年前结束，开启了下一个地质时代——太古宙。太古宙的英文是以希腊神话中代表起源和开始的缪斯女神阿耳刻命名[①]，这同样是一个名副其实的名字。地球上，以单细胞细菌的形式存在的生命，被恰当地称为“阿耳刻菌”[②]，它们几乎是在大撞击停止后立即出现的。引用电影《侏罗纪公园》中杰夫·戈

---

① 太古宙英文为Archean，音译为阿耳刻，即古希腊神话里“曲艺四女神”中负责开场的缪斯女神。——译者注

② 英文为Archaea，即前文所说的负责开场的缪斯女神阿耳刻，以表示最初的细菌，中文里一般称为古生菌。——译者注

德布鲁姆的话，“生命似乎找到了一条出路”，至少在环境允许的情况下。

但矛盾就在于此。早在20世纪70年代早期，卡尔·萨根就提出了这样一个问题：30多亿年前，地球如何保持适宜气候，至少能让这些单细胞细菌存活？恒星演化模型表明，当时的太阳比现在暗30%。你如果进行计算，就会得到一个冰封的星球，一个缺少液态水的星球——而我们知道，液态水是生命所必需的成分。但不要听我说啥就是啥，让我们来具体计算一下。

微积分、积分、微分方程——这些词会让大多数读者感到头疼，但好消息是，本书中我们不会用到这些东西。我们只需要在普通的代数式中代入一些数字，使用一个被称为“能量平衡模型”的简单模型的数学关系式，通过计算平衡入射到地球表面的太阳能（在考虑了反射回太空的部分，主要是被云反射，但也有冰和其他反射表面）和地球损失到太空的向外热能，求得地球温度[1]。

物理上的斯特藩–玻尔兹曼定律，有时也被称为“黑体辐射定律”，告诉我们所有物体辐射的能量与其温度的4次方成正比。对于处于正常室温的物体来说，这种辐射是不可见的——它位于光谱的红外线区域。它在那里以辐射热能的形式存在。你如果曾经戴过夜视镜，就会知道你所看到的就是这些红外辐射。斯特藩–玻尔兹曼定律当然也适用于地球，这就大有用途了。你越是加热行星表面，行星就越会向太空辐射热能。这是一种被称为“普朗克反馈”的稳定反馈机制，以首先提出这一基本物理机制的伟大物理学家马克斯·普朗克的名字命名。普朗克反馈是气候系统中最重要的稳定机制。

因此，我们得出了一个简单的表达式，即地球表面温度的 4 次方等于地球表面入射太阳热量的平均值除以一个物理常数[①]。我们现在可以来计算一下地球表面的温度。今天，地球表面每平方米（垂直于太阳光线的单位面积）接收到的太阳辐射总量大致相当于一个正常的电吹风在“中档”的设置（准确地说是 1370 瓦）下发出的热量。除以 4 表示地球球形的表面，还得再乘以 0.7，因为大约 30% 的入射阳光被反射回太空。把这些数字输入计算器，按两次平方根按键，你就会得到答案——地球表面温度，得到的数值是 255 开尔文，即零下 18 摄氏度，或者用美国人喜欢的单位，是 0 华氏度。这是一个没有生命的寒冷星球。

我们知道这不可能，因为，嗨！你正舒适地坐着看这本书呢。事实上，地球表面的平均温度大约是 60 华氏度（15.6 摄氏度）。我们的计算出了什么问题？好吧，我们遗漏了一些相当重要的东西——大气温室气体所起的作用，比如二氧化碳和水蒸气。地球试图向太空释放的一些热能被它们吸收，又被辐射回地球表面使其变暖，从而将原本冰封的、没有生命的行星变成可居住的行星，这就是温室效应。

为了达到我们模型的计算目的，我们可以使用“发射率”来衡量温室效应，“发射率”是指地球大气在吸收散发热量方面的效率。零辐射率意味着没有温室效应。地球的温室气体吸收了大约 77% 的热能。我们如果调整计算，加入温室效应这个因素，得到的温度就是约 60 华氏度（15.6 摄氏度）——正确的答案。

---

① 斯特藩–玻尔兹曼常数，也被称作玻尔兹曼常数，其数值为 5.67×10^{-8} 瓦・米 $^{-2}$・开（尔文）$^{-4}$。——译者注

那么，这与黯淡太阳悖论有什么关系？30亿年前，太阳的亮度只有今天的70%，因此太阳的热量比今天要少。这就像把吹风机的设置从中挡调到低挡，这将使地球温度再次远低于冰点。我们又回到了一个没有生命的星球。

但我们当然知道，当时的地球并不是没有生命的，也不是冰封的。当时的海洋中充满了微生物。有化石证据表明，它们至少可以追溯到35亿年前的“叠层石”——一种由“蓝藻”① 群落形成的圆顶形、层状分布的石灰岩沉积物。它们生活在海洋表面附近，利用光合作用捕捉太阳能。它们似乎一直在使用原始的厌氧代谢方式，使二氧化碳和硫化氢发生反应，产生富含能量的糖分子，并产生副产品分子硫。

我们之前的计算表明这应该是一个冰封的没有生命的星球。然而证据却强烈表明，情况并非如此。这是怎么回事呢？卡尔·萨根和合著者乔治·马伦在半个世纪前提出了一个解答，这个解答现在公认是基本正确的。他们假设当时存在更强的温室效应在起作用。他们推测，罪魁祸首是氨气——一种强大的温室气体。由于没有氧化作用，氨气在地球早期的无氧大气中相对稳定。但是如果没有臭氧层的保护（10亿年后臭氧层在我们大气层的氧化过程中出现），氨气就会被到达地球表面的高能紫外线辐射所破坏。[2]

萨根对这个悖论的基本解答，即地球早期更高大气层中的温室效应，是正确的。然而，最有可能的温室气体却不是氨气，而是二氧化碳和甲烷。具有讽刺意味的是，这两种温室气体，也是

---

① 蓝藻属于原核生物，种类繁多。在国内学术文章和出版物中，蓝藻也被称作蓝细菌、蓝绿菌、蓝绿藻等。——译者注

我们现在通过化石燃料开采、燃烧和规模化的农业活动释放到大气中的主要温室气体。

当时的二氧化碳水平之所以很高，至少有两个原因。首先，毕竟地球起源于一个熔岩球的残余，年轻的地球内部温度较高，这会产生更活跃的板块构造，从而随着火山喷发使更多的二氧化碳释放到大气中。其次，正如我们之前了解到的，大陆岩石的化学风化作用是从大气中吸收和消耗二氧化碳的重要机制。而如果地球大部分被水覆盖，对碳的消耗就会大大减少。二氧化碳释放增加和消耗下降，两项结合导致了二氧化碳水平上升。

甲烷则是另一回事。正如我们早些时候了解到的，最初的生命形式可能是厌氧细菌。它们通过将二氧化碳与氢气结合来获得能量，从而产生甲烷作为副产品。在地球早期无氧的大气中，甲烷几乎不会被化学物质去除，这使它更容易在大气中积累。所以即使在那时，我们也看到生命自身开始在调节地球气候方面发挥作用。

因此，我们有了一个可靠的方案来解开黯淡太阳悖论——在地球历史早期由二氧化碳和甲烷构成的超级温室。但是随后发生的其他事情同样甚至更加神秘。随着太阳在接下来的亿万年里逐渐变得更加明亮，地球并没有变得更热。我们的星球似乎有一个地质恒温器。难道这个行星体，就像我们人类的身体一样，能调节自己的温度吗？让我们来谈谈盖亚[3]。

盖亚假说

当我们研究太阳系中其他具有大气和温室效应的行星时，我们发现火星的温室效应太小，所以它是一个冰冻、贫瘠的沙漠。金星的温室效应又太大了，所以它有着炼狱般的高温。而我们的地球则刚刚好，一颗恰到好处的行星。这纯粹只是一个巧合吗？

随着太阳逐渐变亮，地球的温室效应逐渐减弱，因此地球表面的温度始终保持在一个宜居的范围内。会不会是地球的温室效应以某种方式进行了调整，并使地球保持宜居？这听起来很荒谬，不是吗？地球会有自己的想法或意志吗？这个行星之谜深深吸引了卡尔·萨根的第一任妻子、著名科学家林恩·马古利斯[①]。

顺便说一句，马古利斯是现代历史上为数不多的，能提出不只是一个而是两个革命性概念的科学家之一。20 世纪 90 年代末，我在马萨诸塞大学任教时，曾短期与她共事。她所提出的革命性概念之一是内共生学说，即细胞的某些组成部分，如线粒体（负责植物和动物细胞的呼吸）和叶绿体（使得植物进行光合作用），最初是像细菌一样自主的单细胞生命形式。它们被植物和动物的细胞吸收，形成一种持久的共生关系。当马古利斯在 1966 年提出这个理论时，因为存在争议而被 15 个科学期刊拒稿。直到 20 世纪 80 年代早期这个理论才被广泛接受，当时的 DNA（脱氧核糖核酸）研究表明，线粒体和叶绿体都有自己独特的 DNA，且与它们

① 林恩·马古利斯原名林恩·佩特拉·亚历山大（Lynn Petra Alexander），1957 年与卡尔·萨根结婚，1965 年离婚，1967 年再婚后随丈夫，晶体学家托马斯·马古利斯（Thomas Margulis）的夫姓改名林恩·马古利斯。——译者注

宿主生物体的 DNA 不同。（叶绿体最初是一种原始的可进行光合作用的蓝藻，本章前面讨论过这种蓝藻）[4]。

马古利斯的另一个突破性创新，是与特立独行的英国科学家詹姆斯·洛夫洛克（James Lovelock）合作，提出了盖亚假说。这个以希腊大地女神盖亚命名的假说发表于 1974 年，它认为地球系统——包括生命本身——可以调节地球状况，以保持地球适宜居住，这种方式就像一种恒温器。换言之，地球有一些机制是我们气候系统运行方式的基础，它们至少在一定程度上保证了地球气候系统具有韧性。[5]

盖亚假说和内共生学说一样，从一开始就饱受争议和误解，马古利斯和洛夫洛克受到他们科学家同僚们的嘲笑甚至诽谤。有些人认为它赋予地球系统人的感知和意向性，这是一种行星拟人化。实话实说，用一个神话人物来命名，确实对这个假说的认可度没有多少好处。英国皇家学会会士、微生物学家约翰·波斯特盖特（John Postgate）是对该假说持批评意见的代表人物，他就抱怨道："盖亚——伟大的地球母亲！行星有机体！每次媒体邀请我认真对待这个问题的时候，难道只有我是唯一一个忍受着痛苦的抽搐和不真实感的生物学家吗？"但是现在你可能会怀疑站在马古利斯的批评者一边是不明智的。你是对的[6]。

具有讽刺意味的是，盖亚假说一度受到环保主义者和类似"铺路地球"① 派的团体的共同追捧。在 1974 年这篇文章发表的时候，

① "铺路地球"并不是个正式组织名称，这是个戏仿用语，通常用来嘲讽或讽刺那些忽视环境保护、大规模开发和过度建设的人或组织，恨不得让地球表面铺满沥青。——译者注

环保主义者立刻被“地球母亲”吸引，在环保运动中大量使用这一形象。那时我才9岁，我还记得在20世纪70年代中期的流行文化中，大自然母亲的概念是多么普及。“愚弄大自然母亲是不好的”是我至今仍记得的一则著名广告的标语，广告的内容是推销一种名为雪纺绸的人造黄油。[①]“大自然母亲”是1974年经典动画片《没有圣诞老人的一年》中的女主角（这个动画片是我和我的小学伙伴每天谈论的唯一话题）。19世纪70年代尼尔·杨（Neil Young）的一首经典歌曲的歌词中就有“看看正在逃亡的大自然母亲”[②]。

另一方面，“铺路地球”派则喜欢盖亚假说中的星球具有韧性这个形象。在他们看来，这似乎描绘了一个对环境污染和其他形式人类污染几乎可以完全免疫的地球系统。对于工业污染排放者来说，这当然是一个相当有用的说辞。但是盖亚假说实际上并没有涉及以上提到的任何事情。它只是简单地提出，有一些控制地球系统的过程，它们通过物理、化学和生物学规律发挥作用，以对抗将地球系统推离平衡态的力量。

我们地球家园的这种稳定性并不是偶然形成的。这是所谓“人择原理”[③]弱版本的结果：在我们宇宙中的所有星系，以及太阳

---

① 广告中黛娜·迪特里克扮演的大自然母亲以为吃的是天然黄油，在被告知这是雪纺绸牌人造黄油后说出了“愚弄大自然母亲是不好的”这句广告标语，并发怒动用神力召唤风雷雨电。广告目的是宣扬该品牌的人造黄油和天然黄油口感并无二致，一样丝滑甜美。——译者注

② 歌词来自尼尔·杨的歌曲 *After the Gold Rush*。尼尔·杨是一位著名的加拿大音乐家和词曲创作人，他于1970年发布了这首歌曲，表达了对环境和自然界演变的关注。——译者注

③ 在1973年的纪念哥白尼诞辰500周年的“宇宙理论观测数据”会议上，天体物理学家布兰登·卡特首次提出了人择原理，这是一个关于宇宙和人类存在的假说，涉及宇宙常数、条件和规律与人类存在的关系。——译者注

系的所有行星中，只有具有盖亚特性的行星才有可能在数十亿年里孕育生命，最终产生像我们这样可以思考这些问题的，具有智慧和自我意识的有机体。（作者旁注：你甚至可以主张一个更强的人择原理：在所有可能的宇宙里，所有基本物理常数和物理法则的各种取值中，只有那些产生螺旋星系、太阳系，以及与我们行星所遵循的化学和生物法则类似的宇宙，才会产生生命，最终导致智慧生命体。我无意为这些相互竞争的观点中的任何一个辩护。对于我们来说，最重要的是，确实存在着证据，表明我们的行星具有盖亚特性。）

我们在地球的长期地质碳循环中看到了盖亚特性。随着时间的推移，太阳逐渐变得更加明亮，这有利于行星变得更加温暖，使“水文循环”，也就是水的蒸发和降水循环加强。更多的降雨意味着更多的岩石风化，以及大气中二氧化碳被雨水冲刷落地，降低大气中二氧化碳浓度水平，削弱温室效应，而这有利于气候变冷。通过这种方式，即使太阳不断变亮，地球的温度也会保持在适宜的温和水平。

随着时间的推移，生命在碳循环中扮演着越来越重要的角色，这一过程中，我们也看到了盖亚特性。想想二氧化碳被化学风化后的命运吧。碳的埋藏最初是通过第一章中讨论的缓慢、低效的无机过程发生的。但随着时间的推移，随着生命的扎根，更有效的有机掩埋机制出现了——这就是盖亚特性在起作用。其中最重要的就是将碳酸盐融入长有贝壳的海洋生物的骨骼中，包括浮游生物和有孔虫，以及后来的珊瑚、软体动物和原始甲壳类动物，如我们熟悉的“三叶虫”。骨骼最终沉入海底并黏合在一起，形成海底的石灰岩等沉积岩，而遗骸有时会被埋在厚厚的泥层之下，形成无氧（“缺氧”）的环境。随着沉积物的积累和有机物在海底下埋藏得越来越深，在高压和高温的作用下，有机物最终转化为石油和天然气等碳氢化合物。和煤一样，它们就是我们所说的化石燃料。

当板块构造将一个海洋地壳板块推到另一个板块之下时，石灰岩会承受巨大的压力和温度。极端的高温与地壳中丰富的硅结合，将石灰岩变成硅酸盐岩，并释放出二氧化碳气体。这些气体通过火山口返回大气层，完成了长期的碳循环。

虽然化学风化可以防止二氧化碳浓度过高，但是火山喷出的气体却可以防止二氧化碳浓度过低。也许板块构造运动是使温度保持在宜居范围内的关键因素。火星似乎在几十亿年前构造运动活跃，而且当时火星表面似乎有大量的液态水，也许它曾经还有过生命。今天，它在构造上已经一片死寂，被冻得毫无生机。

随着时间的推移，风化作用削减的二氧化碳和火山喷发输入大气的二氧化碳之间的精确平衡会发生变化。当板块构造运动更加活跃时，就会有更多的气体排放，大气中的二氧化碳浓度水平也会上升。这导致了大约 2 亿年前三叠纪和侏罗纪早期的温暖气候，恐龙就是在那时闲庭信步于我们的星球。然而，正如我们在第一章中看到的，板块构造也可以影响碳循环的另一半——二氧化碳的化学风化。例如，5000 万年前由于印度与欧亚大陆的碰撞，喜马拉雅山脉被迫隆起，导致亚洲夏季风增强，更多降雨和风化作用使大气中二氧化碳水平下降。

数十亿年来，尽管二氧化碳浓度水平在不断上升下降，但地球的气候基本上仍处在适宜居住的范围内，远没有如今金星的炼狱般酷热和火星的寒冷贫瘠。我们现在已经看到，随着时间的推移，生命在盖亚假说的稳定机制中扮演着越来越重要的角色。受到黯淡太阳寒冷前景的威胁，地球用产甲烷菌来回应，使地球变暖。相反，受到日益炎热的太阳的威胁，地球的反应是将含碳生命埋藏在海底，降低二氧化碳水平。生命，再一次找到了出路。

早在 20 亿年前，进化就为蓝藻找到了一条新的、效率更高的光合作用途径——分解水分子。与氢或硫化氢不同，水分子的供应基本上是无限的。这种途径的一个副产品是氧气，因此大气中的氧气含量急剧上升。氧气为生命提供了一条全新的代谢途径——呼吸。但是同时，氧气也对许多厌氧细菌有毒，因此这些厌氧细菌大规模地死亡。就像气候对人类的影响一样，细菌也有赢家和输家。

在距今 6 亿年前，大气中积累了如此多的氧气，以至它几乎堆积到了平流层高度，在那里氧气遇到了高能紫外线（UV）辐射。紫外线分解氧分子，形成的游离态氧原子与氧分子结合，形成了臭氧。因此，我们地球现在有了一个臭氧层，可以在紫外线辐射到达地表之前将有害辐射吸收，这使得生命可以安全地浮出海面，爬上陆地。

到了 5 亿年前，我们有了陆生植物。到了 4 亿年前，第一批陆生动物出现了（已保存下来并被确认为最古老的陆地动物化石标本是一种类似千足虫的生物）。它们都有助于大气中碳的封存。当它们死后，有机残骸会进入土壤或者泥泞的沼泽底部。地质过程的沉积发挥了它的魔力，将有机残骸掩埋在层层岩石和泥土之中。数百万年来，来自地壳的热量和压力将这些有机物分解成我们所知的煤。盖亚花了超过一亿年的时间来埋藏这些碳。今天，我们正在把它们挖出来，然后把它们释放回大气中，而这个过程只花了区区数百年，比那时快了 100 万倍。

大约 4 亿年前，我们还看到了维管植物的兴起——有根、茎和叶子的植物。我在耶鲁大学地质系时的教授鲍勃·伯纳指出，维管植物的进化使得生命能够通过循环水和产生酸性物质①，加速化学风化过程，对地球系统施加更大的控制。随着时间的推移，盖亚的影响力越来越大，最喜欢的工具就是生命本身。问题是，盖亚能让我们存活下去吗？[7]

雏菊世界

詹姆斯·洛夫洛克是一位特立独行的科学家，其因才华横溢但经常提出引发争议的观点而闻名（比如他与林恩·马古利斯合作提出的盖亚假说）。1948 年，他获得了医学博士学位，随后在耶鲁大学和哈佛大学等其他机构从事生物学和天文学研究。他是一位多产的作家，写了十几本书和无数科学出版物，并获得了许多著名的科学领域的奖励和奖项，例如 1974 年当选为英国皇家学会会士[8]。

20 世纪 70 年代中期，洛夫洛克担任美国国家航空航天局维京号火星探索任务的顾问。他认为，可以通过望远镜测量其他行

---

① 此处主要为有机酸，例如植物根系分泌根系酸，这些有机酸可以与岩石中的矿物质发生反应，从而促进岩石的溶解和分解。另外，这种化学风化过程有助于释放岩石中的营养元素，使其可供植物吸收和利用。植物释放的有机酸还有助于改变土壤的酸碱度，影响土壤中的微生物活动，进一步影响土壤质地和养分循环。——译者注

星的大气成分，来评估行星上的生命状况。根据从地球生命起源中汲取的经验，他认为富含氧气和甲烷的大气很可能是生物存在的信号。但是像今天的火星这样，大气主要由二氧化碳和氮组成的行星，就不太可能有生命存在。执行维京号任务的轨道飞行器和着陆器发回了这颗红色星球的迷人图像和详细信息。除此之外，他们还发现了火星存在深河谷的地质证据，这些河谷很可能是在火星遥远过去的某个时刻被水流冲刷而成。这条诱人的线索表明，在火星历史早期，环境可能远比现在更有利于生命的存在。但维京号确实没有找到生命存在的证据。

洛夫洛克在2022年去世，享年103岁，他似乎对长寿颇有心得。[1]这让他在谈到盖亚和她超过30亿年的寿命时，颇具权威。然而，公众甚至其他科学家对盖亚假说的拟人化和误解，让洛夫洛克感到不安。20世纪80年代中期，他开始构建一个模型，来证明盖亚特性是如何纯粹从物理、化学和生物学定律中产生的，而不需要盖亚有人的知觉、意志或欲望。

毋庸置疑，雏菊不会思考。它们不作计划，没有野心，没有忧虑，也没有筹谋。它们是环境的奴隶。如果我描述一个除了雏菊什么都没有的星球，在那里，这些花，没有动机或意图，仅仅受到物理和生物定律的驱使，通过集体行动来保持行星的温度在适宜居住的范围内。你会相信吗？

我们谈论的，正是洛夫洛克假想的“雏菊世界”。它和地球在

① 洛夫洛克在90多岁时还精神矍铄，持续出书和参加公开活动，去世前半年因为跌倒，造成健康状况逐渐恶化，2022年7月26日，在自己103岁生日当天去世。洛夫洛克的长寿让作者戏谑他在高龄方面具有权威性，不管是人类还是地球。——译者注

很多方面都很相似——到太阳的距离相同，接收到的阳光也差不多。但是它没有海洋，只有陆地，有一层土壤，且只有一种生命形式有可能在表层土壤中生长，即白色的雏菊。虽然土壤吸收了相当数量的阳光，只反射了其中的 20% ，但是白色的雏菊具有高度的反射能力，能够反射 90% 的入射阳光。因此，被雏菊覆盖的星球就会有更高的反射率，相比于一个被裸露的土壤覆盖的星球，雏菊星球的温度会更低[9]。

在我们假想的星球上，雏菊喜欢不太热也不太冷的环境。它们可以忍受 54 华氏度（约 12 摄氏度）到 104 华氏度（40 摄氏度）之间的温度，但能让它们开枝散叶、广泛分布的最佳温度是 79 华氏度（约 26 摄氏度）。如果温度处于它们所能忍受的范围之外，雏菊就会死亡。

这样我们就有了雏菊世界，一个带有反馈机制的交互系统。雏菊通过改变地球表面的反射率和反射回太空的太阳辐射量来影响地球的温度。但是温度反过来又会影响雏菊的分布。我们称这种系统为“非线性”系统，当受到微小的扰动时，这样的系统可以表现出巨大的变化，出现复杂的，有时甚至是令人惊讶的行为。

正如地球有自己的历史一样，我们想象中的雏菊世界也有这样一个故事。它曾经一片荒芜，我们可以称之为“荒芜世界”。裸露的土壤吸收了大部分（80%）的阳光，但阳光太少，无法使地球温度超过冰点。它的太阳亮度只有我们今天太阳亮度的 60% ，这对于生命来说太冷了。然而，太阳慢慢变亮，最终达到今天太阳亮度的 70% 。这使地球温度升高到 54 华氏度（约 12 摄氏度）。在这些有利的条件下，星球上的生命迅速进化——尽管生命只是雏菊这个单一物种（它们碰巧与地球上的雏菊相同，这是行星之间进化趋同的一个惊人巧合）。雏菊世界的太阳继续变亮，气温开始变暖，但随着雏菊数量的增加，它们反射掉的阳光越来越多，限制了变暖。随着太阳达到我们现在的水平，雏菊开始茁壮成长。现在，地球上近 3/4 的地方都被雏菊覆盖着，反射了超过 70% 的阳光，使地球的温度保持在适宜居住的范围内。生命提供了一个关键的稳定反馈。

但是雏菊世界的太阳继续变得更加明亮，最终它的亮度攀升到了我们今天太阳亮度的 110% 。雏菊达到了它们的最大范围，覆盖了地球表面的 80% ，它们将大部分（75%）的阳光反射回太空。但这并不足以抵消日益明亮的太阳所带来的变暖效应。随着太阳越来越亮，雏菊开始枯萎。这意味着它们反射的阳光越来越少，因此地球吸收的阳光越来越多，温度也就越来越高。更多的雏菊死去。局势迅速失控。很快，雏菊完全消失了，地球的反射率下降到 20% ，这是贫瘠土壤的基线水平，80% 的阳光都被吸收了。温度很快飙升到炼狱般的 140 华氏度（60 摄氏度）。长期以来帮助维持雏菊世界生命的稳定反馈失效了，取而代之的是不稳定的反馈。

于是，雏菊世界消失了，又回到了最初死气沉沉、毫无生机的“荒芜世界”。一些来自地球的宇航员来到这个星球进行探险。他们钻取了一些沉积岩芯，这些岩芯表明早在这个星球还处于较冷的 70 华氏度（约 21 摄氏度）时，雏菊就曾在这里繁衍生息了。为了让这个星球再次焕发生机，他们进行了大规模的“地球工程”，将大量反射粒子射入行星的高层大气层，以阻挡阳光进入并使行星降温。他们能够将到达太阳表面的阳光减少到我们今天太阳亮度的

90%，他们知道在这个亮度水平上雏菊曾经繁茂过。但是这只能将温度降到 104 华氏度（40 摄氏度），因为在没有雏菊的情况下，贫瘠的沙漠土壤仍会持续吸收 80% 的太阳辐射热量。宇航员中的植物学家马克·沃特尼[①]试图在土壤中种植的地球雏菊没有活下来。它们在酷热中立即枯死。宇航员们放弃并返回了地球，他们未能成功复活雏菊世界。

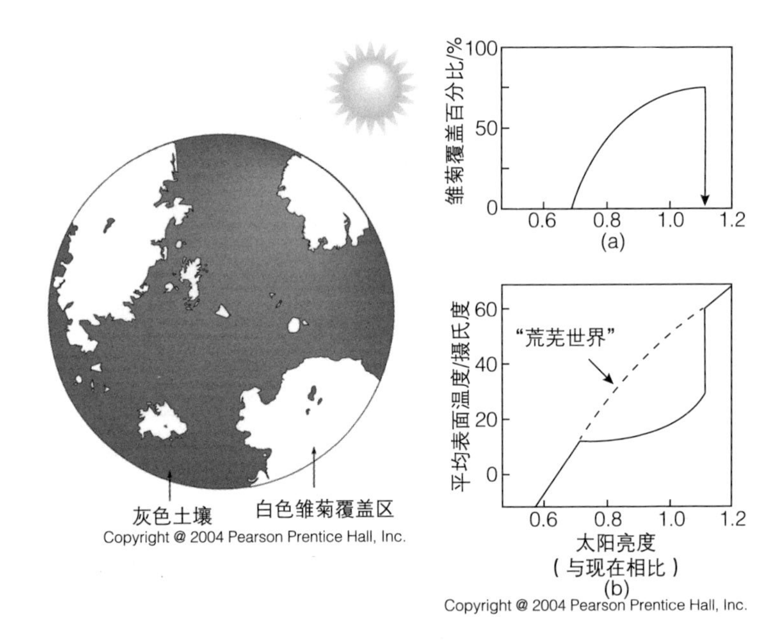

图 2–1　雏菊世界的示意图

注：其中实线代表"雏菊世界"，而虚线代表"荒芜世界"。

① 马克·沃特尼是 2015 年上映的美国科幻电影《火星救援》的主人公，他是一位宇航员和植物学家。电影讲述马克在一次执行火星任务时，因一场沙尘暴而与同伴失联，被遗留在火星上，开展自救的故事。马克在火星上种土豆是影片着重刻画的情节。作者此处戏称雏菊世界模型里执行种植任务的宇航员为马克·沃特尼。——译者注

我们能从这个故事中学到什么？洛夫洛克的雏菊世界显然是对实际地球系统的粗略简化。但是所有能派上用场的模型都是简化的，正是这种简化常常揭示了基本真相。在这个案例中，真相就是生命确实可以用一种有利于自己的方式，帮助它的母星保持在适宜居住的范围内。雏菊世界模型没有涉及任何雏菊的欲望或者盖亚的意志，也不存在有意识的参与者，只有物理和生物。我们的潜在谬误是将系统的行为拟人化，并将其解释成有意为之。顺便说一句，人类大脑倾向于在实际上不存在的地方寻找动机、意图和模式，这并非巧合，而是自然演化的选择：我们的祖先中，认为在黑夜中看到了实际并不存在的狮子的人，比那些看到狮子却视而不见的人更有可能生存下来。也许当有人把意向性归因于地球系统时，他们也在做类似的事情。

这个简单的概念模型展示了气候的适应能力，但那仅限于在有限的温度范围内。雏菊的行为使行星的环境与之前相比舒适得多。生命找到了自己的方式，但也有临界点，在这个点上，气候急剧变暖，生命会瞬间消失。雏菊世界可以给我们带来很多启示，但根本上是一个气候引发崩溃的概念模型。

我想谈谈这个地球系统简单模型的另一个重要含义。每当我提到人类造成的环境退化对地球构成的威胁时，我经常受到人们的质疑（尤其是在社交媒体上）。他们的反驳是什么呢？“地球本身会没事的。”是的，如果我们消灭了这个星球上的生命，那么仍然会有一个巨大的球形天体，它的大小和地球差不多，距离我们的恒星也一样近。但正如我们所知，这个星球的气候和其他特征从根本上是由生命本身塑造的。就像如果你杀死所有雏菊，“雏菊世界”就会变成“荒芜世界”一样，如果我们继续沿着目前不可持续的道路前进，我们的星球将不再是我们称为地球的生生不息的星球。

冰雪地球

几十亿年来，地球一直受到盖亚稳定的影响，这使得地球有别于它的邻居金星。金星更热、更靠近太阳，在20多亿年前就经历了失控的温室效应。但地球的气候似乎也曾出现过一次（或者两次）失控的效应。奇怪的是，它们一直在朝相反的方向运行——不是一个失控的温室，而是一个失控的冰室。

在“冰雪地球”中，地球的整个表面，从极地到赤道，都覆盖着一层冰。第一次这样的事件似乎发生在20多亿年前的元古宙早期，也就是冥古宙之后的地质世纪。这是一个特别漫长的时代，从25亿年前一直延伸到5.41亿年前。其早期的部分被称为“古元古代”，晚期被称为“新元古代”，在新元古代可能也有一个“冰雪地球”事件。我们马上就会讲到它。

据估计，在古元古代，太阳的亮度只有今天的80%，因此地球更容易发生冰川作用。我们知道当时大量的大陆冰川覆盖了地球的大部分区域，这被称为休伦冰期（以休伦湖命名，因为是在休伦湖附近首次发现冰川存在过的证据）。但直到20世纪90年代末，才有足够的证据表明，从极地到热带，整个地球都曾覆盖着冰：远至热带地区都能发现条纹状的岩石，这些岩石上留下了冰川在移动过程中的刮痕；海里发现了冰川漂石①，它们曾被冰川裹挟而坠海；还有一种岩石叫作“冰碛石”，它是由冰川移过岩石时所留下的碎片或“冰碛”形成的，看起来似乎来自近海平面的赤道地区。所有这些实证证据都表明，冰川无处不在，覆盖了陆地和海洋，一直延伸到赤道。在冰川沉积物顶部有一层厚厚的碳酸盐岩层，叫作“盖帽碳酸盐岩”（我们稍后会看到为什么这很重要），让我们用它作为最后的证据来结束这一论证过程。总之，所有的证据都强烈地暗示着曾经存在“冰雪地球”时期[10]。

古元古代的“冰雪地球”事件与所谓的“大氧化事件”非常吻合，我们几乎可以肯定这不是巧合。正如我们早些时候了解到的那样，蓝藻在这个时候已经发展出了一种利用水制造氧气的更有效的光合作用途径。其结果就是，氧气水平很快就达到了峰值。快速上升的氧气消耗了大气中的甲烷，我们知道这种强大的温室气体在地球早期的大气中含量丰富，这在走出黯淡太阳时期发挥了重要作用。随着甲烷浓度的急剧下降，温室效应减弱，地球变冷。这种降温导致了冰盖的生长，将更多的阳光反射回太空，减少了大气中的水蒸气（一种强大的温室气体），使地球进一步降温并形成更多的冰，直到冰川抵达赤道[11]。

---

①　科学家曾在赤道海底发现诸多岩石中有一小部分特别不一样的岩石，经测定这些岩石可能是在高纬度形成的。像这样和周围地层明显不同的岩石沉积物，最大可能就是来自冰川搬运而形成的“坠石”，被称为冰川漂石，由此成为当时大规模全球冰冻的证据之一。——译者注

冰碛石

冰川刻痕岩

冰川漂石

图 2–2　地质冰川作用的证据，包括来自 24 亿年前的冰碛石（上图）、来自 6.5 亿年前的冰川刻痕岩（中图），以及来自 24 亿年前的冰川漂石（下图）

简单地说，我们的星球似乎已经变成了一个巨大的冻结的冰雪球。在这一事件中，生命以一种明显的非盖亚假说的方式行事：微生物通过向大气中注入氧气，威胁到了整个地球上的生命。如果微生物有动机或思考能力的话，你可能会说它们一句“鲁莽”。微生物当然不会思考，但我们会。我们目前的一些行动，最主要的是肆意燃烧化石燃料，日益威胁着整个地球上的生命，但我们可没有和微生物一样的借口。

盖亚假说的拥护者可能会认为大氧化事件是个例外。但至少有一位古生物学家，彼得·沃德（Peter Ward）认为，像大氧化事件这样的事件从根本上与盖亚假说相矛盾。沃德援引了希腊神话中杀害自己孩子的美狄亚①，提出了美狄亚假说。他认为，生命实际上会威胁到自身的存在，而不是像盖亚假说认为的那样生命会制造宜居条件。我个人观点介于两者之间。在很多情况下，生命似乎是以盖亚假说的方式行事。但是在地球历史上肯定有一些时候——比如大氧化事件——美狄亚冒头了[12]。

说到生命，人们可能会问，它是如何在冰雪地球事件中幸存下来的？其实，很多嗜极端菌②都与“冰雪地球”事件隔绝，这包括栖息在海底热液喷口的各种类型的古细菌。今天，我们还可以在其他极端的次表层环境中找到微生物，比如沃斯托克湖，这是一个位于南极冰盖下面 2 英里（约 3.22 千米）多的淡水湖。可以

---

① 美狄亚是希腊神话中太阳神赫利俄斯的孙女，科尔基斯国王埃厄忒斯的女儿，是一个强大而复杂的女性角色。她爱上了阿尔戈斯的英雄杰森，为了帮助他获得金羊毛，她用法术破解了父亲的任务，在叛逃中杀死了自己的弟弟。在阿尔戈斯，她设计杀死了篡夺王位的杰森的叔叔。后来杰森背叛了她，与克里翁公主结婚，美狄亚复仇害死了克里翁和她的父亲。为了报复杰森，美狄亚杀害了自己的两个儿子。——译者注

② 嗜极端菌指的是可以在“极端”环境中生长繁殖的生物，通常为单细胞生物。它涵盖了多种不同类型的微生物，包括但不限于嗜热菌（thermophiles）、嗜冷菌（psychrophiles）、嗜酸菌（acidophiles）、嗜盐菌（halophiles）等，每种生物都在特定的“极端”环境中繁殖和生存。需要注意的是，“极端”环境的定义是人类中心论的，对这些生物本身而言，这些环境却是很普通的。——译者注

想象到的是，类似的微生物曾生活在厚厚的海冰下。

我们还知道光合蓝藻也撑过来了，它们在一些潜在的所谓“避难所”里存活。在赤道地区，海冰的厚度可能不超过30英尺（约9米）。这样的厚度足以让大量的阳光渗透进来，进行光合作用。火山会继续向大气中喷射物质，火山灰使许多地方的表面冰变暗，降低其反射率，增加对阳光的吸收。可以想象，热带地区的冰面上可能会有许多小水洼，在那里可能存在能进行光合作用的微生物[13]。

回到“冰雪地球”本身的问题，另一个被广泛宣传的假设性雪球事件被认为发生在元古宙末期（新元古代），大约在8亿至5.5亿年前。这个事件假说曾登上过《科学美国人》杂志的封面。当时的太阳没有古元古代那么黯淡（大约是现在亮度的90%），热带冰川就没那么容易形成。早在20世纪90年代末，哈佛大学的保罗·霍夫曼和他的合著者就认为，追溯到这个时段的纳米比亚冰川沉积物，提供了显示当时海洋生物活动完全停滞的证据，这与持续性的“冰雪地球”事件相符。是什么促成了这一事件？支持雪球事件的人认为，多细胞生命兴起，开始侵入陆面，陆地苔藓和富含真菌的生态系统因此不断扩张，以及有机土壤的增长，可能导致了大气中氧浓度的迅速上升，这和古元古代大氧化事件很类似。我以前在宾夕法尼亚州立大学的同事李·坎普则认为，在有大量新生有机土壤的情况下，有氧微生物消耗氧气的速率可能增加，这要求大气中的氧气水平增加，以弥补土壤下方可用于风化的氧气减少的情况。其他研究表明，冰川事件并不是导致氧气水平上升的原因，而实际上反倒促进了这个时期生命的多样化和多细胞生物的发展[14]。

因此，关于是否真的存在新元古代“冰雪地球”事件，确实存在着一场持续性争论，不过这一争论是良性的。一些人认为如果有过冰封星球，那当时的化学风化应该是减缓的，可是这与现有的地球化学证据不一致。另一些人则认为，大陆抬升可能将接近海平面的岩石抬升到足够高的海拔，从而引发了冰川作用。事实上，曾有多个不同的冰期被温暖的时期所打断，这让人们对是否存在一个持续的冰封地球的想法产生了质疑。这个低温时期反而表明冰川期和间冰期之间的周期性变化更像是更新世冰河时代。其他研究人员认为，那个时期的许多冰川沉积物缺乏“盖帽碳酸盐岩层”，而已发现的明显的盖帽碳酸盐岩层又存在着非冰川的解释，这些解释涉及甲烷的迅速和广泛释放。然而，另一些人则认为，根据古地磁数据推断出的石头产生的古纬度可能存在缺陷①，无法确定石头是否真的来自极地地区，因而冰川作用可能没在低纬度地区发生。在2000年发表于《自然》杂志上的一篇文章中，古气候模式专家威廉·海德和他的合著者进行了模型模拟，气候模式的模拟中考虑了当时温室气体浓度和太阳亮度的影响，确实模拟出了以赤道为中心环绕全球的无冰开放水域。这样一个“泥球地球”替代方案，可以为生命提供一个赤道避难所，并使水循环继续。作者认为，他们的替代设想方案更好地解释了新元古代沉积记录中热带碳酸盐岩特征的异常构造。新元古代雪球假说的

① 古地磁学是地质学分支学科，通过测定岩石和某些古物的天然剩余磁性，分析它们的磁化历史，研究导致它们磁化的地磁场的特征。每一块石头在不同纬度形成都会有一个地磁场记忆，科学家可以据此推断石头原来是来自哪个纬度的。——译者注

支持者，哈佛大学的丹·施莱格（Dan Schrag）和保罗·霍夫曼（Paul Hoffman）则不同意，认为已有的地球化学证据并不支持那个时期曾经存在一条开阔的赤道海洋带[15]。

基于双方科学家的证据和逻辑论证，“冰雪地球”事件的细节如何，甚至是否存在，都仍处于热烈争论中（原谅我喜欢用双关语①）。这就是科学应该运作的方式。作为一本关于气候历史书的作者，会被要求尽力来裁决这场辩论。以我的评估，我认为迄今为止所有的证据表明，早期古元古代的“冰雪地球”事件很可能是存在的，但我对后来的新元古代“冰雪地球”事件则保持怀疑态度。无论如何，这都不影响我认为地球至少有一次处于冰雪球状态。

白色地球解决方案

那么，一旦地球陷入这样的境地，它该如何摆脱困境呢？为了回答这个问题，我们需要再次讨论稳定和不稳定的反馈。随着“冰雪地球”的出现，我们看到了另一个重要的不稳定反馈，即所谓的“冰反照率反馈”（“反照率”是“反射率”这个科学术语的华丽版）。这就是地球陷入冰雪球状态的首要原因。反照率是物体反射进来的太阳辐射的百分比。冰，就像白色的雏菊，反射了大量的入射太阳光（60%—80%，取决于冰的年龄 / 污染程度）。我

① 此处作者戏谑“冰雪地球”这个极冷事件却被热烈讨论，文字上的双关语形成反差的幽默。——译者注

们可以将其与土壤相比，土壤的反射率低得多，只有冰的约20%。如果整个地球被冰覆盖，它会反射大部分的入射阳光，使地球保持寒冷并被冰覆盖。

早在20世纪60年代末，俄罗斯气候科学家米哈伊尔·布迪科（Mikhail Budyko）和美国气候科学家威廉·塞勒斯（William Sellers）几乎同时独立创建了一个简单的地球气候模型。这个模型得出了一个有趣的结论：在适当的条件下，地球可能会被冰覆盖。这个被机智地[①]命名为“Budyko–Sellers”的模型比我们在本章开头提到的那个极简的雏菊世界模型要复杂一些。雏菊世界是把地球当作一个数学点，没有经度和纬度，用单一温度代表整个星球的温度。

而Budyko–Sellers模型则将纬度作为一个变量引入。这增加了复杂性，但也没有复杂到让我不能把它作为一个作业布置给我的本科学生。下面是它的工作原理。我们现在把地球划分为不同的纬度带。每个半球有一个极区（纬度70—90度），一个副极地（50—70度）、一个中纬度带（30—50度）和一个热带（10—30度），还有一个赤道带（10 °S—10 °N）。在每个纬度带都有太阳加热（赤道加热最多，两极最少），同时也有热能流失到太空。但问题是，现在赤道处有能量过剩（进入的太阳能比逃逸的热能多），而两极则能量亏欠（逃逸的热能比进入的太阳能多）。这意味着能量必须从低纬度流向高纬度，以防止两极变得越来越冷，赤道变得越来越热。为了解决这个问题，这个模型包含了一个将热量带

① 作者用“机智”揶揄科学家在给模式命名时缺乏想象力，只把两个人的姓凑在一起应付了事。——译者注

到极地的“热通量”。它代表了洋流和大气环流在将热能从赤道输送到极地方面所起的作用[16]。

事情变得有趣的地方在于：反照率可能会随着特定纬度带是否冷到足以结冰而变化。因此，冰可以首先在高纬度地区形成，然后降温，寒冷区向低纬度地区转移，并再次降温结冰，以此类推。通过这个过程，就有可能形成冰盖。布迪科的研究表明，它不仅可以形成冰盖，还可以一直延伸到赤道。于是我们就看到了：冰雪地球！

Budyko–Sellers 模型表现出非线性系统中有时会出现的异常行为：所谓的滞后现象。你有没有这样不愉快的经历：在酒店淋浴间里，由于水温调高调低反应时间不同（很难找到“恰到好处”的温度），你无法将淋浴水温设置在一个舒适的水平。如果你曾经历过，那么你就遭遇了这种不幸但并不致命的滞后现象。

我们已经在雏菊世界中看到了滞后现象的例子。试想一下，当太阳很暗（比如说，是现在太阳亮度的 80%），但是温度足够温暖，适合雏菊生长（大约为 15 摄氏度），这时会发生什么？随着太阳的亮度进一步增加，我们最终会到达一个临界点（大约是当前亮度的 115%），这是一个雏菊难以承受的临界点。现在我们假设太阳能量进一步增加，达到 120%，并保持这种状态数百万年。我们可以肯定地宣布，这个场景游戏已经结束了。再也没有雏菊世界了，而是“荒芜世界”了。现在，如果出于某种原因，太阳又开始变暗，温度开始降低，太阳达到现在亮度的 115%，然后是 100%，最后回到 80%。但是现在已经没有雏菊了，所以我们会按照图表中更热的贫瘠世界曲线来运转。现在地表温度不是宜人的

15 摄氏度，而是灼热的 30 摄氏度。我们把雏菊世界这个宜居的星球变成了一个炎热的、没有生命的、贫瘠的荒芜之地，再不能回到从前。这给我们越来越多的警世故事中再添一笔。

这种滞后现象直接关系到今天地球气候系统的行为。如果现在两极的冰盖融化，即使我们能有机会在下个世纪使气候降温（比如通过人工“碳捕获”技术，这种技术在未来可能变得可行），但是这并不意味着冰盖会恢复。它们一旦融化，就得花上几百万年才能把它们复原。类似的情况也适用于那宏大的海洋传送带。如果这个环流圈由于气候变暖而崩溃，那么就算我们重新让气候变冷，这种环流圈也不会恢复。这些系统是非线性的，它们会表现出“临界点”行为，这种行为在人类时间尺度上是不可逆转的。由于科学的不确定性，我们不知道距离这些“临界点”有多近。当我们还在不顾一切地用碳污染使我们的星球变暖时，滞后现象的存在应该让我们暂停下来。

现在回到我们手头的问题，Budyko-Sellers 模型展示了升温或降温时表现出的滞后效应。升温的变化可能是由于太阳的亮度改变、温室气体的浓度改变，或者二者的结合。我们假设从比现在高 35% 的温度开始加热，这会预测得到一个没有冰的星球，然后我们慢慢减少热量，直到把热量减少到比现在低 10% ，冰才会形成。一开始冰在两极附近形成，随着热量的进一步减少，冰层会迅速向低纬度地区扩散，当温度达到今天的 85% 时，整个地球都结冰了。

另一方面，假设我们从比现在低 20%（即 80%）的温度开始加热。这相当于在古元古代“冰雪地球”事件发生时太阳热量的减少量（假设温室气体没有变化）。在这种情况下，模型预测的是一个被冰覆盖的行星。这个星球保持着冰封和覆盖的状态，随着升温的增加，加热到比现在高出 30% 的温度时（130%），赤道的冰才开始融化，融化迅速蔓延到高纬度地区。最后，当加热到比现在高出 35% 的温度时，地球上的冰就全都消失了。

因此，我们是否拥有一个被冰覆盖的星球取决于我们从哪里开始。在目前的升温水平下，有两种可能的解决方案：无冰（这大致是今天地球的情况）和冰封。布迪科称后者为“白色地球解决方案”。它后来被加州理工学院地球物理学家约瑟夫·科什文克命名为“冰雪地球”。表现出这种行为的系统据说具有多个稳定状态。考虑到今天的太阳能加热和温室气体水平，地球最终会处于哪种状态取决于它的历史。我们是从一个冰封的星球开始，使其升温，还是从一个热室星球开始，使其降温？[17]

一次巨大的冲击可以导致系统从当前状态“跳跃”到另一种状态。以大型海洋传送带为例，这种冲击可能会以快速融水释放的形式出现，就像我们之前谈到的在新仙女木事件中导致传送带坍塌的那次大融水一样。冲击也有可能是今天人类造成的温室效应导致的冰川融化。在古元古代的“冰雪地球”，迅速增加的氧气清除了使地球变暖的甲烷，这种冲击就可能表现为迅速减弱的温室效应，使地球陷入雪球状态。

问题是，你一旦处于冰雪地球状态，就很难摆脱它。正是这个事实让布迪科感到困惑，甚至导致了他对自己的发现持怀疑态度（事实证明完全没必要！）。但确实有一条走出“冰雪地球”的出路，只是刚巧涉及当时尚未完成的科学研究，包括卡尔·萨根和乔治·马伦后来的黯淡太阳研究。该研究证实，在地球历史的早期，太阳实质上更为黯淡，更容易受到冰川作用的影响。不过，更重要的是，布迪科关注的是物理学，对地质学的关注还不够。而这两点在这里都很重要[18]。

在早期工作的基础上，其他地球科学家在20世纪90年代初为冰冻的地球建立了一条逃生路线。创造了“冰雪地球”这个词的科学家约瑟夫·科什文克意识到，地球的碳循环是使地球摆脱雪球状态的恢复力。因为随着水循环和化学风化的停止，寒冷干燥的大气无法清除二氧化碳，随着火山喷发将二氧化碳排放到空气中，二氧化碳含量继续增加。二氧化碳水平最终攀升到如此高的浓度（可能高达90000 ppm——比今天高出200多倍），以至可能产生超级温室效应，并灾难性地融化地球周围形成的冰壳。冰雪反照率反馈现在的作用与雪球形成时相反，导致了冰层快速消融的加速循环，这加剧了气候变暖，进而导致更多冰层消融。

随着海洋表面再次暴露，水循环和化学风化再次启动。大气中高浓度的二氧化碳不断减少，这凸显了稳定反馈的重要性。二氧化碳被河流和溪流吸收，流入海洋，在那里被钙质浮游生物吸收。浮游生物死亡并沉没，在海底形成一层碳酸钙，也就是石灰岩。数百万年后，地质学家发现，雪球时代的冰川沉积物上面，覆盖着一层厚厚的碳酸盐岩。这就是“盖帽碳酸盐岩”的假设起源。

经验教训

在一定程度上，黯淡太阳事件证明了我们地球的适应能力。近40亿年前，尽管面临着太阳变暗的挑战，地球仍然保持着宜居的气候。随着太阳在接下来的几十亿年里逐渐变亮，温室效应也逐渐减弱，这使得地球的温度（大多数时候）保持在有利的范围内。正如我们在雏菊世界中看到的那样，生命在全球碳循环中发挥着越来越重要的作用，有利于保持适宜自己生存的条件。我们看到了盖亚之“手”。

然而，我们如果愿意，也可以找到美狄亚之“手”。地球的气候至少有一次失去了控制，例如古元古代的“冰雪地球”事件。而生命本身似乎在这一事件中扮演了关键的角色：由于光合细菌的增加，氧气的激增消耗了温室气体甲烷，导致地球降温。而由于不稳定的冰反照率反馈，失控的冰雪球随之而来。

数百万年后，由于地质碳循环中起到抵消作用的稳定反馈，我们最终从“冰雪地球”事件中走了出来：火山继续向大气中排放二氧化碳，但冰冷干燥的大气无法通过正常的化学风化手段清除二氧化碳，大气中积累了如此多的二氧化碳，以至温室效应最终超过了成冰作用，使冰自发融化。于是盖亚占了上风——地球母亲最后成了赢家。但是在这次灾难性事件中灭绝的众多生物体呢？就没有那么幸运了。缓慢稳定的碳循环反馈并不能对它们起到什么安慰作用。我们今天扮演着美狄亚的角色，无视盖亚为保持地球宜居所付出的最大努力。地球最终可能仍会无恙。但我们会吗？

“黯淡太阳”和“冰雪地球”这两个故事就像是天使和魔鬼，坐在我们的肩膀上，把我们的气候交替地拖向稳定和混乱。要让地球家园保持在宜居的范围内，天使必须胜出。为了实现这个目标，我们必须倾听“更善良的天使”①的声音。是的，我们是稳定的反馈机制的受益者，这些机制有利于为我们和我们的文明维持良好的气候。但如果我们继续在燃烧化石燃料的道路上前进，我们会很容易成为加剧气候变暖、破坏气候稳定的反馈机制的受害者。

我们知道，气候反馈机制——特别是不稳定的冰反照率反馈——可能导致失控的成冰作用。但是米哈伊尔·布迪科认识到了一种与之相反的可能性，当这种反馈作用于相反的方向时，变暖会导致冰川融化，从而导致更严重的变暖。事实上，他已证明了这种反馈过程在现代人类造成的气候变暖中扮演的关键角色。布迪科早在 1972 年就预测，到 2020 年，化石燃料的燃烧将会融化大约一半的北极冰盖。这个预测是准确的。他还预测，到 2050 年，冰反照率反馈将导致北极无冰②。在缺乏全球协调行动应对气候变暖的情况下，我们正一头扎入他预言的未来[19]。

气候模式告诉我们，我们如果采取重大变革去减少碳排放，这种情况仍然可以避免。但是碳排放必须在未来十年内减少 50%，

① “更善良的天使”出自亚伯拉罕·林肯在其 1861 年著名的第一次就职演讲，指人类内在的善良和高尚的品质。当时正值美国内战前夕，林肯呼吁避免内战和分裂，“从每一个战场和爱国者的坟墓延伸出的神秘记忆之弦，连接着这片广袤土地上每颗生活在其中的心灵和每个家庭的炉边，当我们内心更善良的天使再次触动它们，那些弦将会奏响联邦的赞歌”。——译者注

② 北冰洋开阔海域无冰，北极周围海冰覆盖范围小于 100 万平方千米。2023 年秋季，北极海冰面积约为 420 万平方千米，比 20 世纪 80 年代平均值少约 1/3。——译者注

并在21世纪中叶之前降至零，才能使变暖幅度保持在1.5摄氏度以下，一部分北极海冰也能得以保留[19]。我们如果超过这个临界点，就有可能失去北极冰盖，甚至可能失去更多：格陵兰岛和南极洲西部的大部分冰盖消融，导致海平面大幅上升和沿海地区被淹没；还有让万物枯萎的热浪和干旱、前所未有的洪水，以及致命的超级风暴。我们美好而脆弱的时刻可能会转变成一个邪恶的未来。可怕的是，地球往事为我们提供了一个窗口，让我们看到了未来。这就是所谓的大灭绝。[20]

第三章

恐怖的大灭绝

> 凭借我们进化而来的忙碌的双手和进化而来的忙碌的大脑，我们在极短的时间内成功地改变了地球，其效果不亚于地质作用力，以至我们自己就成为改变大自然的力量，引起气候变化、海洋酸化和第六次物种大灭绝。
>
> ——凯特·伯恩海默[1]

我们现在知道，像“冰雪地球”这样的放大机制可以使地球冰封。但是，当足够的二氧化碳进入大气层时，同样的机制也会导致不宜居的炎热气候。可以说，被称为“大灭绝”的有史以来最大的灭绝事件，似乎在一定程度上就是由于2.5亿年前大规模碳进入大气层，引起加热造成的。这个古老的事件，能否用来类比如今人为气候变化所造成的第六次生物大灭绝？在回答这个问题时，我们有时不得不通过一些科学细节来解释，不过这样也有好处：我们不仅知道科学家能够解开这些谜团，还会看到他们是如何解开的。

蜻蜓和恐龙

上一章我们讲到大约5.5亿年前元古宙晚期，地球已经从一系列严峻的冰期，甚至是全球性的冰雪球中解冻。元古宙的结束标

① 美国作家、编剧和学者，是当代童话文学领域的重要人物之一，以其童话和奇幻文学作品而闻名。——译者注

志着一个全新时代的开始——古生代，其历史从距今约 5.4 亿年到 2.52 亿年（表 3–1）。

表 3–1　古生代时期地质年代表，以及临近的地质纪年

宙	代	纪		百万年前
		第四纪		2.6
显生宙	新生代	第三纪	新近纪	
			古近纪	66
	中生代	白垩纪		145
		侏罗纪		201
		三叠纪		252
	古生代	二叠纪		299
		石炭纪	宾夕法尼亚纪	323
			密西西比纪	359
		泥盆纪		419
		志留纪		444
		奥陶纪		485
		寒武纪		539
元古宙	新元古代			
	中元古代			
	古元古代			2500
太古宙	新太古代			
	中太古代			
	古太古代			
	始太古代			4030
冥古宙				

古生代的第一个时期——寒武纪——见证了生命多样性的显著爆发，这被恰如其分地称为“寒武纪生命大爆发”。大多数今天存在的生命都出现在那个时期的头 1000 万年，包括第一个复杂的多细胞生命，以及软体动物和甲壳类动物等我们熟悉的群体。这种显著多样化的原因之一是光合作用导致氧气持续增加：由于多细胞生物需要高浓度的氧气，更高水平的氧气就促成了更多样化的生物。新元古代时期形成的平流层臭氧层能保护动物免受太阳

紫外线的伤害，并帮助它们繁衍生息。一些研究人员甚至认为可能存在瓶颈效应①，即在新元古代冰河时期（无论是否存在第二个“冰雪地球”时期）幸存下来的少数生命形式能够在地球解冻时迅速填补新出现的生态位。

大约4.5亿年前，在古生代奥陶纪发生了一次严重的冰川事件，由于化学风化的速度超过了火山气体排放的速度，大气中的二氧化碳水平迅速下降。随之而来的降温导致了以南极为中心的冈瓦纳超级大陆上冰层的堆积。海平面下降，曾经是原始软体动物和甲壳动物家园的许多沿海栖息地消失了。一些生物勉强存活了下来，但是大约一半的物种灭绝了。就像我们今天只能想象在亚历山大图书馆的洗劫中丢失了什么知识②，我们也只能好奇在这场事件中损失了何种诞生于寒武纪大爆发时期的惊艳绝伦的生物。这就是第一个被广泛认可的全球物种大灭绝事件，不过这不会是我们遇到的最后一次[1]。

大家都听说过6600万年前结束恐龙统治的那场物种灭绝。但最致命的灭绝事件其实发生在二叠纪末期，大约2.5亿年前，在科

---

① 瓶颈效应在生物遗传学里原指出于某种原因（如环境灾难、人为因素等），一个群体的数量急剧减少，从而导致基因多样性大幅降低的现象。此处瓶颈效应指的是幸存的生物由于其适应极端条件（瓶颈）的能力，突破瓶颈后在填补新生态位时具有竞争优势，能够更快地填补新生态位并迅速多样化。——译者注

② 古代的亚历山大图书馆曾经在几次不同的事件中遭受洗劫和破坏。第一次洗劫发生在公元前48年，当时亚历山大图书馆遭到了罗马将军恺撒的军队的破坏。据说，恺撒的军队在围攻亚历山大期间，不小心引发了火灾，导致大量图书和文献被烧毁。第二次洗劫发生在415年，由于复杂的政治和宗教纷争，亚历山大图书馆遭到基督教徒的袭击和破坏，这次袭击导致大量珍贵的文献和手稿被毁。第三次洗劫发生在642年，当时伊斯兰征服者阿拉伯军队攻占了亚历山大，他们烧毁了图书馆，并将残余的文献运往开罗。——译者注

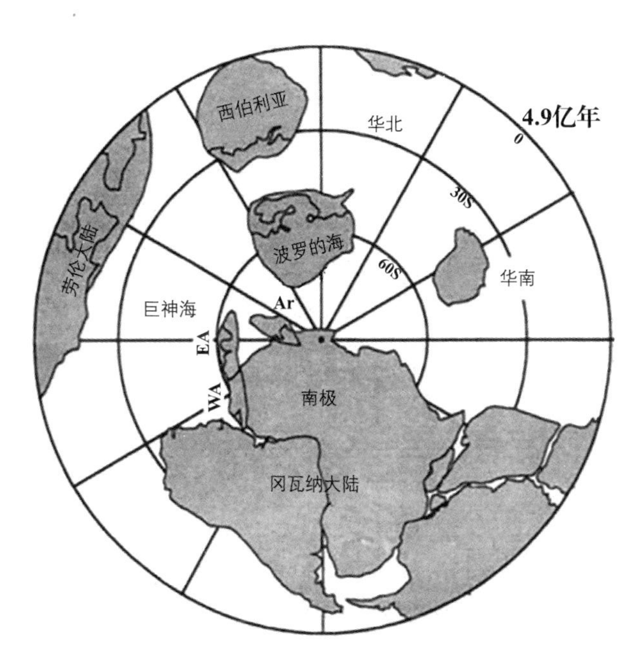

图 3-1　奥陶纪时期冈瓦纳大陆的位置和形态

学界，它被称为二叠纪—三叠纪灭绝（或简称 P-T 灭绝）。这场浩劫导致二叠纪约 90% 的物种从地球上消失，因而赢得了一个称号："大灭绝"。海洋生物遭受的打击尤其严重，96% 的物种灭绝。世界各地的业余化石收藏家所熟悉的"三叶虫"——一种原始节肢动物，是现代鲎的远古祖先——就是在那时灭亡了。三叶虫虽然挺过了奥陶纪之前的物种灭绝事件，但近 3 亿年的美好时光也终于就此结束了。

不仅绝大多数海洋无脊椎动物消失了，最早的鱼类物种也消失了。在陆地上，超过 2/3 的两栖爬行动物物种和近 1/3 的昆虫物种灭绝了。另一个标志性物种——巨型蜻蜓——也消失了。它翼展近 3 英尺（约 0.9 米），几乎总是出现在艺术家对石炭纪时期的描绘中，直到今天仍萦绕在我的噩梦里。

二叠纪—三叠纪灭绝事件消灭了许多曾经主宰陆地生命的种群，原先的生态位被新的生物所占据，比如鳄鱼这样的爬行动物，以及最早的恐龙。胜者为王、败者退场的场景再一次上演。只是这个回合里，谁输谁赢，取决于地质学和地球化学风化周期。

在古生代中期，大约 4.2 亿年前，有根、茎和叶的植物出现了，我们现在知道，这些植物通过产生酸溶解岩石，帮助土壤中的水循环回到大气中，从而加速了化学风化。这可能导致了晚古生代大气中二氧化碳水平缓慢而稳定地下降。然而，这些维管植物的传播也是一种新的有机物质来源，这些有机物质被埋藏于陆地上，或者被带到河流中，最终埋于海洋。由于有机物质是光合作用的产物，光合作用将氧气和碳原子分离，一旦碳被埋藏，它就不再与释放出的氧气结合①，因此有机物质的埋藏增加会导致大气中氧含量的上升，氧气浓度攀升至 35%（几乎是目前 21% 浓度水平的 2 倍）[2]。

这种高氧环境有利于下孔类动物——一种具有高新陈代谢的生物的生存。它们的头骨两侧各有一个洞，这导致了下颌功能的改善。它们是包括食肉动物、食虫动物和食草动物在内的陆生四足动物群体的一部分，这些动物最早出现于石炭纪晚期，后来演变成我们今天所知的哺乳动物群体。到了二叠纪早期，它们成为陆地上的主要物种。到了二叠纪中期，另一类原始哺乳动物——可

① 当有机物质被埋藏时，其中的碳会随着时间的推移形成煤炭、石油等化石燃料，而这些化石燃料中的碳不再和大气中的氧气结合。——译者注

能是温血动物，有点像啮齿动物的兽孔类动物——出现并成为新的优势物种。到了二叠纪晚期，它们甚至可能已经长出了皮毛。一个被称为“野兽牙齿”的兽齿目群体展示了许多进化上的创新——支撑颌骨的骨骼发生了变化，使得颌骨张得更大，而且可能还有助于发展听力。头骨和牙齿变得更大，牙齿有了专门的用途，颌骨更加有力。它们似乎已经准备好接管一切。但事与愿违。

在二叠纪和三叠纪之间的过渡时期，一切发生了变化。二氧化碳浓度飙升，原因我们稍后再讨论。这导致了大规模的变暖。这时，板块构造已经将所有大陆合并为一个横跨赤道的巨大大陆——盘古大陆。海洋湿气很难深入到大陆的中心。根据对二叠纪末期气候模式的模拟和盘古大陆上洪泛平原中河流沉积物化石的分析，快速的温室效应使其更加炎热和干旱。突然的干旱导致古生代时期刚出现的娇弱的、依赖水分的森林大规模死亡。这意味着有机物质在陆地上的埋藏会减少，同时由于海洋食物网崩溃，向深海输出的碳也减少。结果，大气中的氧含量似乎急剧下降，在二叠纪向三叠纪过渡时，浓度低至15%[3]。

氧气的下降是造成大规模死亡的另一个原因。温室效应和低氧水平的结合会导致大规模的缺氧——生物体根本无法吸入足够的氧气来支撑新陈代谢。这就是恐龙出现的原因。原始哺乳动物如下孔类和兽孔类在二叠纪占据主导地位，它们在高氧水平下茁壮成长。但随着氧气浓度的下降，它们难以适应环境。双孔类动物是一种分布广泛的四足脊椎动物，大约在3亿年前的石炭纪首次出现。它包括爬行动物、鸟类和现在已经灭绝的恐龙。它们与它们的亲戚下孔类动物和兽孔类动物的不同之处在于，它们的头骨两侧各有两个洞（而不是一个）。下孔类动物的一个亚组，称为始祖龙，包括鳄鱼和最早的恐龙，利用这一创新开发了一个更有效的呼吸系统，可以更有效地利用现存的氧气。当氧气水平在二叠纪—三叠纪过渡期急剧下降时，这个呼吸系统使它们在竞争中处于优势地位。事实证明，恐龙是二叠纪—三叠纪灭绝事件的直接受益者[4]。

只有少数原始哺乳动物幸存下来。其中一个群体被称为犬齿目。它们是我们的祖先，也是所有哺乳动物的祖先。起初，它们可能看起来有点像巨大的有鳞的老鼠，长达 6 英尺（约 1.8 米），活脱脱是个“异形啮齿兽”①。但是到了三叠纪末期，它们已经缩小到现代田鼠的大小，藏在岩石后面躲避爬行动物捕食者。

碳灾难

让我们来看看引发了一连串事件的二氧化碳激增，看它如何导致了有史以来最大规模的物种灭绝事件。没有证据表明原始哺乳动物和早期恐龙曾经建造过燃煤发电厂或者开过 SUV（运动型多用途汽车）。我们看到的是一系列源于西伯利亚的巨大火山喷发。这个地方在地质学里被称为西伯利亚大火成岩省，指的是西伯利亚地区一个由岩浆反复喷发形成的丘陵地区。② 这个大火成岩

---

① 异形啮齿兽，Rodent of Unusual Size，美国电影里常出现的怪兽形象，简称 R.O.U.S，状似狼狗，体重约 80 磅（36.29 千克），奔跑速度极快。——译者注

② 早期也被称作西伯利亚地盾，是火山多次喷发形成的当地台阶状的地貌。——译者注

省无疑能进入远古时代大规模碳释放地点的候选名单中。

麻省理工学院的地质学家萨姆·鲍林和他的团队从中国的一个地区收集了岩石，其中包含了二叠纪—三叠纪灭绝事件的化石证据。他们使用了一种被称为铀/铅地质年代测定法的测年方法，这种方法利用了铀的放射特性。由于铀的含量在数百万年间会逐渐减少，因此在古代岩石中发现的晶体中所含铀/铅的比例，可以用来估计岩石的年龄。鲍林和他的同事们又从西伯利亚大火成岩省收集了岩石，用同样的年代测定方法对这些岩层进行了估算，以此来估计火山喷发的开始和结束时间。火山喷发和化石都可以追溯到——你猜对了——大约 2.5 亿年前。如果科学是一个法庭，西伯利亚大火成岩省的超级火山活动将被判导致二叠纪—三叠纪大规模灭绝的罪行[5]。

事实证明，那个罪犯其实打了一套组合拳。最初，火山喷发向大气中注入了大量的火山灰。这会阻挡阳光，减少光合作用，并降下硫酸雨冲刷地球表面。在每次喷发之后的几年里，这个星球就会陷入世界末日般的地狱景观。然而，更持久的影响是，随着火山持续数万年向大气中喷出气体，大气中的二氧化碳不断累积。

我们可以通过几种不同的方式来估计二氧化碳的上升水平。每种方法都涉及使用所谓的“代用”资料，也就是过去环境变化的自然生物、化学或物理记录器。重要的是看看这些证据表明了什么，因为在它们都一致的情况下，我们可以得出更有力的结论。但是如果它们不一致，我们对数亿年前发生的事件进行推断时就不可避免地带有“模糊性”。

“代用”资料证据的第一个来源基于保存下来的古老叶子中的小孔或“气孔”。植物打开它们的气孔，让二氧化碳进入它们体内进行光合作用。但这需要付出代价，珍贵的水分会在这个过程中散发到大气中。所以当周围二氧化碳浓度高时，植物只打开较少的气孔，从而保存水分。因此，科学家们可以通过测量气孔打开的数量推断二氧化碳过去的变化，尽管现在看来，这种方法存在不确定性[6]。

另一种“代用”资料方法是测量两种主要的稳定碳同位素（碳 –12 和碳 –13）的相对丰度，它们存在于远古土壤中的碳酸盐里。植物更喜欢在光合作用中吸收较轻的同位素（碳 –12），因此被掩埋的有机碳中较重的同位素（碳 –13）就比较少。化石燃料是埋藏在地下的有机碳，被燃烧时就会向大气释放较多的碳 –12。因此现在大气中二氧化碳的碳 –13 占比越来越少，就可以作为证据之一证明：过去两个世纪我们所看到的二氧化碳增加是由化石燃料燃烧造成的[7]。

由于大气中二氧化碳的碳 –13 含量总是显著高于有机碳中的碳 –13 的含量，地表附近以及与大气接触最多的土壤相对来说含有较多的碳 –13，而随着深度的增加，下层土壤碳 –13 含量逐渐减少。犹他大学的地球化学家托尔·E. 瑟琳（Thure E. Cerling）发明了一种方法，通过测量这种含量减少碳效应来估计过去大气中二氧化碳的变化。但是该方法假设过多，局限性明显，而且不能排除甲烷等温室气体的干扰[8]。

第三种，也是最后一种“代用”资料方法，同样利用了碳同位素数据，但是它只关注植物的化石残骸，而不是古代土壤中的碳酸盐。最近的实验表明，植物在光合作用中更喜欢吸收碳 –12，这种偏好程度取决于大气中二氧化碳的浓度。大气中的二氧化碳浓度升高，植物体内吸收的碳 –12 就会增加，相对减少了碳 –13 的吸收。因此，通过测量保存的古代植物遗骸中碳 –12 和碳 –13 的相对丰度，我们可以再次估算二氧化碳浓度的水平[9]。

如果这些方法都能给出相同的确切结果，那就太好了。但是科学并不总是像我们希望的那样干净利落，这些方法当然也不能。然而，利用多种方法的优势在于，不同的方法作出不同的假设，虽然其中一些假设可能会受到质疑，但不同方法的优缺点可能在本质上是互补的。因此，通过综合考虑这些证据，我们就得到了一个更加有说服力的画面。

这个画面是什么？当把所有这些古数据放在一起，我们可以估计出二叠纪—三叠纪灭绝事件高峰时二氧化碳浓度水平上升的范围。二氧化碳可能至少增长了 6 倍（翻了 2.5 番），但也可能只增长了 2 倍（翻了 1 番），或者增长了 24 倍（翻了大约 4.5 番）。这个范围的下限对应了我们在 21 世纪末化石燃料照常燃烧的情况下可能看到的情况，而这个范围的上限则远远大于我们可能看到的人类活动的结果。

那么由此导致的气候变暖呢？古数据也提供了这方面的线索。首先，我们来看看海水中两种稳定的氧同位素——氧 –16 和氧 –18 的相对丰度。这些同位素的含量随着温度的升高而变化，较温暖的水域中较重的氧 –18 消耗得更多。由于碳酸钙含有氧原子，我们可以通过分析古代海床碳酸盐岩或方解石壳中的氧原子比例来估计海洋温度的变化。现在的海洋盐度也会影响这些比值，但我们也可以使用别的方法来测量碳氧键，那也是一个温度的函数。虽然很难做到完美的测量，但是这些集体数据描绘出了一幅较完整的画面。

我们从这些数据中得知，在二叠纪末期灭绝事件发生之前，热带海洋表面温度在 72 华氏度（约 22 摄氏度）到 77 华氏度（约 24 摄氏度）之间。在灭绝事件高峰期间，热带海洋表面气温上升到约 86 华氏度（30 摄氏度），提升了 9—14 华氏度（5—7.7 摄氏度）。陆地往往比海洋更暖和，而温带地区则会比热带地区更快升温，因此全球平均地表温度可能比上述温度还要高。例如，在过去的一个世纪里，全球气温比热带海洋表面温度高出了 33% 。如果我们假设今天的海陆温度关系适用于二叠纪—三叠纪，那就意味着当时全球地表温度上升了 13—20 华氏度（7.2—11.1 摄氏度）[10]。

气候变暖与二氧化碳的增加密切相关，与我们今天正经历的类似，当时也发生了温室效应导致气候变暖事件。事件持续了 75000 多年，这从地质学的角度来看是短暂的，但与当前的变暖时间相比却是相当长的。在这 75000 年里，每个世纪仅升温约 0.02 华氏度（0.01 摄氏度）。而我们现在对地球的加热是每个世纪约 2 华氏度（1.1 摄氏度），这个速率是以前的 100 倍[11]。

因此，我们现在对二氧化碳的增加以及由此导致的变暖的数量和速率有了一些了解。我们可以用这个古老的事件来看看二氧化碳的变暖效应如何适用于我们今天看到的人类造成的变暖。

气候敏感度

我们可以从过去的事件中学到一些重要的教训。其中之一就是地球气候对不断增加的温室气体浓度的所谓敏感度。要形成我们目前享有的这一宜居又脆弱的时刻，有很多决定性条件，而正是这种气候敏感度决定了我们正以多快的速度放弃这些条件。

气候敏感度是以一种非常具体的方式来定义的：它是指如果我们将大气中的二氧化碳浓度每增加一倍，会变暖多少。为什么是成倍的？因为增加的二氧化碳越多，就越能关闭大气中热量逃逸到太空的“窗口”。这意味着需要指数级增加二氧化碳才能产生相同数量的变暖。因此，从上一个冰河时期约为180ppm的二氧化碳浓度水平，到20世纪90年代约为360ppm的二氧化碳浓度水平之间的变暖（净增加180ppm），与我们将二氧化碳浓度水平从目前的420ppm一直增加到840ppm（净增加420ppm）时将发生的变暖大致相同。这就是我们为何将平衡态气候敏感度定义为气候系统完全应对二氧化碳浓度翻倍后达到的升温，例如在一切照旧的化石燃料燃烧情景里，二氧化碳浓度会从工业化前的280ppm发展到21世纪中叶的560ppm。20世纪70年代末由杰出的麻省理工学院大气科学家朱尔斯·查尼（Jules Charney）领导的美国国家科学院的一项评估中，认为这个阶段的升温在1.5摄氏度到4.5摄氏度（2.7华氏度到8.1华氏度[①]）之间。对这个升温范围的预估

① 由于气候敏感度一直是用摄氏度进行计算，所以请原谅我在此处表述中交替使用摄氏度和华氏度。——作者注

到了今天基本还被认可。在这个不确定性范围的下限（即1.5摄氏度）附近，我们将会看到的气候危机与我们已经看到的大体相似。而在这个不确定范围的上限（即4.5摄氏度），我们则会看到灾难性的后果：大规模的沿海洪水、夏季赤地千里的高温、毁灭性的干旱和巨大的洪水。是的，确实有不确定性——但我们会有多幸运呢？我们又愿意与我们唯一的地球家园一起承受多大的风险呢？[12]

反馈机制在升温事件里扮演了关键角色，我们必须认识到这一点。在没有放大反馈的情况下，也就是说，如果唯一的因素只是大气温室效应的增加，平衡态气候敏感度的值将在2华氏度（1.1摄氏度）左右，即如果二氧化碳浓度水平增加一倍，只会发生2华氏度（1.1摄氏度）的升温（我们可以称之为“没有反馈”的情况）。这并不是很糟糕，但不幸的现实还有其他，一旦我们使地球变暖，关键的放大反馈就会介入。由于我们的“老朋友”冰的反照率反馈，冰的融化将导致更多的变暖。加热海洋还会导致更多的水蒸气（一种非常强大的温室气体）蒸发到大气中，这是“水蒸气反馈”。这两种反馈都会大大加剧气候变暖。

然后是云。高层卷云提供了放大的反馈，因为它们像温室气体一样，阻止了热量向外逃逸。低层云则提供了稳定的反馈，因为它们像冰一样，将阳光反射回太空。我们很难准确预测每种类型的云在气候变暖时会发生什么变化。因此，这仍然是关键反馈机制中最大的不确定性，也是精确估算气候系统平衡态气候敏感度的主要不确定性来源。

还有其他的变数也会促进变暖，特别是所谓的“碳循环反馈”，其中就有甲烷。多年冻土和大陆架的变暖会释放之前被埋藏的甲烷。甲烷也是一种强有力的温室气体，可以加剧气候变暖。尽管在今天强氧化性的大气中，它的寿命相对较短，只能滞留几十年，而不是几个世纪或几千年，而且环境中的甲烷比二氧化碳少得多。

即便如此，也还有其他的碳循环反馈。气候变暖和干旱会导致更广泛的野火，将森林中的碳释放到大气中，就像我们近年来在澳大利亚、北美西部和欧亚大陆看到的那样。在 2020 年年初澳大利亚的“黑色夏季”期间①，我在悉尼学术休假②，目睹了这一幕，森林被山火摧毁后释放的碳比澳大利亚一年的化石燃料燃烧释放的碳还要多[13]。

无论如何，来自现代观测、古生物观测和气候模式的证据集体表明，不稳定的反馈要强于稳定的反馈。而没有反馈的气候敏感度大约是 2 华氏度（1.1 摄氏度）。不稳定的反馈会使它更接近 5 华氏度（2.8 摄氏度），或许更高一点。这不是一个微不足道的区别，这是“我们可以很容易地适应”和“如果我们不采取行动，我们将陷入一个痛苦的世界”之间的区别。

---

① 2019 年 6 月至 2020 年 5 月，澳大利亚经历严重火灾，其中在 2019 年 12 月到 2020 年 1 月达到最严重的程度，累计过火面积达到 2430 万公顷（24.3 万平方千米），烧毁 3000 多座建筑，造成 34 人死亡和约 30 亿只陆地脊椎动物死亡，估算火灾造成的碳排放量为 7.15 亿吨，超过澳大利亚正常全年碳排放量，火灾的发生与持续性高温和干旱密不可分。——译者注

② Sabbatical Leave（学术休假）是美国大学教师在服务一定期限后可以申请享有的权利，即每隔一定年限（通常是 7 年），美国大学教师可带薪外出修整一年或几个月。学术休假已经制度化，源于 19 世纪末美国研究型大学的崛起，在促进科研创新能力、缓解职业倦怠以及促进合作交流（很多教授会选择到外单位或国外研究机构访问）等方面有明显功效。——译者注

到目前为止，我们只考虑了“快速反馈”。还有一些缓慢的反馈，比如在地质时间尺度上的稳定作用，这是由风化作用加剧和二氧化碳减少所导致。还有冰盖的反应、森林的演化，以及地球系统的其他反应，这些反应需要几个世纪才能发挥作用。这些缓慢的反馈导致了一个更普遍的概念“地球系统敏感度”，它描述了在这些缓慢反应反馈机制完全发挥作用后，二氧化碳每增加一倍，你最终会得到多少升温。这是我们在观察数十万年来的地质气候反应时会经常测算的值，而不是基于火山爆发或历史碳排放造成的短期反应。

二叠纪—三叠纪灭绝事件是一个非常缓慢的反应，我们可以从中学到一些关于地球系统敏感度的东西。正如我们所看到的，二氧化碳在那个时期可能增加了6倍，地球气温可能升高了16华氏度（8摄氏度）。这使得我们的地球系统敏感度到达了约6.3华氏度（3.5摄氏度）。这比我们之前看到的平衡态气候敏感度的约5华氏度（2.5摄氏度）的传统估计值高一点，这表明增强的缓慢反馈可能加剧了气候变暖。但是，这一地球系统敏感度的估值实际上低于以前一些基于气候模式的估计，大约低了7.7华氏度（4.3摄氏度）。根据模式估计的上新世中期（大约300万年前）二氧化碳水平，这似乎是最后一次与现在一样高的时期。这个时期因此为当前的变暖提供了一个重要的类比对象，我们将在后面的章节深入讨论[14]。

不管怎样，鉴于先前提到的不确定性，我们得出的二叠纪—三叠纪灭绝时期地球系统敏感度，可能高至20华氏度（11.1摄氏度）或低至3华氏度（1.7摄氏度）。如此大的不确定性范围似乎使得这一灭绝事件在估算气候敏感度方面毫无用处。然而，事实并非如此。它仅仅是一个数据点。我们可以把过去多个事件放到一起，形成一个更完整的图景。古气候学家德纳·罗耶（Dana Royer）还在耶鲁大学做博士后时，与鲍勃·伯纳（Bob Berner）和杰弗里·帕克（Jeffrey Park）合作，采用了更丰富的资料，所能找到的信息可以从现在一直回溯到5.4亿年前的寒武纪。他们从古资料中查看过去二氧化碳记录的变化，兼顾了这些更长时间尺度上的化学风化和温度之间的关系，因此把不确定性区间缩小了很多。他们发现地球系统敏感度的真实值可能在3—10华氏度（1.6—5.5摄氏度）之间[15]。

所以我们进一步缩小了范围。可以看出，我们所掌握的数据越多，我们就越有把握。虽然每一次气候变化都存在不确定性，但多次气候变化的平均值消除了大部分不确定性。但是当涉及气候敏感度时，我们还能做得更好。利用本书后面将遇到的许多其他过去气候反馈的例子，比如20000年前末次冰盛期发生的降温，或者近几个世纪来主要火山喷发产生的硫酸和火山灰对气候的冷却效应，气候科学家能够不断调整并更准确地评估气候敏感度。由此，目前的估计值在4—8华氏度（2.2—4.4摄氏度）之间，且几乎可以肯定在3.6—11华氏度（2—6.1摄氏度）之间[16]。

引用迪士尼真人版电影《阿拉丁》① 中的神灯的话，“那有很多灰色地带”。气温升高3.6华氏度（2摄氏度）是破坏性的，但升

① 该片2019年5月24日上映，基于迪士尼经典动画片《阿拉丁》改编。在电影中，灯神由威尔·史密斯（Will Smith）扮演，他为这个角色带来了他自己独特的表演和魅力。该电影的全球票房收入超过10亿美元，成为2019年最赚钱的电影之一。——译者注

高 11 华氏度（6.1 摄氏度）将是灾难性的。我们因此可以更好地理解在类似二叠纪—三叠纪灭绝事件中，是什么导致了更极端的“最坏情况场景”，以及如果发生在今天会怎样。是否有一些今天我们闻所未闻的过程，在二叠纪—三叠纪交替时期，增强了当时的气候敏感度？

让我们以甲烷为例，这是一种在当前气候变暖中被广泛讨论的温室气体。我们已经看到，它在昏暗的地球早期起到了关键的保暖作用。甲烷峰值是否会导致二叠纪—三叠纪交替时期的变暖？碳同位素数据中有证据表明，埋藏在浅海海床中的大量甲烷可能已经变得不稳定，并释放到了大气中。甲烷是一种非常强大的温室气体，甚至比二氧化碳更强，所以在最初的二氧化碳引起的变暖基础上，甲烷会导致更强的变暖，从而使更多的甲烷被释放。换句话说，这是另一个破坏稳定的反馈，是一个恶性循环。

然而，由于甲烷很容易通过氧化从大气中去除，这种不稳定的反馈受到了限制。事实上，正如我们在上一章看到的，正是 20 多亿年前氧气的增加，导致早期的甲烷温室效应被清除，最终把地球冷却成了一个雪球。这种清除将甲烷在大气中的寿命限制在几十年之内，而不是像二氧化碳那样能够存在几个世纪到几千年。然而，在二叠纪—三叠纪交替期间，氧气浓度大大降低，甲烷在大气中停留的时间可能显著变长，这使其具有更大的长期升温潜力。因此，甲烷在二叠纪—三叠纪时期，也就是大气中的氧气含量很低的这个阶段，变得具有重要升温作用。但在今天，由于氧气浓度高，甲烷就可能不会构成太大威胁。

奇爱海洋的末日四骑士

在海洋中，96% 的生命似乎在二叠纪—三叠纪灭绝事件期间灭绝了。这几乎是你所能看到的最接近“团灭”的情况了。后二叠纪时期的海洋有时被称为“奇爱海洋”——典故来自 1964 年冷战时期反乌托邦电影《奇爱博士》（*Dr. Strangelove*）中彼得·塞勒斯（Peter Sellers）扮演的标志性人物奇爱博士[①]，剧透预警——该电影在全球热核战争中结束，人类文明就此终结。（近 60 年后的地缘政治冲突背景下，包括俄乌冲突中威胁使用战术核武器，都让这部电影突然显得更具有预言性。）

等我们盘点完二叠纪—三叠纪灭绝事件期间海洋所受的罪——至少涉及四种不同的对生命的致命打击（变暖、酸化、缺氧和硫化氢中毒[②]）——你脑海中的问题就不会是“为什么 96% 的海洋生物灭绝了”，而是“怎么可能还有 4% 能够活下来”。

大气中碳含量的激增本身就造成了双重打击：它不仅导致了全球变暖，还分生了其邪恶的孪生兄弟——海洋酸化。大气中浓度不断上升的二氧化碳溶入海洋，形成碳酸，溶解了长有碳酸钙外壳和骨骼的生物，摧毁了珊瑚礁，杀死了螃蟹、龙虾等甲壳类动物，以及蛤蜊和牡蛎等软体动物。它们的灭绝又反过来扰乱了

① 此处指大灭绝后海洋生命凋零，类似于电影中奇爱博士热衷的核战争所造成的生灵涂炭情景。——译者注

② 变暖、酸化、缺氧和硫化氢中毒即为本小节标题中的末日四骑士。末日四骑士语出《新约》末篇《启示录》第 6 章，象征带来瘟疫、战争、饥荒和死亡这四种灾难。——译者注

整个海洋食物链，包括鱼类种群和其他海洋生物。

二叠纪—三叠纪灭绝事件留下的化石记录中钙质生物的灭绝无疑提供了间接证据：这次显著的海洋酸化事件导致了海洋生物的大规模死亡。然而，不仅有间接证据，碳和钙同位素“代用”资料也显示了海洋中溶解碳的突然增加。尽管对地球化学资料的准确解释在文献中是复杂和有争议的，但我相信这已足以表明这就是那时发生的事情。

最有说服力的证据来自一个看似不太可能的来源：硼。硼与钠和氧结合形成一种白色粉状物质，称为硼砂。它大量存在于古老的蒸发海床和湖床中，比如加利福尼亚死亡谷的湖床，直到今天那里的硼矿仍然被开采并用于制造牙膏、化妆品、油漆和除草剂。我们也可以从沉积在海底的古代碳酸盐中提取硼。硼的两种主要的稳定同位素的比例（硼 -11 和硼 -10）反映了它们所在的古代海洋的酸碱值。一个研究小组从今天的阿拉伯联合酋长国的古代沉积物中发现了硼同位素，这个地区曾经与古代盘古大陆邻近的海洋相连，而这里的沉积物可以追溯到二叠纪晚期和三叠纪早期。他们重建了整个二叠纪—三叠纪交替期间海洋酸碱值的变化，发现由于大气二氧化碳含量低且初始海洋碱度高，在二叠纪—三叠纪灭绝事件的早期阶段，海洋酸碱值保持稳定，这使海洋能够缓冲相对较慢的初始碳输入。但它无法缓冲二叠纪—三叠纪交替期后来更大、更快的碳注入，于是，海洋突然发生了大规模酸化——仅在 1 万年内就下降了近 1 个酸碱度单位。这个快速酸化事件就是石灰质生物群灭绝的主要原因，这对我们今天也有警示作用，因为我们也再次受到海水变暖和海洋酸化的双重威胁。海水变暖和海洋酸化造成的白化事件，正威胁着我们现代世界的自然奇观之一——大堡礁。它还威胁着世界各地的珊瑚礁，以及我们餐桌上的其他海洋生物[17]。

问题不仅在于向大气中排放碳的量，还在于排放碳的速度。碳排放增长速度越快，海水的酸化就越严重。虽然用地质标准来看，大灭绝期间向大气中注入碳的速度可能确实够快，但与我们今天所见相比，这根本不算什么。在大灭绝时期，二氧化碳浓度在75000年间增加了6倍。大概30000年翻一番。但是我们如今已把大气中的二氧化碳浓度从工业化前的280ppm提高到了现在的420ppm，相当于不到300年就增加近一倍。换句话说，我们现在向大气中排放碳的速度是造成地球历史上最大灭绝的自然事件的100倍。二叠纪—三叠纪灭绝事件还包含更多令人担忧的可能性[18]。

二氧化碳升高造成的气候变暖和海洋酸化的综合影响导致了双重打击，再加上海洋缺氧，就是三重打击。我们知道，大气中的低氧水平导致了陆地生物的二叠纪—三叠纪灭绝事件，而大气中的低氧水平同时也意味着海洋中的低氧水平。更糟糕的是，温暖的海洋表层水吸收和容纳的氧气较少（这和温暖的苏打水会释放其中溶解的气体是一个道理——正因如此，当你打开瓶盖时，才会出现“脱碳”的现象）。一项对二叠纪—三叠纪期间留下的海洋化石的分析表明，对缺氧耐受性低的生物的灭绝率确实是最高的[19]。

海洋表面的变暖会导致更大的分层，因为较轻的暖海水会覆盖在较冷、密度较大的海水之上。这导致上层海洋混合湍流减少，意味着海洋生物所消耗的氧气和营养物质不太可能从更冷、更富氧的上升海水中得到补充。我参与的研究表明，由于人类引起的气候变暖，今天海洋正在发生类似的变化，其速度比模型预测的还要快。这些变化影响着整个海洋食物网。随着微生物和浮游生物的减少，以它们为食的小鱼会死亡，然后以小鱼为食的大鱼就会死去，以此类推，直到食物链顶端的掠食者，最终导致海洋生产力的崩溃。奇爱海洋，一语成谶[20]。

一项研究认为，如果“奇爱海洋”上层海洋的生命减少，深层海洋的有机碳埋藏就会减少，而上层海洋的溶解碳会增加，最终导致大气中的二氧化碳增加，从而导致进一步的变暖。最后，极地和赤道之间的温度差减小，这是相对无冰的温室气候的典型特征。这导致海洋输送更加缓慢，而通过翻转的海洋环流向深海输送的氧气变少。所有这些因素促成了二叠纪—三叠纪的重要特征——缺氧的海洋。气候模式模拟重现了这些状况，为这一理论更添了一分可信度[21]。

仿佛这些还不够，我的宾夕法尼亚州立大学前同事李·坎普和他的合作者们认为，在二叠纪—三叠纪灭绝事件的启示录中，还有第四个末日骑士：一个巨大的硫化氢“臭气弹”。搞出这个“恶作剧”的是佩蕾，她是夏威夷神话中的火山女神①，她也是大地女神盖亚的一部分。这可是个相当恶毒的“恶作剧”[22]。

我们虽然幸运地躲过了真正的臭气弹，得以平安长大成人，但我们仍然能认出硫化氢气体的臭鸡蛋味道。事实上，我们可以

① 佩蕾是夏威夷神话中火山女神的名字，被认为是夏威夷群岛的创造者和守护者。根据夏威夷的传说，佩蕾是由天神和地神所生的女儿，居住在夏威夷群岛的活火山中，通常穿着红色或黄色的衣服，可以通过操纵火山的力量来创造和摧毁土地。夏威夷人对佩蕾充满崇敬，并将她视为土地和自然力量的保护者。——译者注

在最短的时间内，闻出空气中1‰比例的这种气味。而在像黑海深处这样的缺氧地区，硫化氢的含量达到了百万分之几。由于河流的大量输入，黑海上层的淡水密度明显低于较咸的下层水域。这导致了高度稳定的分层，氧气仅存在于上层。最近的研究表明，在过去的半个世纪里，含氧上层和缺氧深层之间的界线已经从约450英尺（约137米）向上移动到约300英尺（约91米），使黑海的宜居区域缩小了40%。鱼类的死亡如此严重，以致捕鱼船队现在已经大规模转向捕捞海蜗牛和其他软体动物。黑海的变化向我们发出警告：气候变暖引起海洋层化加剧，可能是全球海洋所面临的一个趋势[23]。

氧气的消失引发了生物地球化学连锁反应。海洋生物产生的有机碎片不再通过有氧过程来消耗，那些能从硫氧化物中获取氧气的细菌大量繁殖，取代了从有机物中获取氧气的细菌。这些细菌在获取氧气的过程中会产生硫化氢。硫化氢对有氧生物是有毒的，硫化氢的扩散导致有毒区域越来越大。今天黑海的海底区域就是这种现象的典型代表。但是，过去的情况会更糟吗？

坎普和他的合作者认为确实如此，而且他们的理由令人信服。他们推测，随着二叠纪末期氧气水平的下降，日益缺氧的海洋会充满硫化氢。这既能解释海洋生物的大规模死亡，又能解释陆生动物和植物的灭绝，因为硫化氢来到海洋表面，从海洋中渗出，并使大气中充满了有毒的气体。

一个支持这一假说的有趣的证据来自二叠纪末的孢子化石。这些畸形的孢子表明，其暴露在紫外线辐射下的次数增加了。硫化氢会破坏臭氧，而正如坎普及其同事所假设的那样，充满硫化氢的大气层将导致臭氧层的破损甚至消失，这是地球生物死亡和灭绝的另一种可能机制[24]。

图 3–2　艺术家绘制的“大灭绝”事件

经验教训

人们经常说，“大灭绝”堪比当今人为气候变化导致的后果。但这个类比并不完美。当时的西伯利亚大火成岩省的大规模火山爆发引发了一连串的环境变化，其中一些与今天的气候变化后果相似，另一些则不那么相关。因此，这里要传达的信息是，大灭绝确实让我们有理由担忧，也有充分的理由去行动，但它绝不是一个让我们放弃希望的理由。

当我们将二叠纪—三叠纪灭绝事件与今天进行比较时，可以看到，大灭绝预示的某些威胁在今天同样笼罩着我们，其中包括气候变暖和海洋酸化。但大气缺氧和全球硫化氢臭气弹呢？没那么严重。

温室效应引起的二叠纪—三叠纪交替时期的升温无疑是导致灭绝事件的一个重要因素。但是正如我们所看到的，它升温的速度仅为现在的升温速度的1/100，给了生命更多的时间来适应升温的影响。仅仅是这种缓慢的变暖就会引发大规模的物种灭绝吗？我的前同事李·坎普和所有研究二叠纪—三叠纪大灭绝事件且仍然健在的科学家一样，仔细审视了所有证据，对此表示怀疑，并得出结论："变暖不足以引起大规模的物种灭绝。"[25]

也就是说，这次事件的其他方面对大规模灭绝的贡献不亚于气候变暖，甚至超过气候变暖本身。我们知道，碳循环的变化对未来事件发展至关重要，特别是有机碳埋藏的减少降低了大气中氧的浓度。二叠纪—三叠纪时代盘古大陆的炎热、干旱条件所导致的森林枯萎，是其中一个关键的发展事件。森林在当时是一种较新的生态创新，可能因此特别容易受到突然变暖和干旱的影响，而当时庞大的大陆架构对森林形成了独特的挑战。2020年，澳大利亚发生了毁灭性的森林大火，我近距离目睹了那场大火。在那之后，我评论道："如果你要选择气候变化下最糟糕的大陆来居住，那就是澳大利亚。"澳大利亚是一个以温暖干旱的亚热带气候为中心的大陆。然而，盘古大陆比澳大利亚更糟。它要大得多——占据了整个地球表面总面积的30%（相比之下，澳大利亚仅占1%），能渗透到巨大陆地内部的海洋湿气相当有限。而且，盘古大陆的中心还是炎热的赤道[26]。

今天的森林可能不再那么容易受到气候变化的影响。但这并不意味着它们对此免疫。2020年夏天，澳大利亚的森林大火烧毁了近5000万英亩（约20万平方千米）的森林，大致相当于一个叙利亚①，那场大火导致全球二氧化碳浓度增加了约2%。从亚马孙到北极的野火每年释放数十亿吨二氧化碳。根据权威期刊《自然》2020年的一项研究，热带森林的碳吸收峰值出现在20世纪90年代，此后由于砍伐、开荒和气候变化的影响，碳吸收值一直在下降。按照目前的森林砍伐速度，世界上最大的雨林——亚马孙雨林，在过去40年里损失了超过6亿英亩（约242.8万平方千米）的土地，可能会在未来十年里从一个碳净吸收器（一个“汇”）转变为一个碳净生产器（一个“源”）。这比气候模式预测的还要快[27]。

氧气损耗的情况呢？在二叠纪—三叠纪期间，大气中氧含量的下降在很大程度上是由于森林崩溃导致的碳埋藏减少。尽管出于许多原因（尤其是它们储存碳的能力），毁林现在确实令人担忧，但气候导致的全球森林崩溃似乎还不太可能发生。今天，大气中的氧气含量正在缓慢下降，但这与化石燃料的燃烧直接相关。从目前的浓度（21%）降至二叠纪—三叠纪时期水平（15%）需要数万年的时间，所以这不是直接的威胁，而是提醒人们化石燃料燃烧可能带来的长期后果[28]。

那么海洋氧气消耗呢？毫无疑问，我们正在看到世界海洋中

① 叙利亚国土面积约18.5万平方千米，若以国土面积来算，白俄罗斯达到20.8万平方千米，数值上更接近一点，或者换一种算法，这场火灾过火面积相当于葡萄牙、荷兰、瑞士、比利时的面积总和。——译者注

的氧含量下降，这是因为较暖的海水中溶解氧含量也比较少，应该没有别的原因。而且气候模型相比于观测值低估了约 50% 。我自己的一些研究表明，这些模型低估了海洋层化的加剧，这种层化让氧气不能混合到那些因海洋生物呼吸导致缺氧的区域。但是我们没有看到任何类似二叠纪—三叠纪的情况。权威专家李·坎普再一次指出，二叠纪—三叠纪灭绝事件在今天是一个有缺陷的参照物，因为今天大气中的氧气含量并没有那么低，而且“今天，海洋中没有足够的有机物来导致缺氧”[29]。

综上，大气中氧气的大规模减少、海洋缺氧以及可能随之而来的全球性硫化氢“臭气弹”，这样的威胁在今天要比二叠纪—三叠纪灭绝事件期间小。如今，它们似乎不太可能导致类似的大规模灭绝。

但是事情还没有结束，还有海洋酸化呢？很明显，它导致了二叠纪—三叠纪海洋生物的大范围灭绝。我们知道海洋的酸碱值正在以每个世纪 0.1 个酸碱值单位的速度下降。这可能看起来很小，但事实并非如此。由于酸碱值是对数尺度，这相当于酸度增加了 30% 。在二叠纪—三叠纪灭绝事件的高峰期，酸碱值可能在大约 10000 年内下降了 0.7 个酸碱值单位。这个速率大约是每个世纪 0.007 个单位，尽管是今天速率的 1/10 以上，但是这显然已经对当时的海洋生物造成了有害影响。

我们今天已经目睹了海洋酸化的破坏性影响。随着海洋酸碱值的下降，浮游植物、软体动物和甲壳类动物越来越不容易形成钙质外壳和骨骼。世界各地的珊瑚礁也受到了冲击。典型的例子是澳大利亚东北海岸的大堡礁，那里一半的珊瑚礁已经消失。2019

年年底至 2020 年年初，我和家人在澳大利亚凯恩斯附近浮潜，目睹了这场灾难。美国近海的加勒比海珊瑚礁，也正如我曾近距离看到的那样，正在被海洋酸化摧毁[30]。

如果碳排放一切照旧，海洋的酸碱值预计将在几十年内下降到珊瑚再也不能形成文石（碳酸钙的一种形式）骨架的水平。苏格兰、挪威、巴塔哥尼亚和南极等地区的冷水珊瑚礁也同样受到威胁。珊瑚礁是海洋生物多样性的一个重要来源，为许多鱼类物种提供了一个保护性的栖息地。珊瑚礁的丧失以及浮游生物和贝类的减少正威胁着全球海洋食物链[31]。

因此，受到威胁的不仅是对虾和海豚，还有人类。从新英格兰到太平洋西北部，再到墨西哥湾，各国的贝类产业都受到了海洋酸化的负面影响。海藻中的有害物种，例如那些导致有毒“赤潮”爆发的物种，更喜欢低酸碱值的环境。“赤潮”对我们人类的健康构成威胁，因为它们会污染整个海洋食物链，包括我们可以食用的海鲜。海洋食物链的崩溃威胁着人类文明，因为全球约有 1/5 的人口主要依赖海产品作为蛋白质的主要来源。就海洋酸化的威胁而言，二叠纪—三叠纪灭绝事件确实是一个警世寓言。

臭氧消耗呢？我们看到，在二叠纪—三叠纪期间，硫化氢“臭气弹”可能已经损害甚至破坏了臭氧层。这种情况在今天是极不可能发生的。但是，我们已经通过其他途径损耗了平流层的臭氧，即工业生产破坏臭氧的化学物质——氯氟烃和氟利昂。大气科学家测量发现，从 20 世纪 70 年代起南半球平流层臭氧就已出现大量损耗。在那里，被称为绕极涡旋的平流层强风带使有害的化学物质汇集，加速了臭氧的损耗。在北半球也观察到臭氧损耗，尽管程度较轻。臭氧洞的不利后果包括皮肤癌和白内障等人类健康疾病，以及陆地和水生生态系统和食物链的破坏。1987 年，时任美国总统罗纳德·里根参与签署的《蒙特利尔议定书》禁止使用破坏环境的化学物质。虽然我们还没有完全脱离困境，但一些观察人士认为，臭氧洞应该被归类为“世界真正解决了一场环境危机”的例子[32]。

最后但同样重要的是，二叠纪—三叠纪灭绝事件对失控的甲烷所驱动的气候变暖的前景有什么警示？二叠纪—三叠纪灭绝事件有时被引用作为证据。一些活跃人物，比如科学家出身的末日预言家盖·麦克费逊（Guy McPherson），坚持认为现在正在发生这样一种情况——北极变暖引动了以前冻结的大规模甲烷储存库，触发了一个失控的放大反馈过程，而甲烷会导致更多的变暖和更多的融化，然后更多的甲烷被释放，直到所有甲烷——大约 500 亿吨——被释放到大气中。他们认为，这种情况可能会使我们面临的气候变暖加倍。麦克费逊甚至更进一步，他不仅坚持认为这种情况已经发生，还认为这会导致地球上所有生命的灭绝。目前的证据根本无法支持这些论点。我们确实观测到甲烷的增加，但是最近的研究表明，甲烷的增加与天然气开采、畜牧业和农业有关。换句话说，它不是失控的变暖循环的一部分。如果我们采取行动，它是可以被阻止的，这正好与末日论者所暗示的相反[33]。

关于甲烷反馈，二叠纪—三叠纪灭绝事件告诉了我们什么？在二叠纪—三叠纪期间，由于氧气浓度相当低，甲烷在大气中的持续时间可能比现在更长，这是我们没法儿直接把二叠纪—三叠纪和现代气候变暖进行类比的另一个理由。在物种灭绝前，晚二叠纪的气候似乎比今天要稍微暖和一些，二氧化碳的浓度也稍微高一些。地球上没有冰盖，如果有，冰量也很少。然而，即使在这样温暖的基准气候状态下，我们也没有看到后来二叠纪—三叠纪交替时期由碳峰值引起的失控性变暖。那时，热带海洋表面温度可能已经攀升至 86 华氏度（30 摄氏度），比今天高出约 9 华氏度（5 摄氏度）。全球平均表面温度可能接近 77 华氏度（25 摄氏度），全球净变暖为约 16 华氏度（8.9 摄氏度）。正如我们所看到的，这与对地球系统敏感性的标准估计一致。诚然，这些估计有很大的不确定性范围，但是没有任何令人信服的证据支持是失控的甲烷驱动了变暖，其他奇特的类似推论也缺乏证明机制。二氧化碳增加导致气候变暖基本上是意料之中的事，不需要甲烷参与，情况就已经够糟了。

二叠纪—三叠纪灭绝事件是地质记录中最显著的灭绝事件。但是，是否还有其他大灭绝事件可以让我们从中学到一些宝贵经验，应对我们今天所面临的困境呢？确实有，而且没有比恐龙灭绝事件更广为人知的了，这就是标志着白垩纪结束的所谓“白垩纪—古近纪”灭绝事件。这将是我们下一章的主题。

第四章

强大的雷龙：你不给我们上一课吗？

嘿，强大的雷龙

你不给我们上一课吗

你以为你的统治会一直持续下去

你的过去没有任何教训

你有三层楼高

他们说你连一只苍蝇都不会伤害

如果我们引爆原子弹

他们会说我们愚蠢吗

——戈登·苏纳（著名摇滚歌手斯汀的本名）[1]

恐龙，著名的6600万年前大灭绝事件的受害者，会有什么话要跟我们说吗？这个反问是由英国摇滚乐团“警察乐队”在他们1983年的歌曲《步你后尘》中提出的。歌曲发行的时候我上高二[2]，当时我和大多数听众一样并没有意识到，专辑《同步性》里的这首主打歌实际上是个预言，警示着冷战、核浩劫以及即使“警察乐队”本身也可能没有意识到的灾难性气候变化。

正如我们下文将要看到的那样，导致恐龙灭绝的小行星撞击和20世纪80年代的“核冬天”之间确实有着惊人的相似之处，直接的科学相通点就是全球气候变化（只是让恐龙灭绝的是全球变冷，而不是变暖）。但是正如我们将看到的，这里有很多教训，包

① 此段歌词摘自英国著名摇滚乐团“警察乐队”主唱斯汀创作的一首歌曲《步你后尘》。——译者注

② 美国高中一般有四个年级，Junior Year 大致对应中国中学的高二。——译者注

括关于科学认知的本质和它如何发展、科学自我修正的属性、既得利益集团用来削弱公众对科学的信心的策略，特别是不利于他们营利的科学，以及所有这些如何影响公众关于地球环境威胁的讨论。无论是我们在20世纪80年代面临的“核冬天”的前景，还是与本书主题更为相关的我们今天所面临的气候危机，都曾是这些社会大辩论的核心议题，也能给我们足够的警示。

炸弹和流星

1984年秋天，就在《步你后尘》发行一年后，我来到加州大学伯克利分校攻读物理学本科学位。这所学校吸引我的部分原因，是这里拥有包括十几位诺贝尔奖获得者在内的杰出科学家，我想能师从他们学习。在我入学前几年，也就是1980年，其中的一位诺贝尔物理学奖得主路易斯·阿尔瓦雷斯[①]（Luis Alvarez）和他的地质学家儿子瓦尔特·阿尔瓦雷斯有了惊天动地的发现，还真是字面意思上的“惊天动地”。他们分析了世界各地的深海沉积层，这些沉积层都可以追溯到白垩纪和古近纪之间的过渡时期，被称为“白垩纪—古近纪”（K–Pg）界线【旧称白垩纪—第三纪界线（K–T界线）】。白垩纪—古近纪沉积物中的铱含量高于正常标准，这是一种硬、脆、银白色的金属，在地球自身的地壳中极为罕见，但在太阳系外小行星中很常见。这提供了地球受到行星巨大撞击

① 路易斯·阿尔瓦雷斯（1911年6月13日—1988年9月1日），西班牙裔美国物理学家，1968年因对基本粒子物理的决定性贡献获诺贝尔物理学奖，被誉为20世纪最伟大的实验物理学家之一。——译者注

的证据。[1]

白垩纪—古近纪不是一般的地质年代边界。它与大灭绝事件同时发生，结束了属于恐龙的脆弱时刻。因 2.5 亿年前的二叠纪—三叠纪灭绝事件而走上历史舞台的恐龙，被白垩纪—古近纪灭绝事件所终结。因大灭绝而生，又因大灭绝而亡。这种事总会有赢家和输家，但赢家也不可能一直赢。这一次，恐龙是失败者，而受益者是我们，哺乳动物。

在白垩纪—古近纪地层下面的沉积物中，能找到像霸王龙这样的标志性食肉恐龙的化石。那么在这一层之上的沉积物呢？不仅完全没有恐龙化石，也没有大型陆生物种［特别是那些估计重量超过 50 磅（约 22.7 千克）］的化石残骸。与小型爬行动物和早期哺乳动物不同，它们无法通过躲藏在洞穴中躲避随之而来的环境末日，大约 3/4 的动物物种灭绝了。一些大规模灭绝的原因是复杂的，正如我们在上一章的二叠纪—三叠纪灭绝事件中看到的，可能有几个因素或多个因素的组合在起作用。这一次则很简单。一颗小行星杀死了所有的恐龙、两栖动物、爬行动物和比斗牛犬大的哺乳动物。尽管如此，我们还是需要进一步深入研究，以了解行星撞击后发生的事情的确切细节，以及这些细节与我们目前所处时刻的关系。[2]

如果这是一起谋杀案，那么阿尔瓦雷斯父子在 1980 年的惊天大发现中缺失的关键证据，就是凶器。其实证据在 20 世纪 70 年代就已浮现，是地球物理学家在尤卡坦半岛寻找石油（事情发展似乎总会回到化石燃料）时发现的。这是一个大约 100 英里（约 160 千米）宽的巨大陨石坑，被称为希克苏鲁伯撞击坑。

当时，这些地球物理学家并没有认识到这个大坑是“陨石”（实际是一颗小行星）撞击的后果。这并非科学家的疏忽——这样的坑也可以有其他来源，比如火山喷发。直到 1990 年，也就是阿尔瓦雷斯大发现整整十年之后，其他科学家才把这些散落的线索联系起来。地质学家艾伦·希尔德布兰德和他的同事们从希克苏鲁伯撞击坑中发现了地质和地球化学证据，包括如“冲击石英”（一种只在极高压力下才形成的石英）等外来矿物，以及表征了巨大冲击波的地质构造。这些地质构造表明，这个坑确实是由一个非常大的，大约 6 英里（约 9.66 千米）宽的小行星形成的。沉积物的年代可以追溯到白垩纪—古近纪边界。就这样，凶器找到了，我们可以定罪了。[3]

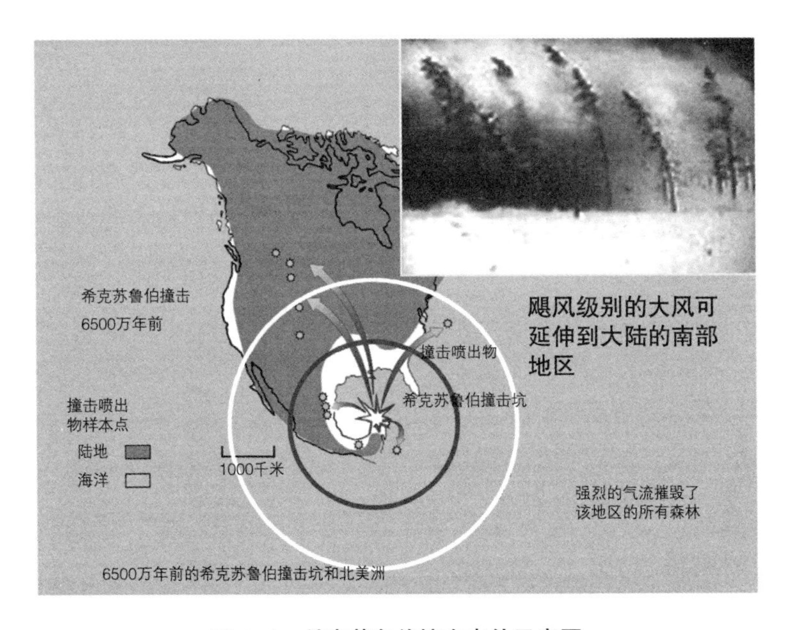

图 4–1　希克苏鲁伯撞击事件示意图

很难想象亲历这一事件会是什么样子和感觉，因为这样一个灾难性的事件，根本没有现代的参照物可以类比。这颗小行星撞击地球的力量大得不可思议，相当于1亿到100亿颗广岛原子弹。几十年来，科学家们一直在搜集这场灾难后续影响的证据，这些证据也确实让我们对当时的世界有了惊鸿一瞥。例如，科学家们已探测到了由撞击向外发出的地震波形成的地质结构。同心波纹穿过土壤和岩石，仿佛是温热的枫糖浆在流淌。大量的灰尘、煤灰和被称为“气溶胶”的颗粒物被喷射到大气中。地震成像证明，当时发生的海啸高达数英里，侵袭了北美墨西哥湾海岸。最近，我们用超级计算机模拟了这次碰撞的物理过程，结果表明，这颗小行星撞击的角度可能是60度左右，而不是直角。这将使碎片最大限度地喷射到大气中，这对恐龙来说是最糟糕的情况。[4]

最近，在距离小行星撞击约2000英里（3200千米）的美国北达科他州塔尼斯的一个地方，古生物学家所发现的遗骸为我们提供了了解这一事件的最佳窗口。一般情况下，我们通常会讨论在事件发生前后所能够找到的化石残骸。但是在这个非常罕见的案例中，在泥土和树脂层中保存得非常完好的化石，似乎实际上与事件本身直接相关。陆地和水生动植物的残骸，似乎被撞击事件引起的地震激起的波浪洪流卷走。人们在残骸中发现了一只塞洛斯龙（意思是“神奇的蜥蜴”）的腿，上面还覆盖着皮肤，这是一种体形小，大约10英尺（3米）长的食草性两足恐龙，它体格健壮，前臂小，长吻尖，眉骨大；还发现了一片有角的三角龙的皮肤，其鳞片完好无损；一个飞行翼龙的胚胎，还在蛋里，以及一只被木桩刺穿的乌龟化石，也发现了我们的一些小型哺乳动物祖先以及它们挖掘的洞穴。而其中最值得注意的是，遗骸中似乎有来自小行星本身的碎片。当然，这只是科学家们在一个地方，有幸发现白垩纪—古近纪时期发生的事情。让我们想象一下在同一时刻，这样大规模动物死亡的情景遍布北美、南美、欧亚大陆、非洲和澳大利亚，我们应该就会对这个事件可能的样子有一些直观的认识。[5]

在 1980 年发现小行星导致恐龙灭绝，可以说恰逢其时。那是里根时代，美国和苏联之间的紧张关系达到了顶峰。两国之间的核军备竞赛不断升级，人类正面临着毁灭性的全球热核战争的威胁。

图 4–2　大卫·艾登堡爵士正在检查在塔尼斯挖掘中发现的保存完好的有角三角龙鳞片

正如本章开头引用的歌词所暗示的那样，小行星灭绝恐龙和核战争带来的生存威胁，这两件事之间存在着一种怪异的联系。有人可能会称之为同步性，这是卡尔·荣格的学说，即两个在空间和时间上脱节的事件可以有意义地联系在一起，尽管二者缺乏任何直接的因果关系。①

核冬天

白垩纪—古近纪小行星撞击地球时，大量的尘埃和碎片被喷射到大气层中，覆盖了整个地球。这些喷射的燃烧碎片点燃了大规模的野火，产生了大量的烟雾和煤灰。尘埃、碎片和烟尘多年来一直悬浮在大气层中，将相当大一部分入射的阳光反射回了太空，使地球进入某种永恒的冬季，同时也严重抑制了光合作用——这对地球上的生命是双重打击。体形较大的陆生动物不能挖洞进入地下避难，导致它们暴露在了最初的火灾中，或者更重要的是，随后的寒冷让那些无法适应寒冷的大型陆地生物被选择性地灭绝了。恐龙就是受害者之一。【6】

所以讽刺的是，不是全球变暖，而是全球变冷，改变了恐龙

① 这里提到了瑞士心理学家卡尔·荣格（1875—1961）的理论。荣格是心理学和分析心理学的重要人物之一，他创立了荣格人格分析心理学理论。同步性，又被称作同时性、共时性，是荣格在20世纪20年代提出的理论，指在空间和时间上没有直接因果联系的事件之间存在一种平行的关系，简单地说是对众多事件间无因果关联的一种处理，用于解释因果律无法解释的现象，如梦境成真、说曹操曹操就到等。——译者注

们的命运。但我们有一个关键的发现：造成对气候变化响应如此脆弱的原因，与其说是气候变化本身（例如降温与变暖），不如说是物种能够适应的条件变了。植物和动物可以适应缓慢的变化，却不太可能适应非常迅速的变化。今天，气候带随着气候变暖向两极转移的速度超过了许多动植物迁移的速度，人类引起的“第六次灭绝”事件（包括毁林和栖息地破坏、污染、海洋酸化和其他活动一起）一触即发。如果白垩纪—古近纪边界时期气候带向赤道方向移动，由于同样迅速的全球变冷，动植物物种也会受到同样的威胁。因此，在气候变化影响物种存亡这方面，重要的不仅仅是变化的幅度，而是变化的速度。[7]

那么这一切和全球热核战争有什么关系呢？显然，大规模的流星撞击和大规模的核爆炸都会造成巨大的物理破坏——它们显然至少有这些共同点。在 20 世纪 80 年代初，对热核大屠杀的流行描述就是会造成大规模的物理破坏：整个城市被摧毁，城市中心的大量人口被气化。

1983 年夏天高二放暑假的时候，我和朋友们骑行一周到科德角，途经马萨诸塞州的海恩尼斯市，在一个炎热拥挤的电影院里观看了电影《战争游戏》。主角是一个既有书呆子气又有几分傲气的青少年科学天才，由年轻的马修·波特历克扮演。他无意中侵入了北美防空司令部的电脑“约书亚”，该电脑控制着美国的核武库。他的行动最终引发了核武器升级，一切似乎正朝着玉石俱焚的方向发展。计算机还评估了对苏联人口中心的预期打击和可能的苏联反击的影响。波特历克扮演的角色拯救了世界，他与电脑约书亚玩井字棋①，并让其“学会”了无论是井字游戏还是全面的热核战争，都不可能有赢家。让围观者松一口气的是，最终电脑约书亚说出了后来流行的名言：“唯一的胜利之举就是不玩游戏。”[8]

就在那年的感恩节前夕，美国广播公司（ABC）网络播出了特别节目《浩劫后》（*The Day After*）【不要把它与2004年以气候变化为主题的电影《后天》（*The Day after Tomorrow*）混淆了】②。ABC拥有1亿观众，《浩劫后》是有史以来收视率最高的电视电影。这部电视电影描绘了美国和苏联之间的全面核对攻，用写实手法刻画美国堪萨斯州劳伦斯市发生核弹爆炸后的各种景况，以及战争导致的文明基础设施的崩溃。我记得在电影结束的第二天，我所在的高中为心烦意乱的学生提供了专门的心理咨询（我住在马萨诸塞州阿默斯特一个激进的大学城；我的妻子则在更为保守的康涅狄格州达连湾社区长大，她对此就毫无印象）。

这两部广受欢迎的电影都侧重于描述全面核战争将造成的严重物理破坏和死亡，这本身就足以结束冷战升级。罗纳德·里根总统本人在日记中写道，他受到《浩劫后》的震动，更加努力去协调与苏联达成武器协议。但是核战争的影响在这些影视作品里经常被描述为短暂的，也就是说这些电影认为，如果能够设法幸

① 井字棋英文名叫Tic-Tac-Toe，是一种在3×3格子上进行的连珠游戏，由于棋盘不画边框，格线排成类似中文的“井”字，因此中文名叫井字棋。游戏规则与五子棋类似，三个标志连成一条直线就胜出。——译者注

② 1983年上映的电影*The Day After*在国内被翻译为《浩劫后》，英文原名与2004年上映的电影《后天》的英文原名*The Day after Tomorrow*只差一词，因此作者提醒不要混淆。——译者注

免于直接的核打击和核辐射暴露，那么就能在核浩劫中幸存下来。这两部电影都从 1982 年开始制作。当它们在 1983 年中后期上映的时候，有人却提出来，如果发生核爆炸，人类的前景可能比电影呈现的还要恐怖。[9]

提出这个更加恐怖前景的就是卡尔·萨根。如果你在寻找更多的“有意义的巧合”，那根据命理学家的说法，卡尔这个名字——不管是卡尔·荣格还是卡尔·萨根——都与“知识分子、深刻思想家、哲学家和学者”有关，他们的“灵魂有远见，他们的思维方式独一无二”。[10]

萨根和他的合作者一直在研究全球热核战争对气候的潜在影响。他们发现，在美国和欧亚大陆发生的一系列热核爆炸所产生的大量尘埃、火灾烟雾和气溶胶可能引发“核冬天”。1983 年 12 月，他们在《科学》杂志上发表了研究成果。该文章被称为“TTAPS”，以文章作者姓氏首字母（Toon，Turco，Ackerman，Pollack 和 Sagan）命名。该团队估计，数千兆吨的核爆炸将导致在几周内到达地表的太阳光减少 80% 。根据他们的计算，这将导致中纬度陆地地区气温降低 27—45 华氏度（15—25 摄氏度），甚至在夏季也会出现数月的低于冰点的气温。他们认为，极端寒冷、核辐射和放射性尘埃，以及臭氧层孔洞的结合，可能“对人类幸存者和其他物种构成严重威胁”。换句话说，即使是那些在全球热核战争的直接物理破坏中幸存下来的人，也可能遭受与恐龙同样的命运，在持续的深度封冻中灭绝。[11]

早在 20 世纪 70 年代末，科学家们就对“核冬天”进行了推演。保罗·埃利希、他的妻子安妮·埃利希和他们的同事约翰·霍尔德伦（2009 年约翰成为奥巴马总统的科学顾问）认为，核战争的尘埃和烟雾可能具有类似于 1815 年坦博拉火山喷发的冷却效果。1982 年，也就是 TTAPS 发表的前一年，保罗・克鲁岑（他与舍伍德・罗兰和马里奥・莫利纳因为在 20 世纪 70 年代早期发现了人类造成臭氧损耗背后的化学原理而共同获得了 1995 年的诺贝尔化学奖）参与撰写了一篇文章《核战争后的大气：正午暮色》（*The Atmosphere after a Nuclear War: Twilight at Noon*），文中估计，核战争引发的火灾产生的烟雾和气溶胶可以使阳光减少 99%，大幅度削弱光合作用，对农业产生不利影响。他们得出结论，大规模火灾产生的硝酸盐会加剧臭氧消耗和酸雨。因此，他们认为核爆炸堪比白垩纪—古近纪大灭绝。[12]

萨根和他 TTAPS 文章的共同作者们则是第一批定量估算“核冬天”降温影响的人。萨根认为这是对人类迫在眉睫的生存威胁，所以他选择做一些对于一名科学家来说有些不同寻常（而且通常并不受欢迎）的事：在被同行评审和发表之前将他的研究成果公之于众。萨根为了警告公众不断升级的军备竞赛和“核冬天”所构成的可怕威胁，于 1983 年 10 月公开了他的成果，而这篇文章还得几个月后才能发表。宣传活动包括一个高调的新闻发布会，还包括一篇 10 月 30 日的评论文章，这篇文章以封面故事的形式登上《大观》周刊的封面①，发行量超过 3000 万份。封面上是一幅被毁坏的地球的照片，半身笼罩在阴影中，覆盖着冰冷的白雪，标题是个反问句：“核战争会是世界末日吗？”

① 《大观》（*PARADE*）杂志是由《华盛顿邮报》发行的新闻周刊杂志，是美国最为流行的杂志之一。——译者注

萨根的行为激怒了他的一些科学家同行。他们批评了 TTAPS 文章中的一些假设，并认为这些发现应通过正常的科学程序审稿，而不是在出版之前向公众公开发表。这在一开始只是内部的科学观点的分歧，很快就蔓延到了公共领域。支持“冷战”的鹰派人士抓住这个机会，试图诋毁萨根关于核不扩散的呼吁。最终，正如我们稍后将了解到的那样，这煽动了否认气候变化的火舌。

正如我们所看到的，萨根得到了“警察乐队”的协助，尽管事出偶然。“警察乐队”的《步你后尘》于 1983 年年中发行，这是萨根发起“核冬季”宣传运动的几个月前。1982 年 12 月的一个早晨，“警察乐队”的主唱斯汀在加勒比海的蒙塞拉特岛上创作了这首歌，让这部作品具有令人毛骨悚然的先见之明，因为它在公众普遍意识到“核冬天”的威胁之前就出现了。虽然这首歌是关于核战争的，但是把全球核冲突的影响和恐龙的灭绝进行类比，如此贴切且恰逢其时，这恐怕是斯汀写这首歌时没有想到的。[13]

作为公众人物的科学家

20 世纪 70 年代初，在我成长的过程中，我家的书架上并排放着两本书，它们提醒着我去意识到环境所面临的日益严重的威胁。其中之一是保罗·埃利希的《人口炸弹》，它极具先见之明地预警了我们与环境可持续性的冲突。另一个是蕾切尔·卡森的《寂静的春天》，它揭示了杀虫剂 DDT 对环境的破坏性影响。这两本书都遭到了反对环保运动的人的谴责。极右翼的卡托研究所的朱利安·西蒙称保罗·埃利希是“危言耸听的厄运和悲观的传播者”，宣扬“环保妄想症的红坦克”①。几十年后，埃利希的预言被证实了。一个由1500多名世界顶尖科学家组成的小组，其中包括一半在世的诺贝尔奖获得者，证实了“人类和自然世界正在发生冲突”，而且人类活动正在“对环境和关键资源造成严重而且往往是不可逆转的损害”。世界各国的国家科学院也表达了类似的观点。[14]

20世纪90年代末，我也陷入同样的被污蔑的境地。我与同事雷·布拉德利和马尔科姆·休斯一起发表了有关“曲棍球杆曲线”的论文，展示了现代人类引起的气候变暖是前所未有的，且极其严重，现在这条曲线已经广为人知。这条曲线及其预示的情况是对强大的既得利益集团的威胁，包括化石燃料行业及其在政治和媒体方面的意识形态盟友。保罗·埃利希是当时第一批站出来为我们辩护的科学同行之一。[15]

说到备受抨击的科学家，卡尔·萨根就是典型的例子。正如我们已经看到的那样，他是一位杰出的行星科学家，对气候科学作出了根本性的贡献，包括他在“黯淡太阳悖论”方面的开创性工作。但他远不止是一位科学家。他是我们这个时代最伟大的科学传播者。他在公众面前的表现在科学界无人能及，他有一种独特的能力让公众参与到科学讨论中来。事实上，正是卡尔·萨根和他那部史诗般的13集《宇宙》系列影片激发了我去追求科学事业，影片在我读高中一年级时首映。遗憾的是，我一直没有机会见到

---

① 红坦克是美国漫威漫画旗下的超级反派，体形庞大且破坏力强。——译者注

萨根。他于1996年去世，当时我正在攻读博士研究生学位。但我有幸通过他的作品认识了他，也认识了一些非常了解他的人，包括他的女儿萨莎，一位才华横溢的作家。她继承了她父亲的遗志，向世界传播科学和理性的光辉。[16]

萨根是如此有魅力且令人信服，以至他在20世纪70年代末和80年代初成了美国科学的代言人。在参加约翰尼·卡森主持的《今夜秀》节目中，萨根经常以他敏锐的观察力、深刻的洞察力和信手拈来的趣闻给深夜的电视观众带来快乐。1978年他早期的一次亮相尤其令人难忘。萨根向约翰尼·卡森抱怨最近的大片《星球大战》中的星际充斥着沙文主义和种族歧视："他们都是白人……掌管银河系的每个人长得都像我们。我认为这里面有大量的人类沙文主义……尽管楚巴卡表现得很神勇，但影片结尾的颁奖仪式上他并没有获得任何勋章。"萨根称之为"对伍基族的歧视"①。这番言论让现场观众目瞪口呆。最后一部分是开玩笑的，但同时也一语中的。考虑到我们的多元文化观，这种狭隘性现在对我们来说可能很明显，但是在当时，萨根显然领先于他的时代，很早就为我们提供了一个更广阔的宇宙视角。

20世纪80年代，由于认识到核军备竞赛的威胁日益严重，萨根变得越来越政治化。他利用自己的公众知名度、媒体经验和无人可及的沟通技巧来提高人们对日益增长的威胁的认识。正如《史

① 《星球大战》里伍基人身材高大、毛发繁多，原居于卡希克行星。最著名的伍基族代表为楚巴卡，是主人公汉·索罗的挚友和驾驶员同伴。——译者注

密森尼杂志》[①] 的专栏作家马修·弗朗西斯所说："萨根和当时的许多人一样，相信核战争是人类面临的最大威胁。其他人，包括里根政府的政策制定者，相信核战争是可以打赢的，或者至少是可以生存的。萨根认为，要让他们意识到'核冬天'的真正危险，仅靠科学是不够的。"正如我们之前所看到的，作为一名科学家，他甚至采取了一种非常规的方式，抢在《科学》杂志经同行评议发表之前，就向公众宣布了他关于"核冬天"的研究。[17]

当然，有些时候这种抢先发布的行为被证明是不可取的。"冷聚变"事件就是一个警示。1989 年 3 月，电化学家斯坦利·潘斯（Stanley Pons）和马丁·福莱斯曼（Martin Fleischmann）举行了一次新闻发布会，宣布了一个爆炸性的发现：他们利用一个简单的桌面电解装置在室温下实现了聚变。如果这是真的，它不仅会彻底改变我们对物理学的理解，而且似乎还会提供近乎无穷无尽的极其廉价的能源。但事实并非如此。在他们发表声明后的几周内，许多其他的研究小组也进行了尝试，但都没有成功复现他们的结果。他们提交给《自然》杂志的论文也从未发表。30 年后，"冷聚变"成了定义"病态科学"的经典案例。[18]

但是，对于非同寻常的威胁——或者说，实际存在的威胁——难道不需要采取非同寻常的措施吗？例如，想想罗伯特·贾斯特罗在美国国家航空航天局戈达德太空研究所的继任者詹姆斯·汉森博士，他因为在 20 世纪 80 年代就提醒公众注意人为气候变化

① 《史密森尼杂志》是美国的综合性杂志，创刊于 1970 年，由史密森尼学会出版。该学会是美国最大的博物馆和研究机构之一，杂志涵盖了广泛的主题，包括科学、历史、文化、艺术、自然和探索等领域。——译者注

的威胁而被称为“全球变暖之父”。汉森是一个保守、温和的美国中西部人，在他职业生涯的后半部分，他转向了激进主义和非暴力反抗，参加了抗议山顶移除式煤矿开采①和石油管道建设的活动。最近，另一位美国国家航空航天局的气候科学家把自己铐在了位于洛杉矶的摩根大通大楼的银行玻璃门上②，以抗议他所认为的摩根大通在气候问题上的无所作为。相比之下，萨根的行动看起来已经相当温和了。[19]

气候战争——冷的变化

几乎可以肯定的是，萨根的直言不讳，以及作为公众人物的知名度和名人身份，引起了一些科学同行的不快。这些不快似乎很可能，甚至可以说是几乎肯定，把他排除在了美国国家科学院之外，尽管他对科学作出了比大多数院士（包括我③在内）更为重要的贡献。此外，科学界内部的这种怨恨，也导致他的科学工作受到一些特别尖刻的抨击。而那些更具有政治和意识形态动机的

① 山顶移除式煤矿开采是一种煤炭开采方式，其过程中会移除山顶的部分土地和植被，以获得地下煤矿。这种开采方式涉及爆破山顶、清除植被并移除土壤以获取煤炭，对环境造成了严重破坏，对水源和野生动植物造成了负面影响，也对周边社区的健康和安全构成威胁。——译者注

② 2022 年 4 月 6 日，美国国家航空航天局喷气推进实验室的科学家彼得·卡尔穆斯在另一名抗议者帮助下，将自己锁在摩根大通大楼的银行玻璃门把手上，在对峙 4 小时之后，警察将他和另外 3 名抗议者带走。抗议者选择摩根大通是因为，据统计摩根大通对煤炭、石油等化石燃料产业投资数额最高。——译者注

③ 本书作者迈克尔·曼的研究重点是气候变化和全球变暖的模拟与重建，对于解释过去气候变化和预测未来气候趋势作出了重要贡献，他于 2012 年被增选为美国国家科学院院士。——译者注

批评者则把这些抨击当作反对他的大棒。[20]

这又把我们带回到萨根关于“核冬天”的研究（TTAPS）。萨根和他的同事们采用了一种相对原始的气候模型，称为“辐射对流”模型。它类似于我们在第二章中讨论过的基本气候模型，因为它同样是采用地球表面的平均值，将地球表面视为一个单一的数学点，并根据进出热量之间的平衡求出地球表面的平均温度。然而，由于该模型考虑到了大气层的垂直维度，它的模拟确实更逼真。事实上，1981 年詹姆斯・汉森曾使用同一种模型来研究未来的全球变暖情景。这种模型表明，有历史观测记录以来的全球气温变化可以用自然因素（如火山喷发）和人为因素（碳污染日益增加）的组合来解释。他们预测，继续燃烧化石燃料可能会导致“对 21 世纪气候的潜在影响”，包括“作为气候带变化的一部分，在北美和中亚形成易干旱地区，南极西部冰盖消融，导致全球海平面上升，以及打开传说中的北冰洋西北水道”。所有这些事情都已经发生了。而当时大约在同一时间，化石燃料巨头埃克森美孚自己的科学家们实际上也已经预测到了同样的事情，但秘而不宣。[21]

20 世纪 80 年代末和 90 年代初，随着冷战的消退和人为气候变化的威胁加剧，人为造成的变暖日益成为焦点。但是有相当长一段时间，人们关注的焦点仍是“核冬天”。

TTAPS 的研究采用了同样的模型来关注全球核战争可能导致的灾难性突发降温。该模型的垂直特性使萨根及其同事能够解释大气中反射性尘埃和气溶胶的影响，这些都是“核冬天”情景中的重要特征。对萨根和他的同事们的抨击不仅来自那些存心不良的反对者，由于他们的模型仍然很粗糙，他们也遭到了一些科学家的抨击。

比如史蒂芬·施奈德（Stephen Schneider）[①]。施奈德是保罗·埃利希和唐纳德·肯尼迪[②]在斯坦福大学时的同事。他在气候变化辩论中发出了最清晰的声音，他致力于科普，为公众讨论人类造成的气候变化及其影响和解决办法提供信息。施奈德是萨根的同时代人，如果你喜欢的话，他有点像气候变化界的“卡尔·萨根”。他也是一位备受尊敬的气候科学家。作为美国国家科学院的一名成员，他对气候模式的早期科学作出了重要的贡献，并进行了一些重要的早期气候变化实验。在他职业生涯的后期，他率先致力于跨学科的气候科学，包括所谓的“综合评估”——将气候变化预估与潜在气候变化影响模型结合起来的科学，以便为现实世界的决策提供信息。

施奈德也是我的导师，在21世纪初我第一次受到气候变化否定论者的攻击时，他为我提供了关键性的建议。2010年7月，就

---

① 史蒂芬·施奈德（1945—2010），知名气候学家，斯坦福大学的生物科学和环境科学教授，并担任斯坦福大学气候与能源政策中心的创始主任，曾经担任联合国政府间气候变化专门委员会（IPCC）的首席作者和主要编写者，为IPCC第二次评估报告（1995年）和第三次评估报告（2001年）的编写作出了重要贡献。施奈德于2002年当选为美国国家科学院院士，曾经担任过美国国家科学院气候变化研究委员会主席以及全球环境变化项目的联合主席。他还是美国国家科学院气候沟通组织的创始成员之一，致力于将气候科学的研究成果传达给公众和决策者。他通过科普工作向公众表明了气候变化的重要性和紧迫性，促进了人们对气候危机的认识和行动。——译者注

② 唐纳德·肯尼迪（Donald Kennedy）是美国的生物学家。他曾是斯坦福大学的生物学教授，并在1980年至1992年间担任斯坦福大学的校长。此外，他也在美国《科学》杂志担任过主编。作为一位杰出的科学家和学术家，他在生物学领域取得了许多成就，同时也在科学出版和大学管理方面发挥了重要作用。——译者注

在我原本计划参加谷歌的一个活动，并期待能与他见面的几周前，他因心脏病发作而不幸去世。我最自豪的个人成就是我所获得的加州联邦俱乐部的“史蒂芬·施奈德奖”和美国地球物理联盟的“史蒂芬·施奈德讲座奖”，这两个奖项是为纪念施奈德作为科学家和科学传播者的两大贡献而设。

施奈德和保罗·埃利希以及他之前的蕾切尔·卡森一样，都是反对者攻击的对象，他们试图诋毁他和他的科学工作。早在 20 世纪 70 年代初，人们还不清楚人类活动造成的温室气体的升温效应，与燃煤发电厂产生的工业硫污染导致的降温效应（这些气溶胶就像火山硫酸盐气溶胶一样，通过将太阳光反射回太空，对地球产生降温效应），哪个会胜出。施奈德在与美国国家航空航天局科学家 S. 拉索尔合著的一篇文章中推测，在没有实施环境法规的情况下，硫酸盐和冷却效应可能会胜出。[22]

但是环境法规出现了。硫酸污染是美国东部日益严重的酸雨问题背后的罪魁祸首，而美国国会通过了一项立法（《清洁空气法案》），要求发电厂在将烟气排放到大气中之前，必须将二氧化硫从烟囱中清除。这些政策奏效了，缓解了酸雨问题，同时也使被工业硫污染“隐藏”的温室效应凸显出来。直到今天，气候变化反对者仍在继续误导性地宣称施奈德在 20 世纪 70 年代所预测的气候变冷（他并没有，他只是提及了这种可能性）。基于这个错误的前提，他们提出了一个反问：为什么我们应该相信气候科学家关于气候变暖的说法？这既是抹黑，又是一种危险的以退为进的策略。[23]

萨根和施奈德都是我心目中的英雄和榜样——杰出的科学家，杰出的沟通者，能够反击攻击和诽谤的人。所以当我发现他们两个并不能达成一致时，我确实非常失望。事实上，他们在“核冬天”问题上的激烈争论，无疑落入了那些试图削弱公众对气候科学信心的阴谋中。

1986 年，施奈德与美国国家大气研究中心的斯特利·汤普森（Starley Thompson）合作在《外交》杂志[①]上发表了一篇文章，这篇文章在决策层被广泛阅读。他们基于 4 个月后发表在竞争期刊《自然》上的自己的研究，对 TTAPS 的发现提出了异议。他们认为，在 TTAPS 中讨论的数千兆吨核武器对攻的场景是极端的（有史以来最强大的核武器只引爆了 50 兆吨），因此出现大规模火灾、烟雾和尘埃的可能性被高估了。他们使用了一个稍微复杂一些的模型，使他们能够考虑其他重要的变量，例如大气风场和降雨量，这些变量可以影响大气中颗粒物的分布。通过这种改变，他们得出了比 TTAPS 低 25% 的总体降温估计值。[24]

几年后，萨根和 TTAPS 团队基本上认可了汤普森和施奈德所提出的较为温和的估算值。在对全球热核冲突可能导致的灾难性行星降温的预估上，你是不是以为这两个不同的专家团队终于达成了共识，这段公案就此结束了？错。《纽约时报》（1990 年 1 月 23 日）一篇关于 TTAPS2[②] 的报道联系了史蒂夫·施奈德，并请他发表评论。他的回答是：“我会称之为‘核秋天’，而不是冬天”，

① 《外交》是由美国深具影响力的智库外交关系委员会出版的双月刊，撰稿者多为美国深具影响力的学者和政府决策官员，是美国国际事务及外交政策研究领域最权威、最具影响力的学术杂志。——译者注

② 1990 年 1 月 12 日，萨根等在《科学》上发表了第二篇文章，它被称为 TTAPS2。该文章阐述了对“核冬天”的最新理解，讨论了其他不确定性。该研究事实上重申并加强了“核冬天”理论。——译者注

并补充说，“但无论如何，TTAPS 的数字现在已经或多或少地与我们的数字趋同，所以我对他们的结论没什么大意见”。放在上下文中，这段采访是施奈德的一个合理的，甚至是和解的声明，他承认了 TTAPS 的基本前提是正确的，即使具体数字可能会有争议。作为自然科学的传播者，施奈德找到了一个公众可以理解的简单类比。冷却效果是真实存在的，但是比原来的 TTAPS“核冬天”要稍逊一筹。“核秋天”似乎传达了这个概念。[25]

另一方面，作为精明的公众人物，施奈德可能已经预料到他的言论会被那些有所图谋的人所利用。他是否有意贬低萨根的“核冬天”理论框架？这背后是否有一些竞争？我觉得我们永远都不会知道，我也不确定这是否重要。正如气候模式专家、“核冬天”专家艾伦·罗伯克（Alan Robock）所指出的那样，他们最初的目的是进行严肃的科学探讨和研究，以探讨“核冬天”的概念，“而并非希望公众将这个话题视作轻松愉快的、类似扫落叶或者观看橄榄球比赛的活动。但许多公众以及一些支持核能的人更愿意以此方式理解”。他补充道：“围绕模型细节的争论，导致了萨根和施奈德之间出现裂痕，这种裂痕从未愈合。”冷战鹰派人士利用了这个裂痕，试图诋毁他们所认为的真正威胁——萨根和他公开倡导的核裁军。[26]

私人恩怨

萨根已经成了“核冬天”的代言人。1984 年，萨根应邀在美国国会就这一问题进行辩论，后来教皇约翰·保罗二世也邀请他讨论这个话题。1988 年，苏共总书记、苏联总统米哈伊尔·谢尔盖耶维奇·戈尔巴乔夫在与美国总统罗纳德·里根的会晤中提到，萨根是他终止核武器扩散的想法来源。这一切都与萨根有关。对于一位科学家来说，这是一个非常危险的位置。既得利益集团喜欢挑出单个科学家进行个人攻击（就像他们对我和“曲棍球杆”曲线所做的那样），以警告其他考虑挺身而出的科学家。我称之为“塞伦盖蒂策略”①。不幸的是，萨根让这种方法得逞了。【27】

人们对萨根的个人情感影响了他们对“核冬天”威胁的看法。萨根直言不讳，这在当时的科学家中是罕见的品质，因此也容易受到攻击。专栏作家小威廉·巴克利（William F.Buckley Jr.）说萨根“非常傲慢，甚至可能会被误认为是我”②。【28】

任何科学的内部分歧或争议在关于核裁军的广泛公开辩论中，特别是与极端保守的冷战物理学家的辩论中，更会被加剧放大。其中，最具有影响力的是弗雷德·辛格。辛格是一个接受企业资

---

① 这是作者在 2012 年《曲棍球杆与气候战争》一书中创造的词，非洲塞伦盖蒂草原上的狮群会从斑马群里挑出一匹斑马进行围攻，以此比喻单个科学家受到的攻击。——译者注

② 小威廉·巴克利是美国知名作家、记者和保守主义政治评论家，在 20 世纪的美国政治和文化领域扮演了重要的角色。他创办的保守派杂志 *National Review* 和主持的电视节目 *Firing Line*，推动了保守主义思想的传播和讨论。作为一位保守主义政治评论家，巴克利常常表达强烈的观点和自信的态度，这里他使用了自嘲的方式，以调侃自己和萨根都有傲慢和自负的倾向。小（Junior）通常用于标识一个人在家族中与同名的父亲有关。在小威廉·巴克利的名字中，“Junior”意味着他与其父威廉·巴克利有相同的名字。这种命名方式在家族中用来区分父子同名的情况，通常被添加在较年轻一代的名字后面。他的父亲威廉·巴克利也是一位知名的保守派作家和公共人物。——译者注

助的全方位否定论宣传者①。1990年，他辞去了弗吉尼亚大学环境科学系的教职，在大型烟草公司、化石燃料公司和其他公司利益集团的资助下，成立了自己的组织，还起了个乔治·奥威尔②式的名字“科学与环境政策项目”（SEPP）。辛格将该项目作为一个平台，倡导反对所谓的酸雨、臭氧损耗、烟草健康威胁和气候变化等“垃圾科学”。多年来，我饱受他的批评和攻讦。[29]

辛格可能是萨根和“核冬天”最激烈的批评者，他认为这项工作基于有根本缺陷的模拟，仅仅是为了博人眼球。1983年，他写道：“萨根的设想很可能是正确的，但其不确定性的范围实在太大，以至这个预测并不是特别有用。”要知道，预警原则应高度重视不确定性，而在这里，科学的不确定性却被作为无须行动的理由。这种对不确定性的误读被试图破坏环境政策的人反复使用，无论是酸雨、臭氧消耗还是气候变化。辛格在极端保守主义《华尔街日报》的社论版面上全力批评萨根和“核冬天”科学。他还设法在《自然》和《科学》这两本主要的科学杂志上发表对“核冬天”持批判意见的“读者来信”，而《科学》恰是发表TTAPS原始文章的杂志。[30]

然而，辛格只是矛尖。让我们谈谈1983年3月里根政府提出

---

① 这里作者调侃辛格作为一个有企业资助的人，他所提供的否认服务是多方面的、全面的，可能涉及多个领域或多个方面的科学否认。在下文中将看到他否认的科学观点非常多。——译者注

② 乔治·奥威尔（George Orwell）是英国著名作家，以其关于政治集权和社会控制的小说《1984》和《动物农场》而闻名。这两部作品揭示了政府操控和信息操纵的主题，其中“Orwellian”这个词通常被用来描述类似于乔治·奥威尔作品中描绘的、具有强烈政治宣传色彩的、具有欺骗性的名称或说法。此处作者暗示“科学与环境政策项目”从事的都是反科学活动，与项目名称相反。——译者注

的战略防御倡议，简称 SDI。SDI 得到冷战鹰派和军事承包商的热切支持，是一个假想的基于太空的反导弹防御系统，目的是用太空激光拦截苏联的导弹。考虑到它听起来像是科幻小说里的东西，在当时非常流行的《星球大战》电影三部曲[①]之后，SDI 也被称为“星球大战”计划就不足为奇了。萨根积极反对“星球大战”计划，认为这将刺激美国和苏联之间的紧张局势进一步升级，导致危险的核武器军备竞赛，并加剧灾难性“核冬天”情景的威胁。所以当时他挑战的是整个军事工业复合体，而对手可不会轻易善罢甘休。

三位在冷战武器计划中崭露头角的物理学家联合起来攻击萨根和“核冬天”科学，共同成立了马歇尔研究所（GMI）[②]——一个保守派的智囊团，其主要目的是反对萨根和其他人对“核冬天”威胁的警告，并为“星球大战”计划提供支持和宣传。该研究所的负责人是弗雷德里克·塞茨，一位固体物理学家，美国国家科学院前院长，总统科学奖章获得者。成员包括罗伯特·贾斯特罗，他创建了美国国家航空航天局戈达德太空研究所实验室，该实验室后来由詹姆斯·汉森继任主任。贾斯特罗本身是一个非常娴熟的沟通者，但他还是被更有魅力的萨根替换下了《今夜秀》的舞台。不难想象，他应该为此有些小怨愤。第三位成员是尼古拉斯·尼

---

① 《星球大战》电影目前已经有 13 部，分为前传、正传、后传和外传，此处所说为最早上映的三部电影，即正传三部曲，分别为《星球大战：曙光乍现》（1977）、《星球大战：帝国反击战》（1980）和《星球大战：绝地归来》（1983）。星球大战（Star Wars）同战略防御倡议（Strategic Defense Initiative）头两个单词的首字母一样，SD。——译者注

② 研究所全名是乔治·卡特利特·马歇尔研究所。马歇尔是美国军事家、政治家、外交家，参与两次世界大战，第二次世界大战后提出了支援西欧重建的欧洲复兴计划，即著名的马歇尔计划，曾被杜鲁门誉为“美国所造就的最伟大的军人”。——译者注

伦伯格，他曾担任斯克里普斯海洋研究所的所长，该研究所是一家当今领先的气候科学研究机构。[31]

马歇尔研究所三人组将对“星球大战”计划的合理担忧视为同情苏联的和平主义者采取的恐吓策略。他们认为“核冬天”的概念是对我们安全的威胁。因此，他们与保守派政客、行业特殊利益集团和右翼媒体互相配合，试图削弱公众对基础科学的信心——首先是诋毁萨根的个人信誉。他们的攻击形式包括国会简报，撰写和发表那些旨在揭穿萨根科学的通俗读物和专栏文章。他们甚至考虑在电视要播放“核冬天”纪录片时，对电视网络进行威胁。[32]

当这一切发生的时候，我正在加州大学伯克利分校物理系读本科，我们系正好是“星球大战”计划学术争论的中心。爱德华·泰勒是我们物理系的教员。泰勒是劳伦斯·利弗莫尔实验室的联合创始人，该实验室是由加州大学伯克利分校赞助的核武器实验室。他经常被称为“氢弹之父”，因为他在20世纪40年代的曼哈顿计划中发挥了核心作用。泰勒在伯克利还享有一项只有诺贝尔奖获得者才能获得的特权：伯克利校园里的一个预留停车位，就在勒孔特大厅（物理楼）旁边，上面写着他的名字。

泰勒是“星球大战”计划的主要拥护者之一，毫无疑问，他也是萨根最激烈的批评者之一。泰勒在给萨根的信中写道：“我担心的是，许多不确定性依然存在，而且这些不确定性已经大到足以让人怀疑‘核冬天’是否真的会发生。”他甚至开始人身攻击：“我可以称赞你的确是一个优秀的宣传者——记住，宣传者越不着痕迹，就越显得出色。”1984年，泰勒在《自然》杂志的一篇评论中抨击了萨根的工作，其中写道：“今天，‘核冬天’被认为具有世界末日的影响。核爆炸产生的烟雾规模和气象现象都存在不确定性，使我们有理由怀疑这一结论。”泰勒补充道：“关于全球毁灭，甚至地球生命的终结的高度推测性理论，被用来呼吁采取某种特定的政治行动，既不利于科学的良好声誉，又不利于冷静的政治思考。”[33]

不同意萨根的科学是一回事，但是质疑他的动机、客观性和诚实性则完全是另外一回事。坦率地说，我觉得这种人身攻击性的语言还能通过世界权威的两本科学杂志之一的编辑的审查，本身就足以令人震惊。这或许因为《自然》杂志当时的主编约翰·马多克斯（John Maddox）是理论物理出身，他本人就反对“核冬天”。马多克斯在《自然》杂志上刊发了近12篇论文、评论和社论，批评萨根和“核冬天”，其中包括他亲笔写的两篇非常具有批判性的社论文章。这些文章是在《科学》杂志发表TTAPS之后的两年里陆续发表的。我们最古老的，也可以说是最受尊敬的科学杂志，实际上已经被劫持，试图败坏萨根的个人名誉。这不可避免地滋长了以政治和意识形态为动机的风气，我们一些最著名的科研机构也难辞其咎。

与支持“星球大战”计划的泰勒同在加州大学伯克利分校物理系的，还有一位“星球大战”计划最激烈的反对者——查尔斯·施瓦茨（Charles Schwartz）。施瓦茨领导了由近7000名科学家和工程师签署的反“星球大战”计划的请愿，呼吁抵制“星球大战”计划研究。我记得我的一个朋友当时在施瓦茨的班上学物理，他带着一种既好笑又难以置信的心情讲述了一件事：施瓦茨有一天取消了课程，以便学生可以参加在斯普鲁尔广场举行的抗议“星球大战”计划活动。斯普鲁尔广场是20世纪60年代和70年代著名的伯克利示威活动的地点。到1986年，施瓦茨已经拒绝再向物理专业的学生讲授任何课程，以抗议物理界参与推进他所认为的具有误导性且危险的事情。[34]

我必须承认，在20世纪80年代，作为伯克利大学物理专业的一名学生，我基本上没有参与这场辩论。我埋头于物理和数学练习题，为考试而学习，并且我的物理研究也才刚刚入门。我当时完全没有意识到，在这场决定性的社会科学大辩论中，我们系是大本营，有许多杰出的但是持完全相反意见的人。所以，当我回首往事时，我惊讶于周围居然发生了这么多事情，以及背后更大的政治和意识形态斗争。我着迷地思考着这样一个事实，这个系同时也是物理学家路易斯·阿尔瓦雷斯的求学之所，是他首先发现了灭绝恐龙的是远古小行星撞击之后的深度封冻。某种程度上，是他率先引入了“核冬天”的幽灵。同步性又一次出现了？

其实，这一段公案与本书的中心主题更为相关的地方在于萨根及其同事的“核冬天”模拟是基于早期的全球气候模式。这使得气候模式成了马歇尔研究所三人组、弗雷德·辛格以及其他同道反对者的目标，也为他们随后在对气候变化科学的攻势中所扮演的角色定了调。这些攻击都由化石燃料行业资助。随着20世纪80年代后期冷战的结束，马歇尔研究所团伙需要关注别的问题，否认酸雨和臭氧层损耗让他们一直忙碌到90年代初。但之后部分由于两党都支持应对这些问题，这些问题逐渐淡出人们的视线，马歇尔研究所不得不为他们自身的继续存在寻找其他理由。否认气候变化无疑符合条件，引用《新闻周刊》的话：马歇尔研究所成为“否认气候变化机器中的核心齿轮”。[35]

虽然气候变化已经转移了人们对“核冬天”的担忧，但这并不意味着“核冬天”已经不再构成威胁。我们之前提到的罗格斯大学核冬季专家艾伦·罗伯克（Alan Robock），继续利用远比萨根、施奈德和其他人在20世纪80年代使用的更为复杂的气候模型探索核战争情景，夯实了他们的许多主要发现。罗伯克及其合作者如今使用的模型更加准确地捕捉了大气中的垂直运动，证明了烟雾颗粒可以被抬升到平流层的上层，在那里它们可以停留很多年，延长了它们造成降温影响的时间。而新一轮俄乌冲突提醒我们冷战还没有结束。正如罗伯克指出的，现在有9个国家拥有核武器，例如，印度和巴基斯坦之间的核冲突仍然可能产生灾难性的后果。[36]

奇爱博士回归

让我们回到本章开始时讨论的白垩纪—古近纪灭绝事件。尽管有压倒性的证据表明，大灭绝是由地球与一颗巨大的小行星碰撞引起的深度封冻造成的，但一些反对者——奇怪的是，这些人往往也会否认气候变化的存在——几十年来一直在对这种解读提出疑问。若干年前，气候变化反对论者弗雷德·辛格和主流气候科学家艾伦·罗伯克之间的交锋就说明了这一点。1997年，在一场关于人类引起的气候变化的辩论中，白垩纪—古近纪灭绝事件的起因曾一度被提及。辛格坚持认为恐龙“在被小行星撞击之前实际上活得很好”。罗伯克温和地纠正他：“实际上，恐龙可没有被小行星直接撞死，而是小行星引起的剧烈气候变化改变了它们的环境。”罗伯克当然是正确的，但我们也能理解为什么承认这一事实会给辛格这样的气候变化否认者们带来麻烦。[37]

然而，其中一些相反的观点只是科学怀疑论在正常发挥作用。与出于政治动机的否定论相反，真正的科学怀疑论应是卡尔·萨根所称的科学“自我修正机制”的一部分。例如，一些地质学家指出，德干大火成岩省①的火山活动可能在相对较短的时间内向大气中注入了大量的二氧化碳。然而，最近的研究工作似乎打消了这种观点。一项研究测试了德干火山爆发和希克苏鲁伯小行星撞击引起降温的可行性，结果只有后者符合灭绝模式。而其他研究得出结论，小行星撞击事实上可能触发了德干火山爆发形成大火成岩省，但这甚至可能是一个缓解因素，它抵消了一些冷却效应，并帮助一些物种避免了灭绝的命运。[38]

正如绝大多数科学家现在接受了人为气候变化理论一样，大部分科学家也能接受白垩纪—古近纪大灭绝事件是由大规模行星撞击事件造成的。而反对撞击假说的人很快就迎来了最后一击，盖棺论定的最后一枚钉子就是我们在本章前面提到的直接证据，如撞击产生的洪水、保存下来的恐龙遗骸以及混杂其间的小行星本身的碎片。

但这并不意味着其他因素没有发挥作用。瓦尔特·阿尔瓦雷斯是1980年小行星撞击研究的参与者，他在多年前就认识到了这一点。最近的一项研究使用详尽的统计方法来对物种形成（新物

---

① 德干大火成岩省（Deccan Traps）位于印度的德干高原（17—24° N, 73—74° E）。这个地区的岩石形成于约6625万年前的火山活动，火山喷发持续了近3万年之久，一直到白垩纪末期结束。该地区是地表最大型的火山地形之一。——译者注

种的产生）和灭绝（物种的消失）进行评估，得出的结论认为，恐龙作为一个种群，在灭绝之前的1000万年中，其新物种取代灭绝物种的能力在长期下降，这意味着它们的脆弱性在增加，而脆弱性的增加可能会使它们特别容易在小行星撞击时灭绝。[39]

海洋物种灭绝的模式以及撞击后恢复的方式仍然是一个谜，科学家们仍在争论不休。这让我们再次回到“奇爱海洋”的概念。我们第一次遇到这个概念是为了描述在急剧变暖、缺氧、酸化和有毒的二氧化硫“臭气弹”的多重打击下，一个几乎没有生命的海洋（96%的灭绝率）。

然而，这个概念实际上起源于1982年。哥伦比亚大学著名地质学家华莱士·布勒克在一篇文章中，推测出紧随白垩纪—古近纪大火绝事件后，海洋发生了类似的灭绝事件。在当时全民人讨论“核冬天”的背景下，“奇爱”的参照就显得更有意义了。毕竟，《奇爱博士》讽刺了苏联和美国之间的核冲突。即使40年后有些人可能已不太能体会电影中的寓意，但对于在1982年研究白垩纪—古近纪小行星撞击事件的地球科学家来说，小行星撞击与冷战之间的关联都是需要考虑的首要问题。[40]

在某种意义上，白垩纪—古近纪大灭绝事件似乎不像二叠纪—三叠纪灭绝事件那样有海洋物种灭绝那种令人印象深刻的例子。白垩纪—古近纪大灭绝事件中，海洋生物的灭绝率要比二叠纪—三叠纪灭绝事件低得多（大约75%）。尽管如此，海洋生产力也的确出现了显著的下降。为了弄清楚究竟发生了什么，我们需要——抱歉——再次谈论碳同位素。

我们可以通过观察深海沉积物中的碳同位素来评估海洋生产

力的历史。有孔虫是一种能形成钙质外壳的海洋微生物。当它们死亡时，它们的外壳会沉入海底，成为沉积记录的一部分。通过钻探海底沉积物并取芯，科学家可以恢复这些生物的时间表。众所周知，不同类型的有孔虫生活在海洋的不同层次上。那些生活在水中的被称为“浮游生物”，而那些生活在海底的被称为“底栖生物”。正如我们在前一章中所了解的那样，光合作用生物在光合作用过程中更喜欢吸收碳 –12，导致水中相对含量较多的是碳 –13。钙质海洋生物通常利用水中的碳 –13 和碳 –12 来形成它们的壳体。有孔虫外壳中的碳 –13 和碳 –12 之间的差异（称为“$\delta^{13}C$”①）可用来衡量海洋生物生产力，而浮游生物和底栖生物外壳中的碳 –13 之间的差异则可用来衡量深海中有机碳的埋藏情况。

从含有白垩纪—古近纪边界时期的深海沉积物岩芯中发现，在白垩纪—古近纪边界之后，浮游生物和底栖生物外壳中的碳 –13 之间的差异立即显著减小，这意味着有机碳埋藏急剧减少。这一观察结果是“奇爱海洋”原始模型的基础，该模型描述了一个基本上没有生命的海洋。然而，这个模型存在一些问题。首先，有机碳埋藏的减少持续了大约 300 万年，远远超过了撞击事件对阳光或气候的任何直接影响的持续时间。其次，尽管浮游生物的 $\delta^{13}C$ 量急剧减少，但底栖生物却没有。这与“死海”是不一致的。[41]

这些观察结果推动了另一种“活海”模式，该模式认为，白垩纪—古近纪大灭绝事件改变了海洋生态，使更大、更脆弱的海洋生物群灭绝，而由于较大的颗粒下沉，较小的颗粒更容易悬浮在

① $\delta^{13}C$ 表示样品中碳 –13 同位素相对于标准物质的比例偏差，$\delta^{13}C$ 负值表示样品中碳 –13 同位素相对于标准物质较少，正值则表示相对较多。——译者注

上层水柱中，有机物更难沉入海底。这反过来又导致了碳埋藏的减少。在这个模型中，海洋生产力仍然存在，但是向深海输送的碳通量大大减少。这个理论最初的支持者是我的合作者，罗得岛大学的海洋学家史蒂夫·德奥特（Steve D'hondt）。[42]

早在2004年，我以前的研究生布拉德·亚当斯就已经与史蒂夫和我合作，共同分析了来自大西洋和太平洋盆地的深海沉积物岩芯的碳同位素数据，这些岩芯跨越白垩纪—古近纪边界，以统计的方式描述了那时所发生的事情。我们的分析结果表明，复苏的过程分为两个阶段。在最初的300万年中，开始逐渐恢复到碳埋藏的中间态，然后逐步恢复到接近撞击前的水平，在撞击事件发生约400万年后才恢复。碳循环恢复的模式和时间似乎暗示了关键生物事件的作用。虽然小行星撞击造成的直接气候影响会在几十年内消失，但关键的新物种，如新的更大的钙质海洋生物群的进化，则需要数百万年的时间才能填补那些已经灭绝的生物群的生态位。海洋不得不重建整个营养结构和食物网生态系统，这需要时间，不是以年，而是以百万年计算的时间。[43]

我曾看到一块真正的沉积岩芯，并在8年后分析了它。那时，我又目睹了另一个诠释"滞后"效应的鲜活事例。那是2012年10月，我在得克萨斯州奥斯汀的SXSW①"生态"会议上谈论我的新书

① SXSW是指"South by Southwest"，是美国得克萨斯州奥斯汀市举办的一年一度的综合性活动，起源于1987年。这个活动包括音乐、电影、互动媒体等多个领域，涵盖了许多不同的会议、展览、演讲、表演和展示，已成为全球范围内规模最大、最具影响力的创意产业盛会之一。该活动展示了新兴科技、创新思想、音乐艺术等各个领域的最新趋势和成果，也是许多创业公司、艺术家和创意人士展示作品和交流想法的重要平台。——译者注

《曲棍球杆与气候战争》。会议结束后，我驱车 100 英里（约 160 千米）来到得克萨斯州大学城①参加一个讲座，并参观了得州农工大学。车辆带我穿过了巴斯特罗普县复合型大火②烧焦的残骸，那是得克萨斯州历史上最具毁灭性的野火。这场大火始于 2011 年 9 月 4 日，火灾之前当地经历了前所未有的炎热和干旱的夏天。火灾持续了 55 天，吞噬了 32000 英亩（129.5 平方千米）土地。被摧毁的火炬松森林就是所谓的"遗址"森林的示例——在如今越来越炎热干旱的气候下，这种森林不会再生长了。这是一个相当现实的例子，它说明了临界点和"滞后"效应——提醒人们有些东西会永远失去，没有回头路。我想象着这片古老的森林被火焰吞噬时的情景，那火焰或许与白垩纪—古近纪撞击事件后世界上的森林被烧毁，或者在全球核战争中烧毁整个城市的那些火焰没什么不同。

最近的其他工作似乎证实了我们早期发现的阶段性复苏。耶鲁大学地质和地球物理系的迈克尔·海纳汉在 2019 年进行的一项研究确定，撞击事件发生后，海洋的生物生产力立即下降了 50%，随后是海洋生产力恢复的过渡期。根据海纳汉的说法，"在某种程度上，我们调和了'奇爱海洋'和'活海洋'这两种情景。它们都是部分正确，只是按顺序发生了"[44]。

我们知道，小行星撞击了一块含有大量硫黄的碳酸盐岩区域，这些硫黄在撞击时会蒸发成二氧化硫，产生反射性硫酸盐气

① 大学城，又称卡城或学院站，是得克萨斯州东南部一个城市，也是得州农工大学的所在地。——译者注

② 在美国的森林管理术语中用 complex"复合型"来描述由多个火点组成、范围广泛、难以控制的大型火灾。——译者注

溶胶。这些气溶胶不仅会增加此次碰撞喷射到大气中的其他颗粒物的降温效果，而且还会造成大范围的酸雨和海洋酸化。海纳汉和他的同事们利用硼同位素评估了白垩纪—古近纪撞击事件后海洋酸碱值的下降，找到了海洋酸度大幅度增加的证据，这可以解释钙质海洋生物群的选择性灭绝，以及小行星撞击后深海碳埋藏的下降。[45]

尽管这些讨论看起来可能只是学术上的争论，但值得注意的是，这个科学故事为我们今天的困境提供了一些重要的教训。尽管在人类碳排放量降至零后，地表变暖将相对较快地稳定下来，但海洋酸化将持续几个世纪，并将继续构成威胁。我们从白垩纪—古近纪后的恢复过程中学到一件事，那就是大规模的死亡可能导致食物链的崩溃和海洋营养结构的破坏，而恢复所需的时间不是几年或几十年，甚至不是几个世纪或几千年，而是数百万年。当然，即使是"完全恢复"的概念也值得怀疑，因为许多关键物种已经永久地消失了。尽管它们的生态位可能会再次被填满，但它们永远不会回来了。这是值得我们思考的问题，因为我们正继续对我们的行星环境进行前所未有的破坏。

我们过去的教训

如果你在寻找一线希望，我想你可以得到一些有限的安慰，恐龙毕竟没有完全灭绝。当我写下这一段的时候，我透过窗户在我家的后院里看到了两只小鸟：两只蓝鸦正在享用我们的海棠树上含苞待放的初秋果实。现代鸟类是兽脚亚目恐龙的后裔。兽脚亚目恐龙是一种两腿、三趾、骨骼中空的恐龙，其成员包括威严的霸王龙。但是这个群体也包括一些更小的物种，它们和小型哺乳动物一样，能够更好地应对突如其来的冰封。它们促成了鸟类的诞生。

但恐龙变成鸟是个技术性问题。让我们保持乐观的另一个更好的理由是我们与恐龙的本质区别：恐龙对它们的困境无能为力。它们没有办法使小行星偏离方向。它们缺乏主动性。而我们有这个主动性。我们面临的是自己制造的灾难的威胁。我们面临的主要挑战并不是不变的天体物理学定律，而是政治意愿。

20 世纪 80 年代，随着核冲突的威胁不断加剧，代表两个对立国家的两位著名科学家，美国的卡尔·萨根和苏联的安德烈·萨哈罗夫（“苏联氢弹之父”）联合起来，共同努力向各自国家的人民传达核冲突的生死存亡威胁，并让他们的国家元首相信，全球核战争是没有赢家的，全球军备竞赛是一条危险的歧途。这一努力被证明是成功的。1987 年 12 月，罗纳德·里根和米哈伊尔·戈尔巴乔夫签署了中导条约①，禁止一切短程和中程弹道导弹，预示着冷战表面上的结束。双方都提到了对“核冬天”的担忧。[46]

不幸的是，在过去的两年里，随着俄乌冲突的发生，我们看到冷战紧张局势再次出现的苗头。俄罗斯总统弗拉基米尔·普京暗示在不断升级的冲突中将使用战术核武器。我们也看到俄罗斯成为一个石油大国，越来越依赖于化石燃料资产的货币化。普

① 《美苏消除两国中程和中短程导弹条约》，简称中导条约。——译者注

京在阻止全球气候行动上也越来越大胆。科学家们必须跟随卡尔·萨根和安德烈·萨哈罗夫的先例，共同努力，超越国界，推进以科学为基础的政策制定，这比以往任何时候都更加重要。这确实是我的几位同事最近在《国会山报》一篇评论文章中发出的呼吁，他们警告说："大国之间关系的破裂使得维持应对气候变化所需的国际合作更加困难，其寒蝉效应不仅波及了为实现全球排放目标而进行的合作努力，还影响了指导全球行动所需的科学和政策研究。"[47]

强大的雷龙给我们的另一个教训是：世上总有赢家和输家。虽然（非鸟类的）恐龙已经灭绝，但是小鼩鼱般的哺乳动物却成为最大的赢家。它们是哺乳动物的祖先。在没有掠食者的威胁后，小型哺乳动物安全地从洞穴和缝隙中出来，它们最终茁壮成长，填补新出现的各种生态位。如果我们灭绝了自己，其他生物无疑会利用我们留下的生态位。它们将成为赢家，而我们是失败者。没有了我们，地球还会接着转，但我们人类的脆弱时刻将会结束。

气候变化真的会威胁并导致人类的灭绝吗？在寻找这个问题的答案时，我们将转而关注在遥远的过去发生的另一个事件——与人类造成的灾难性变暖最接近的类似的事件，即古新世—始新世极热事件（PETM）。当时全球气温可能达到了如桑拿一样的95华氏度（35摄氏度）。这种极端的温度可能引发了甲烷的大量释放，也许还有其他"热室地球"的放大反馈机制。如果我们继续肆无忌惮地燃烧化石燃料，这样的情况是否会出现在人类身上？接下来我们将讨论这个问题。[48]

第五章

热室地球

“整年都是热浪，人怎么能在这样的气候里生存呢？”

——《绿色食品》(1973)[1]

气候事件中与“冰雪地球”相反的是“热室地球”。正如我们之前所见，如果初始降温足够强，正反馈过程恶性循环，会导致地球产生失控的降温过程。但是，当地球开始变暖时，上述如冰的快速融化这样的正反馈过程，同样也会导致变暖加剧。随着气温上升，还会激发一些其他的正反馈过程，包括甲烷释放、水汽以及云层变化，这些反馈过程不断强化，在高温室气体水平下，是否会加剧变暖，从而结束我们现在的脆弱时刻？在本章的探讨中，来自过去热室气候的地质证据可能会为我们提供答案。

古新世—始新世极热事件（PETM）

“古新世—始新世极热事件”，简称 PETM，是热室地球的典型代表。PETM 是发生在 5500 万年前的一次快速变暖事件（地质学意义上的“快速”），那时距恐龙灭绝仅 1000 万年。相较于地质

---

① 《绿色食品》是一部由美国导演理查德·弗莱彻执导的科幻电影，1973 年上映，国内也有人将其翻译为《超世纪谍杀案》，中国香港将其翻译为《人吃人》。该片改编自哈里森·葛林伯格的小说 *Make Room! Make Room!*。电影的背景设定在 2022 年的未来纽约市，当时人口过剩、资源稀缺。为了解决食品短缺的问题，政府引入了一种名为“绿色食品”的新型饼干，宣传这是用海水和黄豆制作的，是一种高营养和可持续性的人造食品。然而，故事逐渐揭露了“绿色食品”背后可怕的真相。该片探讨了人口膨胀、环境破坏和资源枯竭等重要议题，同时揭示了人性的脆弱和社会的腐败。这部经典的科幻影片，引起了观众对未来的反思与警醒。——译者注

史上过去的其他全球快速变暖事件，PETM 的独特之处在于其短时间内向大气中释放了大量的碳，并由此引起快速变暖。这次自然事件堪比人类活动释放的二氧化碳造成的全球温度飙升。

升温的尖峰值出现在此前更为平缓的升温趋势之上，该升温趋势始于古新世（从 K–Pg 撞击开始的时代）早期，并一直持续到随后的始新世开始。从比今天高出 18 华氏度（10 摄氏度）的基准线开始算起，在 PETM 期间，全球平均温度又上升了大约 9 华氏度（5 摄氏度）。大部分变暖发生在短短的 10000 年内。其变暖速率大约是 0.05 摄氏度 / 世纪，尽管以地质标准来看的话，这已经是相当极端的增温速度了，但与目前大约 1 摄氏度 / 世纪的速度相比还算很慢。尽管引发的 PETM 事件仅仅维持了几千年，但它所带来的升温效应却持续了足足 20 万年。考虑到我们现在通过燃烧化石燃料向大气排放碳的速度要远大于 PETM，这对我们来说可是重大的前车之鉴。[1]

我们是怎么知道地球变暖的程度和速度的呢？第三章中我们曾讨论过二叠纪—三叠纪灭绝事件，我们可以根据那时保留下来的钙化生物外壳中的稳定氧同位素（氧 –16 和氧 –18）的比值来估算古代的温度。另外，这个比值还受全球冰雪总量的影响（轻同位素氧最终被困在大陆冰中，而使得海洋中富集更多的重氧），但由于二叠纪—三叠纪灭绝事件期间全球没有冰雪，这部分的影响可以被排除。除此之外，盐度的变化也会影响同位素比率（当然，考虑到随着时间的推移，碳酸盐可能会发生化学变化，因此技术上还有其他复杂性问题）。还有几个其他的证据线索可以帮助我们估计过去海洋温度的变化，包括用先前描述的“团簇同位素”

（clumped isotopes，也有人翻译为“耦合同位素”或“二元同位素”）来分析碳—氧键，以及镁和钙在方解石外壳中的含量比例，这些都与周围海水的温度密切相关。还有一种基于沉积物中微生物脂质（脂肪层）的复杂的古温度指标。尽管这些不同来源的数据都有各自的局限性和问题，但它们共同表明，在 PETM 事件过程中，表层海洋、深层海洋和全球平均表面温度都升高了 7—11 华氏度（4—6 摄氏度）。[2]

此外，稳定碳同位素显示 $\delta^{13}C$ 大幅下降，这表明海洋—大气系统中无机碳大大增加，但具体增加了多少仍不确定。还有一个更复杂的问题，即这些碳既可能来自二氧化碳，又可能来自甲烷，二者具有完全不同的升温潜能值。这两种物质都有多种来源，每种来源又都有不同的 $\delta^{13}C$ 特征。

在 2011 年的一项研究中，研究人员使用了一个被称为“盒子模式”的简单模型，来区分二氧化碳和甲烷的不同来源。他们发现，碳输入最有可能发生在两个不同的阶段，分别为初始释放的约 1000 GtC ①，这与最初 3000 年的 PETM 变暖相关联，以及紧随其后的快速输入的约 1200 GtC，这与碳同位素大的负值峰值相联系，且同随后 1000 年的进一步变暖相关。根据文章得出的结论，碳释放的时间总长不到 500 年。虽然他们无法确定初始碳释放的原因，但该研究断定，第二次释放的碳产生了甲烷碳同位素印记的负尖峰，这些甲烷可能来自一种被称为“甲烷水合物”的甲烷晶体结构，其中的甲烷被困在大陆边缘沉积物（和多年冻土）中的水分子

① 1 GtC 表示 10 亿吨碳。——译者注

“笼子”中。这些甲烷水合物可能会因海洋变暖而变得不稳定，这是一个重要的放大碳循环反馈的潜在因素。[3]

2016年的一项研究结合氧和碳同位素数据，试图进一步确定PETM期间释放的二氧化碳和甲烷的数量。到目前为止我们所关注的同位素分析仅涉及氧-16和氧-18两种主要的稳定同位素，但事实上，如果将氧-17添加到同位素分析当中，我们可以进一步获取更多的信息。为此，上述研究的作者们转而研究了一个看起来不相干的材料：那些保存下来的古代哺乳动物的牙釉质（是的——未来的科学家可能也会通过查看你的牙齿化石，来揭开我们使地球变暖的谜团）。在哺乳动物身体中的水里，三种不同的氧同位素含量是由许多因素决定的，其中氧-17的含量与大气中二氧化碳的水平特别相关。换句话说，它可以作为古二氧化碳水平的替代指标。了解这些含量的情况有助于梳理二氧化碳和甲烷如何相互竞争，最终共同影响碳同位素的比率。这些科学家得出的结论表明，尽管当时的二氧化碳水平在上升，但大气中的二氧化碳含量没有超过2500ppm。这意味着要达到PETM的 $\delta^{13}C$ 峰值，需要释放大量的甲烷。[4]

为什么我们要如此担忧甲烷的巨量释放呢？毕竟，正如我们早些时候了解到的那样，由于地球大气富含氧气，在氧化作用的影响下，与二氧化碳相比，甲烷在大气中的寿命只有几十年而非几千年。自从20多亿年前光合作用生命出现以来，情况就一直如此。然而，这并不意味着甲烷没有长期的影响，因为当甲烷氧化时，它会变成二氧化碳。每释放一个甲烷分子，我们就会得到一个二氧化碳分子。因此，大量的甲烷，比如1万亿吨碳的甲烷，会带给我们1万亿吨碳的二氧化碳。这意味着，无论最初输入的碳是如何在二氧化碳和甲烷之间分配的，碳排放所带来的长期变暖影响取决于释放出来的碳总量。

我们现在已经有了关于气候变暖程度的概念，并且至少有一些关于碳排放量的大概数值。那么我们如何来确定年份呢？和其他我们会在后面时期用到的“代用”资料不同，例如不同于珊瑚、冰芯或树木年轮等，我们无法建立一个可靠的逐年的年表。测定古沉积物的年代就像和一个怪人约会一样①——有着巨大的不确定性，时间的估算值可能会有几千年的误差。为了解决这个问题，夏威夷大学的理查德·泽比（Richard Zeebe）和合作者们采用了一种新的模式方法，他们利用了碳同位素比率（记录碳释放）和氧同位素比率（指示气候响应）之间的相对滞后时间。他们得出的结论是，在PETM初期，碳排放的最大速率仅达到每年10亿吨，并持续了4000多年。[5]

当不确定性比较大时，由不同数据来源和建模方法得出的估算值有时会相互矛盾。然而，在所有数据基础上，我们可以合理地得出如下结论：在PETM期间，由于大量碳的释放（大约在2万亿到15万亿吨之间），地球的温度升高了7—11华氏度（4—6摄氏度）。我们知道，这些碳是在2000—50000年的时间里释放的（当然，这个不确定性范围确实很大，但是当你试图重建一个发生在5000多万年前的事件时，确实不可避免）。

根据目前的估计，现在全球化石燃料储量中含有1万亿至2

① 原文中date有测定年份的意思，这个单词还有约会的意思，此处作者用了双关语。——译者注

万亿吨的碳，而如果我们开采和燃烧所有可开采的石油、天然气和煤炭，其潜在储量的碳含量可能高达 13 万亿吨。这大约相当于 PETM 期间释放的所有碳，但我们现在释放碳的时间跨度仅有几百年，而非 PETM 所持续的上千年。这可能足以使整个南极冰盖融化，使全球海平面上升 160—200 英尺（50—60 米），淹没居住着超过 10 亿人的人口稠密地区，当然了，包括纽约市和华盛顿特区在内。[6]

进入地狱

PETM 到底是什么样子的？当然，我们没有照片，也没有纪录片为证，但是从动植物化石记录中，我们发现了相当惊人的景象。当时红树林和雨林一直延伸至极区纬度，格陵兰岛西北海岸的埃尔斯米尔岛竟然有河马和短吻鳄，还长着棕榈树，表明北极附近的环境生机盎然，温暖宜人。有证据表明，一些热带海洋地区变得极端炎热，以至许多生物都放弃了在这些区域生活。[7]

我的朋友蒂姆·布拉罗尔（Tim Bralower）是研究 PETM 方面的世界顶尖专家之一，他也是我以前在宾夕法尼亚州立大学的同事。他指出，如今南极洲海岸接近冰点，在当时的气温却是十分温和的 68 华氏度（20 摄氏度），而当时西非海岸的气温则高达 97 华氏度（约 36.1 摄氏度）。他补充道：“我 8 月份在酷热的迈阿密游泳，感觉就像是泡在 88 华氏度（约 31 摄氏度）的浴缸里，然而，高达 97 华氏度（36 摄氏度）的环境实际上就已经不宜居了！”[8]

今天，怀俄明州的比格霍恩盆地是一大片荒地，点缀着灌木丛和蒿属植物，是一片尘土飞扬的北半球沙漠环境。在古新世晚期的 PETM 之前，这里却类似于今天佛罗里达州北部的亚热带森林，生长着落羽杉和棕榈树，还有鳄鱼出没。而到了 PETM 期间，那里的年平均气温达到近 79 华氏度（26.1 摄氏度），与佛罗里达州南部接近，沼泽消失了，降雨变得更加断断续续，气候越来越热，同时也越来越干旱。[9]

那干旱化是普遍趋势吗？也许不是。花粉化石证据表明，热带森林在这个时期仍十分繁茂且在不断蔓延。采用与古数据一致的升高的二氧化碳水平对 PETM 的气候进行数值模拟，模拟结果表明，北美西部很可能只是例外之一，它是少数几个在夏季出现干旱的大陆中纬度地区之一，之所以出现例外，是因为该地的地表气压增高，同时西风急流向极地移动。而许多其他地区，特别是热带和副极地地区，降水量可能会增加。对地球大部分地区而言，温暖的空气含有更多的水汽，所以当出现有利于降雨的条件时，就会产生更多的降雨。[10]

因此，在地球的大部分地区，既会非常炎热，又会非常潮湿。这可是个糟糕的组合，有句老话说“不怕热，就怕湿”。但是任何一个在 8 月份去过拉斯韦加斯的人都会告诉你，事实并非如此，在这种情况下，又热又湿，两者都会起到作用。事实上，衡量高温胁迫敏感度的最佳指标是将温度和湿度组合成一个单变量，也就是所谓的“湿球温度”。

当我还是耶鲁大学的研究生时，我担任海洋与大气课的助教，这是一门非常受欢迎的本科课程，由我后来的博士答辩委员会委员罗恩·史密斯讲授。气象实验室是我最喜欢的实验室之一，我们会把学生带到克莱恩地质大楼的屋顶上，向他们介绍那里的一个标准气象站，那是楼上一个几英尺高的小白屋，里面放有各种各样的气象仪器。其中比较有趣的仪器是“吊索式干湿计”。它由两个并排连接的温度计组成。其中一个温度计的玻璃泡上包着一层布芯，并且浸在水里。仪器上还有一根小绳子，你可以把它“吊”在空中，加快“湿球”温度计上水的蒸发速度，使其因蒸发失去热量而降温，并最终达到某个较低的平衡温度。

“干球”温度计和“湿球”温度计之间的温差是衡量当天大气相对湿度的一种方法。“湿球”温度计测量物体（比如像你我这样的人）在当时的温度和湿度下通过蒸发降温所能达到的最低温度。

我们的人体“核心”体温通常在 98.6 华氏度（37 摄氏度）左右。我的体温稍低一些，约为 97 华氏度（36.1 摄氏度）。与我的妻子和女儿相比，我就是个名副其实的“冷血爬行动物”，这也许是我们为了家里空调设定无休止争论的根源。皮肤温度通常比体温低 4—9 华氏度（2.2—5 摄氏度），这取决于身体活动的水平，这种温差有助于将多余的热量从身体核心传输到皮肤，然后传递给周围的空气。出汗也有助于防止核心温度升高，但随着空气越来越潮湿，出汗作为一种降温机制的效果会越来越差。86 华氏度（30 摄氏度）的“湿球温度”就超过了安全体育活动的标准，而 90 华氏度（约 32 摄氏度）的“湿球温度”感觉就像 131 华氏度（55 摄氏度）的干燥温度一样热，此时即使没有体育活动也是危险的。95 华氏度（35 摄氏度）的“湿球温度”相当于 160 华氏度（约 71 摄氏度）的干燥温度，此时，你的皮肤再也不能将多余的热量释放到空气中，即使在阴凉处，你也会在几小时内死去。[11]

如今，在大多数地方，“湿球温度”从未超过 86 华氏度（30 摄氏度）[12]。然而，在南亚、中东沿海和北美西南沿海的一些地方，已经出现了短期超过 95 华氏度（35 摄氏度）这个生存极限的“湿球温度”的情况。这些地区周围海洋温度极高，夏季又会出现极端高温，这些条件共同导致“湿球温度”异常高。在《未来部长》一书中，科幻小说作家金·史丹利·罗宾逊以印度的热浪开始，讲述了一个关于未来气候危机情形的精彩故事。在故事里，印度的“湿球温度”连续几天保持在 95 华氏度（35 摄氏度）以上，导致了 200 万人死亡。唉，生活现在开始模仿艺术了。2022 年春季，印度发生了破纪录的热浪，在此期间马德拉斯的气温达到 94 华氏度（约 34.4 摄氏度），相对湿度为 73%，这相当于“湿球温度”达到 86 华氏度（30 摄氏度），这发生在 5 月初①。[12]

如果不采取实质性的气候行动，我们可能会在未来几十年内目睹全球温度增加 4.5 华氏度（2.5 摄氏度），那么在南亚和中东这片人口多达 30 亿的地区，气温可能会经常超过生存限度。如果我们烧掉所有可能的化石燃料储备（或者我们烧掉相当多一部分，并且碰巧遇到某些恐怖的使碳循环反馈失去稳定性的意外情况），气温最终可能升高 18 华氏度（10 摄氏度）。在这样的升温水平下，大部分人口可能会面临这种致命高温的限制，那可真就是“整年都是热浪”了。[13]

我自己的研究涉及对气候模式的预测结果进行检查，以评估

① 受南亚季风影响，印度夏季温度反而会有所降低，一年中最热的时期是季风开始前的春季。——译者注

美国严重热暴露的可能性。我和我的合作者最近研究了政府间气候变化专门委员会（IPCC）用来预测未来高温胁迫变化的模拟，这些模拟同时考虑了热量和湿度的影响。我们发现，到 21 世纪末，在高碳排放的情况下，在美国东北部、东南部、中西部和西南部等人口稠密的地区，中短期极端高温胁迫事件可能会增加 3 倍以上。我进行的其他研究表明，这些模型预测可能低估了真正的高温胁迫的风险，因为这些模型往往会低估急流的波状变化情况，而这些变化与夏季最持久的极端高温有关。在拉斯韦加斯、洛杉矶和凤凰城，户外工作者已经真切地经历了与高温有关的不利的健康影响。[14]

在这种情况下，想象一下 PETM 期间的环境可能会很有意义，当时全球平均温度达到不可思议的 90 华氏度（约 32.2 摄氏度），这可比现在的温度足足高了 27 华氏度（15 摄氏度），这种极热事件期间会是什么样子？火上浇油的是，天气也会变得非常潮湿。突然穿越回 PETM 时代会是什么样子？你很可能发现自己正在经历白天 100 华氏度（约 37.8 摄氏度）的高温和 82% 的相对湿度。那将是桑拿房的热度和蒸汽室的湿度的结合，人类在现实世界中不会去建造这样的混合设施，原因很简单，那可是会要命的设施。100 华氏度和 82% 的相对湿度相当于 95 华氏度（35 摄氏度）的“湿球温度”。如果你发现自己处于这样的环境中，没有制冷设备，没有空调，也没有冷水池可跳进去躲避，那么你很快就会被活活热死。

结论在于，至少以我们现在的形式，且在没有现代技术的前提下，智人几乎不可能在 PETM 期间生存，只有在极地区域才可能有一线生机。然而，许多其他哺乳动物却似乎生活得很好。在PETM 期间，深海生物群出现了大灭绝，这可能与深海变暖引起的缺氧环境有关。但我们并没有观察到任何哺乳动物的大规模灭绝。相反，我们看到它们进行了迁徙与进化。与如今的人类不同，PETM 时期的生物有几千年的时间来适应环境。除了向极地迁移以逃避高温，它们最主要的适应策略是小型化。[15]

按照规律，生物要降温就要变小。这里引用一个常见的书呆子式科学笑话，一般常用来嘲笑物理学家在模拟真实世界时有时作出的夸张和不切实际的简化，这句笑话是“考虑一头球形的奶牛”。但这不是开玩笑。想象一下，如果奶牛确实是球形的。你可能还记得高中几何课上的知识，这个球的体积为 $4\pi R^3/3$（其中 R 是半径），你可能还记得同一个球体的表面积是 $4\pi R^2$。因此，表面积与体积的比率就是 $3/R$，随着半径的增大，这个比率会减小。球形奶牛越大，它的表面积与体积之比越小。现在让我们来想象一下，当奶牛发热时，整个身体，即球形的“体积”变热，奶牛只能通过皮肤散热，即通过其“表面”散热。因此，奶牛的体形越大，表面积与体积的比值越小，散热就越困难。

我知道你现在想什么：如果奶牛不是球形的，而是立方体呢！好吧，但这个结论仍然适用。如果 L 是立方体牛的边长，则它的表面积为 $6L^2$（所有 6 个正方形面的面积之和，每个面积为 L^2），而体积为 L^3。那么表面积和体积的比率就是 $6/L$。奶牛越大，表面积和体积比的数值就越小。这个规则适用于任意形状的牛，或其他任

图 5–1　一头球形奶牛

何动物。它甚至还有一个专门的名字——伯格曼法则[①]。简而言之，最好的降温方法就是变得更小。这就是在极热时期生物进化层面上发生的事情，在特定的哺乳动物中，体形较大的个体无法进行高效的散热，这些大型个体会被选择性地淘汰，无法留下后代。而群体中体形较小的个体则更有可能存活下来，并将它们的基因特征遗传给下一代。这个过程不断地持续进行，这就是生物小型化的过程。

在 PETM 期间，我们看到了一些引人注目的例子。马当时才

① 德国学者伯格曼（C. Bergmann）在 1847 年发现的规律，他发现生活在寒冷地区的哺乳动物的体积和体重一般比生活在温暖地区的更大。——译者注

登上历史舞台，在 PETM 这段极热时期开始后，它们的体形缩小了 30%（在 PETM 结束以后，它们体形重新增长 76%）。对此，人们很容易认为：气候变暖并不是什么大问题，毕竟最终它们还是适应了。确实如一些反对气候行动的批评人士坚持认为的那样，人类终将“适应”气候变化的影响。但要了解到，任何大到足以导致动物在 10000 年内体形缩小 30% 的物种选择压力，都会导致那些具有不良适应特征（即体形较大）的个体大量死亡。下次当你听到反气候变化者坚持认为我们可以简单地“适应”气候变化时，请思考一下这个事实吧。的确，我们这个物种很可能会适应 9 华氏度（5 摄氏度）的升温。但同样真实的是，数亿的人类同胞很可能因此而丧生。[16]

当然，PETM 中有赢家也有输家。我们的灵长类祖先就是这样的赢家。尽管 PETM 对我们来说过于炎热，但它确实为我们的小型祖先，即第一代灵长类动物，提供了选择性优势。在之前的章节中我们了解到，最初的代表是一种类似狐猴的原始生物，它们只有老鼠大小，是树栖素食者，我们称其为“森林鼠猴”。

另一方面，那些深海底栖生物则是输家。虽然表层有孔虫和上层海洋生物群普遍情况良好，但深海底栖有孔虫却因海洋酸化而遭到破坏。据估计，约有 50% 的底栖有孔虫物种灭绝了。事实上，深海酸化非常严重，以至沉积物岩芯样品中相对缺少方解石贝壳，其中许多贝壳实际上被溶解了。而对于上层海洋，我们认为，那里也发生了显著的酸化情况，只是影响相对较小。[17]

海洋环流的变化也可能在 PETM 中扮演了重要的角色。有一种黏土矿物被称为高岭石，是由硅酸盐风化产生的，它们通过溪流和河流被带到海洋中。在 PETM 测定的海洋沉积物中发现了异常高水平的高岭石，这一事实表明，PETM 期间降雨量的总体增加可能导致大陆径流量增加，将大量淡水输送到海洋。正如我们之前所看到的，大量淡水流入海洋会扰乱“海洋传送带”环流。气候模式模拟和有孔虫碳同位素数据的结合表明，这种破坏不仅发生了，而且导致了温暖的、缺氧的海水进入深海海底。深海的酸化、变暖和缺氧对深海生物构成了三重打击。[18]

据估计，深海变暖高达 5—7 华氏度（2.8—3.9 摄氏度），这可能破坏了海底甲烷水合物的稳定，并可能触发了巨大的甲烷释放，并被认为对 PETM 大暖化起到了作用。这不仅导致了 PETM 变暖，可能还引起了其他海洋变化。尽管灭绝事件似乎仅限于深海，但极热事件也确实引起了上层海洋的一些显著变化。沿海海域曾出现过甲藻的广泛繁殖。作为一种古老的赤潮类藻类，这些水华很可能受到了所谓的富营养化的影响，大陆径流增加会向沿海地区输送更多的含氮的营养物质，导致大规模的甲藻爆发。与现代赤潮一样，甲藻的繁殖很快就会经历爆发与衰退的周期，其死亡和分解会消耗海洋氧气，从而威胁其他海洋生物，包括鱼类种群。就像今天一样，海水变暖会加剧这些危险致命事件的发生。[19]

志留纪人假说

与当前的变暖不同，我们知道 PETM 这样的突然变暖事件源于自然过程。但我们真的对此有所了解吗？前面讨论的一项研究表明，可能有两个不同的碳排放峰值。第二个碳排放峰值与变暖所释放的大量甲烷一致。但是最初引发变暖的碳源是什么？这项研究中并未说明这个问题。所以，让我们来找点乐子。在那之前，我们需要记住这样一个事实：科学往往会通过排除那些不可能发生的事情来洞察真相。这将是我们拥抱“志留纪人假说”的前提。我将从我童年的一个故事开始。我是 20 世纪 70 年代在美国长大的孩子，那时有一部儿童电视连续剧叫作《失落的大陆》，在 1974 年秋季首映时轰动一时。作为一个对恐龙和时空旅行着迷的 8 岁男孩，这个节目简直是为我量身定做的，我立刻就被迷住了。

这部电视剧的主角是一个家庭，他们发现自己被困在一个奇异的地下世界，这个世界里有恐龙、像伊沃克人①一样的猿人［被称为“帕库尼”（Pakuni）］，还有邪恶的蜥蜴人［被称为“斯里史塔克”（Sleestak）］。斯里史塔克是一种高等爬行类二足人类（电视剧中称其为“奥特鲁西人”）的后裔，他们曾经是和平的，但随着时间的推移，他们逐渐蜕化成原始的野蛮群落，居住在他们曾经伟大文明的废墟上。[20]

第一季的故事情节是由科幻小说作家戴维·杰罗德写的，他曾为《星际迷航》系列原著写了著名的“毛球的麻烦”一集。此外，还有其他著名的科幻小说家，如本·波娃（Ben Bova）、席奥多尔·史铎金（Theodore Sturgeon）、诺曼·斯宾拉德（Norman Spinrad）和拉里·尼文（Larry Niven），同样为这个系列写了几集

---

① 电影《星球大战》中的种族，伊沃克人大都娇小可爱。《星球大战：绝地归来》中威基特·威斯特里·沃里克就是一名伊沃克人哨兵，他参加了恩多战役，协助义军同盟对抗银河帝国。——译者注

剧本。

加文·施密特（Gavin Schmidt）是我的同龄人，目前是 NASA GISS 气候模式实验室的主任，几年前接替了前主任詹姆斯·汉森（James Hansen）。20 世纪 70 年代，当施密特在英国的大西洋彼岸长大时，他在看 BBC 的一部科幻电视连续剧《神秘博士》。其中有一集讲述了蜥蜴人在经历了 4 亿年的冬眠后被核试验唤醒的故事。这些聪明的两足爬行动物曾经统治着恐龙，但为了逃避一场全球性的灾难，它们被迫在地壳深处冬眠。它们将被称为“志留纪人”（因为我们只是在这里找乐子，我们将忽略志留纪实际上比爬行动物早 1 亿年，比恐龙早将近 2 亿年的事实）。

为什么 20 世纪 70 年代早期的电视和电影充满了关于古代蜥蜴文明崩溃的故事？对此，我有一些想法。20 世纪 70 年代早期到中期是环境反乌托邦主义的顶峰，给我们带来了《沉默奔跑》和《洛根奔跑》这样的电影，这些电影的背景都是环境危机导致了社会崩溃。1973 年的电影《绿色食品》由查尔顿·赫斯顿（Charlton Heston）主演，无疑是走在了时代的前列，在人们普遍意识到气候危机之前的几十年，这部电影就上映了。该片假设全球变暖造成了毁灭性的社会后果，巧合的是，电影设想的故事发生在 2022 年。

还有 1968 年的反乌托邦电影《猩球崛起》，该片同样由查尔顿·赫斯顿主演，故事中他饰演了一名宇航员，他发现自己被困在一个由类人猿统治的星球上。直到影片接近尾声时，他才意识到，自己是穿越了时空，偶然间发现了我们文明的遗迹。人类文明因核毁灭而自我毁灭，而类人猿进化填补了遗留下来的空白。

也许在神秘未知的情况下，智慧文明的灭绝确实有某些原型，这样的故事也许会触动我们内心深处，使我们大脑中的原始蜥蜴大脑的某种本能感觉复苏，让我们意识到我们这个称为家的黯淡蓝点[①]的脆弱性。可能这些故事与20世纪70年代的环境反乌托邦思潮产生了共鸣，那时，我们刚开始意识到空气和水污染的加剧、森林和栖息地的消失，以及正在发酵的核冷战对我们地球家园的威胁。看到这里，你或许想问，这些到底和前文的PETM有什么关系？

如果一个智慧的前人类文明，比如奥特鲁西人或志留纪人，在几千万年前就存在于地球上，并且由于对能源的贪婪以及化石燃料的大量燃烧，最终在灾难性的全球变暖中灭绝了自己，那会怎么样？我们会知道这一切吗？这正是我的朋友兼同事加文·施密特在2018年发表的一篇题为《志留纪人假说》的文章中所进行的思想实验，这篇文章的合著者是天体生物学家亚当·弗兰克（Adam Frank）。[21]

老实说，这个项目有点出人意料，不过新颖的科学追求经常如此。亚当·弗兰克是一位极富好奇心的天体物理学家，他对解决真正的重大问题充满热情。在2019年2月一个寒冷的日子，他访问了宾夕法尼亚州立大学的“欢乐谷”。我与他一边喝着咖啡，一边进行了这个有趣话题的讨论。他还是搜寻地外文明计划（SETI）的主要倡导者，该计划从卡尔·萨根时代延续下来，1980年萨根与其他人共同创立了行星协会，倡导对宇宙中的生命进行

① “黯淡蓝点”一词是由著名的天体物理学家卡尔·萨根提出的，他认为地球在宇宙中只是一个微小的、脆弱的行星。从太空中观察时，它显得如此渺小和脆弱，就像是一个黯淡的蓝点。——译者注

持续搜寻。[22]

早在1961年，在SETI的第一次科学会议上，天体物理学家弗兰克·德雷克（Frank Drake）就提出了一个数学表达式，用于计算我们银河系中具有沟通交流能力的文明数量。这个表达式是各种因素的乘积：银河系产生恒星的速度、每颗恒星的行星数量、适合生命居住的行星的比例、存在生命的行星的比例、产生智慧文明的行星的比例，以及发展出无线电通信的行星的比例，还有最后一个因素是这些文明的典型生命周期。卡尔·萨根是出席那次会议的10位科学家之一。他认为最后一个因素很可能是一个限制因素。换句话说，在萨根看来，其中的关键问题在于科技文明能否避免自我毁灭。出于合理的推测，当萨根于20世纪80年代进行关于核军备竞赛的辩论时，那些早期的思考很可能为他在辩论中扮演的角色作了铺垫。[23]

2017年，弗兰克拜访了气候模式专家加文·施密特。他很好奇一个相关的天体生物学问题：是否会有其他潜在的地外文明，由于化石燃料导致的气候变暖而灭绝？以我这么多年和他无数次对话和共事的经历来看，加文·施密特是一个打破常规的思想家，同时，他也是个“口无遮拦的杠精”。所以施密特问了一个令弗兰克目瞪口呆的问题：你怎么就能确定，过去地球上没发生过这种工业文明被毁灭的事情？所以我们就有了这个所谓的“志留纪人假说”，我们怎么知道PETM变暖背后的快速碳增加不是某个化石燃料匮乏的古老文明所造成的毁灭行为？像我们这样的后续文明能在5000万年或6000万年后找到什么样的证据呢？[24]

这个基本问题已经被问过无数次了。艾萨克·阿西莫夫（Isaac

Asimov）在 1941 年写的短篇小说《日暮》中描绘了一个通过分析沉积物记录而被发现的古代文明。然而，令人费解的是，那实际上与我们是同一个物种，它们在灾难性的野火的驱使下，陷入了一个发展和崩溃的永恒循环。最终只有沉积物中薄薄的一层火山灰（以及口头传说中的神话）记录了之前的文明崩塌。阿西莫夫在另一部短篇小说《猎人日》中，则讲述了古老的地球上一个非人类文明的故事。

科幻小说作家拉里·尼文是《失落之地》的合著者，他在 1979 年写了一篇名为《绿色掠夺者》的故事，描述了一个生活在几亿年前的地球上的智慧物种，但当地球大气层被氧气“污染”时，它们灭绝了（它们是一种厌氧物种）。故事以“德拉科酒馆”（短篇小说集的标题）中的对话为形式，其中一个对话者，表面上是来自另一个星球的外星人，实际上则是这个古老物种幸存下来的成员。加文·施密特甚至根据志留纪人假说写了自己的短篇小说《在太阳下》。[25]

不过，几十年来，科学家和小说家们一直在推测这类事情，施密特和弗兰克通过仔细研究地质和考古证据，将这一领域推进了很大一步。他们仔细研究一个深层地质时期因环境破坏而濒临灭绝的智慧文明，是否会有地质和考古证据遗留至今的可能性。他们指出，我们所能想到的一些典型证据，例如大陆规模的人类骨骼坟墓、倒塌的建筑物、汽车和卡车、房屋的地基等，根本不会保留下来。地质风化、侵蚀和板块构造将摧毁任何人造结构以及超过 1000 万年的物体。

从考古遗址或残留文物来看，没有直接证据能够表明一个只存在了几个世纪的工业文明真正存在过。从地质角度来说，那区区几个世纪稍纵即逝，只会有很小一部分生物变成了化石。因此，就算有某种爬行动物或早期哺乳动物在晚古新世发展出一种持续了10万年以上的文明，我们也很容易错过它们在化石中的记录，更别说区区几个世纪了。

那么，我们能期望得到什么样的证据呢？如果真的存在那样的工业文明，在保存下来的沉积物中，我们可能会观察到氧和碳同位素的同步急剧增加，这表明存在温室气体和温度迅速上升，而这正是我们看到的PETM时的现象！

我们还可能看到氮同位素比值的突增，这表明肥料的大规模使用，以及由于富营养化、海洋酸化造成海洋中缺氧区域增加，还有沉积物中钙质生物的灭绝。我们可以探测到沉积物中铅、铬、锑、铼和其他被开采金属的异常水平。有趣的是，我们确实在PETM和过去其他的快速气候和环境变化事件中看到了这些变化，这是因为侵蚀和大陆径流的增加引起的。

需要澄清的是，施密特和弗兰克实际上并不是说某种有意识的蜥蜴人导致了5600万年前的全球变暖。事实上，对于所有发生过的事情，都有一个非常好的解释（唉，尽管没有蜥蜴人那么有意思）。最终，奥卡姆剃刀原则[①]占据了上风。作者承认，这个假设几乎肯定是错误的。我向加文·施密特要了他的批评者所提供

① 由14世纪英格兰逻辑学家威廉·奥卡姆（William Ockham）提出的哲学原则。奥卡姆剃刀原则认为，如果有多种原因可以解释同一现象，那么应选择最简单和最直接的解释。这个原则在科学、哲学和推理中被广泛应用，提供了一种有效的思考和解决问题的方法。——译者注

的最有说服力的证据。他的回答是："我们在深部采矿方面有着丰富的经验。这些金属矿床有些可以追溯到数十亿年前，据我所知，没有任何证据表明，它们以前被开采过。"然而，这个假设也只是没有明显的错误而已，我们依然需要深思熟虑并仔细研究它。

施密特和弗兰克只是提出了一个问题，那就是未来的生物——也许包括几百万年后地球上的居民——如何知道像我们这样的文明是怎样因环境恶化，尤其是由于化石燃料引起的突然变暖事件而自我毁灭的。志留纪人假说源于亚当·弗兰克、戴维·格林斯潘、卡尔·萨根，还有伟大的物理学家恩里科·费米等科学家长期思考的一个更深层次的问题：宇宙中是否存在其他生命？如果有的话，为什么我们还没有他们的信息？一些人推测，智慧文明可能倾向于通过环境破坏和战争自我毁灭。这个问题确实值得思考：我们会有这样的倾向吗？如果是的话，我们能否抗拒这种自我毁灭的冲动？

热室反馈

如果不是那些渴求化石燃料的两足爬行动物导致了 PETM，那么我们应该去责怪谁呢？会是因为冰岛吗？毕竟，冰岛可是个热点地区。有些困惑吗？让我来解释一下。

冰岛形成于大约 6000 万年前，由一股炽热的熔岩从地幔的"热点"上升穿过海洋而形成，玄武岩熔岩最终冷却成岩石地壳，在北大西洋中心形成了一个位于北极圈里的岛屿。冰岛坐落于地幔柱和热点之上，同时也位于大西洋洋中嵴上，那是海底扩张的中心，两个大陆板块——欧亚大陆和北美大陆——正以和你指甲生长相同的速度（每年约 1 英寸）相互分离，这种板块运动导致了大量的地热和火山活动。[26]

图 5–2　2013 年 10 月，我的冰岛大西洋洋中嵴之旅

这些年来，我在访问冰岛时目睹并经历了不少。我不仅看到了地热加热的间歇泉，还目睹了冰岛西南部的大间歇泉——盖伊西尔（Geysir），这个词[①]最初就是因为它而被创造出来的。我观察过像拉基火山一样的壮丽火山，该火山在 1783 年的喷发，导致了欧洲

---

① Geysir 在英语中的意思为大间歇泉。——译者注

当年夏天的干雾和寒冷天气，还有埃亚菲亚德拉（Eyjafjallajökull）冰川火山，它是世界上第二活跃的火山，也是那些名字难记且拗口的火山当中最活跃的一个。我曾在所谓的“蓝色潟湖”中游泳，那是一个由地热发电厂的废水形成的人工游泳池，据称具有治疗作用。我还参观过位于冰岛西南部的廷盖维利尔国家公园，站在那里大西洋洋中嵴的顶端，俯瞰着下方由两个不断扩张的板块形成的峡谷。

北大西洋火成岩省（或称“NAIP”）是位于冰岛地下岩浆柱之上的一个大规模的火成岩积累区，碳储藏量极其丰富。它可能是在距今 6200 万至 5500 万年前的两次大规模火山活动中形成的，伴随着海底扩张和东北大西洋的开启。最近的研究表明，这个巨大的碳储存库发生了一次持续性的火山气体排放事件，可能促成了 PETM 的形成。[27]

2017 年《自然》杂志上的一项研究认为，在 5 万年的时间内，该地区持续的火山喷发释放了高达 10 万亿—12 万亿吨碳，是 PETM 变暖的主要驱动因素。作者们使用了一种被称为“数据同化”的创新方法。我在自己的古气候研究中也使用了这种创新工具，它将真实世界的数据与数值气候模式相结合，从而得出最可能的情况[28]。

作者们估计，最有可能释放了约 11.2 万吨的碳，90% 的碳来自缓慢的火山喷发，速率为每年 6 亿吨。这不及目前化石燃料燃烧所产生的碳排放量的 1/10，这证实了尽管从地质学的角度来看，PETM 的碳排放可能是“快速的”，但是与今天人类所产生的碳污染相比却是十分缓慢的。

《自然》杂志的作者们估计，PETM 期间释放的剩余 10% 的碳可能来自甲烷水合物。因此，热室气候里与甲烷相关的正反馈可能在一定程度上加剧了 PETM 的变暖，但它们并不是主因[29]。

如果地球的温度接近了 PETM，达到那几乎是炼狱一般的 90 华氏度（约 32.2 摄氏度）的平均温度，还会有其他的“热室反馈”吗？也许吧。请原谅我对乔尼·米切尔（Joni Mitchell）的歌词进行改编，让我们“从两个方面来看云”①。这里的两个方面，我指的是二氧化碳浓度水平分别高于和低于 1200ppm 的情况。2019 年，《自然—地球科学》杂志上发表了由加州理工学院研究员塔佩奥·施奈德（Tapio Schneider）领衔的一项研究。这项研究表明，当我们越过二氧化碳的临界值时，云会发生一些非同寻常的变化。[30]

施奈德和他的同事们关注的是层积云起到的作用。层积云是那些常在热带和亚热带海洋上空看到的可以大量反射太阳光的云层，覆盖了南北纬 30 度之间（这是地球表面积的一半 ）20% 的区域，包括美国加利福尼亚、墨西哥、秘鲁和智利沿海的大片东太平洋，以及北非和南非沿海的大片东大西洋。他们使用了一个高分辨率的大气模式。与标准的气候模式不同，这个模式可以分辨出小至 150 英尺（约 50 米）大小的单个云。令人惊讶的是，他们发现随着气候变暖，当二氧化碳水平超过 1200ppm 的临界值时，云基本上蒸发了。云的消失和对太阳光吸收的显著增加导致温度急剧上升了 14 华氏度（7.8 摄氏度）。

随着温室效应的加剧，层积云变得越来越稀薄，对太阳光的

① 乔尼·米切尔是一位加拿大歌手，以其独特的声音和深情的歌曲而闻名。*Both Sides, Now* 是她于 1969 年发布的一首著名歌曲，其中歌词涉及对云的观察和思考。——译者注

反射越来越少，这导致了一个放大的反馈效应：对太阳光的反射减少，使地表温度越来越高，云层也变得更稀薄。最终在越过某个临界点以后，云完全消失。这很像我们之前讨论过的“冰反照率反馈”，但这里扮演关键角色的是云，而不是冰。还有我们以前在“雏菊世界”中遇到的滞后效应。当二氧化碳浓度超过 1200ppm 时，模式中的云消散，而云一旦消失，只有当二氧化碳浓度大幅下降到远低于该数值时，云才会重新出现。

这种不稳定的反馈可能影响了热室气候的特征，研究热室气候时，PETM 显然是个好的候选对象，当时的二氧化碳浓度水平可能高达 2500ppm。作者警告说，如果我们继续通过化石燃料燃烧提高二氧化碳水平，可能会出现这种让人大吃一惊的云的正反馈机制。

值得注意的是，即使在高达 9000ppm 的二氧化碳水平下，最先进的气候模式也没有任何迹象表明存在这种类似于阈值的云行为。施奈德和他的团队认为，这是由于气候模式对云进行参数化的方式存在缺陷。其他研究人员对此持保留态度，他们批评这些实验是高度理想化的。例如，华盛顿大学的克里斯·布雷瑟顿（Chris Bretherton）认为，云特征的转变“发生在不同时间、不同地点、不同的二氧化碳浓度水平，彼此之间相互抵消”。换句话说，不会出现单一的临界点，也不会出现云层突然消失和全球气温急剧上升的情况。相反，可能会出现更温和、更渐进的变化。虽然这种批评是合理的，但它实际上并没有反驳施奈德的基本假设，只是对其进行了修正。在现实世界中，这种效应最明显的情景可能是气候敏感度更高的非常温暖的温室气候，例如像 PETM

这样的。实际上，确实有一些证据支持他的说法，我们下面将对此进行讨论[31]。

气候敏感度再探讨

你可能还记得，气候敏感度是指当我们将温室气体浓度翻倍时温度上升的数值。在接下来的章节中，我们将研究一些近期的证据，例如末次冰盛期（LGM）或过去2000年的公元纪元时代，以深入了解气候敏感度。这些研究在一定程度上是有用的，它让我们对近期的温度和气候驱动因子有了更准确的估算。同时我们从这些时期得出的结论也给我们敲响了警钟，气候敏感度并不是一个常量，它涉及反馈过程，这些过程在全球寒冷和温暖的气候中通常是不一样的。例如，寒冷的全球气候更有可能受到与冰盖有关的反照率变化的影响，而温暖的全球气候则更有可能受到碳循环反馈的影响，包括我们已经观察到的多年冻土的融化和甲烷释放，以及温暖气候下可能发生的云的变化。

这种不对称可能意味着，当涉及未来潜在的温室变暖时，从过去和最近的寒冷气候中得出的气候敏感度估计值，对未来潜在的温室气体变暖问题并不具有太多的指导意义。要找到二氧化碳浓度达到或超过1200ppm的热室气候的类比对象（在最坏的排放情况下，21世纪末我们可能会达到这样的水平），我们至少也要追溯到始新世早期，约5000万年前，也许还要再追溯到我们最好的热室气候的类比对象，即PETM事件。

所以，让我们重新审视 PETM，看看它能告诉我们关于热室气候敏感度的哪些信息。在 PETM 之前的古新世晚期，大气中的二氧化碳含量大约是 870ppm。而在极热时期的高峰期，它更接近于 2200ppm，也就是原来的 2.5 倍，或者说，翻了 1.3 番。由于气候变暖值在 9—11 华氏度（5—6 摄氏度）的范围内，我们计算出的平衡气候敏感度（ECS）在 6.7—8.1 华氏度（3.7—4.5 摄氏度）之间。你可能马上会问，我们是不是得考虑地球系统敏感度（ESS），从而来解释冰盖等缓慢变化。在某种程度上，升温较快的主要过程，发生在数千年的时间尺度上，而非数十万年，这意味着地球系统中最慢的组成部分还未发挥作用。而且由于那时候地球上没有多年的冰，冰盖覆盖范围的变化并不能作为气候驱动因素。将 PETM 期间气候敏感度的估算值与目前变暖的最大可能值（5 华氏度，2.8 摄氏度）进行比较后，我们发现在热室期间的气候敏感度更高。[32]

最近的研究为此提供了额外的支持。例如，2016 年的一项研究发现，气候敏感度从 PETM 前的 4.5 摄氏度［当时全球平均气温约为 79 华氏度（26 摄氏度）］上升到 PETM 期间的 5 摄氏度［当时气温约为 90 华氏度（32.2 摄氏度）］。与末次冰盛期的严寒和现代时期的估算值相比，他们认为气候敏感度随着全球变暖而系统性地增加。但最近的一项研究得出的数据略有不同，热室气候仍表现出了比寒冷气候高得多的气候敏感度。最近的其他研究证实了气候敏感度随着气候变暖而增加的趋势，尽管具体的技术细节在文献中仍然有争论。[33]

经验教训

关于今天的气候危机，PETM 告诉了我们什么？虽然导致 PETM 的主要碳排放峰值发生在不到 20000 年的时间里，但二氧化碳浓度和全球温度在热室水平上的升高至少持续了 10 万年，持续了足足 5 倍的时间。也就是说，二氧化碳一旦进入大气层，就会在大气中停留很长一段时间。前面提到的 5 倍时间同样也适用于今天，我们向大气中排放的碳污染不会凭空消失，会使二氧化碳水平和气温上升持续超过 1000 年。这意味着，即使我们现在立刻停止燃烧化石燃料，并迅速将碳排放降至零，我们现在这个脆弱的状态依旧会受到威胁。

因此，我们可能不得不求助于自然方法（如大规模重新造林和植树造林）和人工方法（如巨大的碳捕获和封存技术）来帮助地球降温。后者的技术目前最多处于概念验证阶段，暂时还无法大规模应用，但几十年后它可能会成为一个重要的工具。然而，正如我在《新气候战争》中强调的那样，碳捕获和封存的承诺以及其他拟议的技术解决方案，绝不能被污染者用作拖延和一切照旧的借口。就现在的情况而言，脱碳仍然是我们文明的首要任务，而且可以通过现有的可再生能源和储能技术、节能措施和智能电网技术来实现。对此，我们目前的技术已经不是问题，唯一缺少的是完成这一任务的政治意愿。[34]

有些人坚持认为失控的气候变暖已经不可避免，现在的气候行动是徒劳的，那他们认为的“甲烷炸弹”的风险是怎样的呢？虽然

PETM 作为现在的类比并不完善，但 PETM 并不支持“甲烷炸弹”的观点。PETM 的情况虽然并不能完全照搬类比现代的气候变暖，但 PETM 期间发生的事情或许能够减轻这些人对于失控的甲烷反馈的担忧。在 PETM 之前，基准温度要比今天高 18 华氏度（10 摄氏度）以上，那时海洋传送带的大幅移动会有利于温水的下沉（今天海洋传送带的崩溃并不会造成同样的影响）。因此，深海的温度会更接近甲烷水合物不稳定的阈值。然而，PETM 期间甲烷水合物却并没有出现灾难性的释放。尽管现在的主流媒体不断地暗示，但事实并非如此，PETM 期间并没有出现“甲烷炸弹”的情况。PETM 期间的甲烷水合物反馈最多只占总碳排放量的约 10%。[35]

当然，PETM 的情况也给我们敲响了警钟。今天的气候变暖速度比 PETM 事件期间高出 10 倍以上，而有证据表明，在气候迅速变暖的情况下，甲烷水合物的不稳定性可能更大。今天的甲烷大部分都以海底多年冻土的形式潜藏在环北极大陆架周围。而这些额外的甲烷源在 PETM 期间并不存在——北极海冰直到约 4700 万年前才刚刚出现。自上一个冰期结束以来，因海平面的上升、气候变暖以及沿海地区被淹没，海底多年冻土开始融化，甲烷水合物开始分解。而由于人为因素引发的变暖仍在持续，未来可能还会有更多的甲烷被释放出来。但是，目前还没有任何证据表明，这种情况正在发生。[36]

这并不意味着甲烷在如今不是问题。它确实是个问题，但并不是作为气候反馈的问题，而是作为人为气候变化驱动因子的问题。甲烷既是一种化石燃料（以“天然”气的形式存在，燃烧时会产生二氧化碳），又是一种温室气体。正如前面提到的，目前我们所观察到的甲烷浓度的上升，缘于天然气的开采、畜牧业和农业。这些甲烷排放是由人类活动引起的，而非某种反馈过程。鉴于甲烷浓度的上升在近几十年的变暖中贡献了约 25%，减少人为甲烷排放量必须成为任何应对气候危机的全面计划的一部分。[37]

现代人类能否通过燃烧化石燃料来引发热室气候反馈，从而使地球变暖到人类无法承受的地步呢？就像 PETM 一样。这种情况似乎不太可能，但也并非完全不可能。今天地球的温度大约是 60 华氏度（15.6 摄氏度）。即使在没有额外的气候行动的情况下，仅凭现行政策，预计地球最多会变暖约 5 华氏度（2.7 摄氏度）。全球的气温仍然会低于 65 华氏度（18.3 摄氏度）。与 PETM 时期相比，温度低了约 25 华氏度（14 摄氏度），并远低于预估的可能引发云正反馈变化的临界点温度。但这并不意味着全球变暖没有灾难性，届时高温将导致地球上的部分地区完全无法居住，而且我们已经看到与气候相关的死亡人数在大幅增加。2003 年，欧洲破纪录的热浪导致了 3 万人的死亡①。人类造成的变暖导致这类极端气候事件发生的可能性至少增加了 10 倍。2021 年 6 月，美国和加拿大太平洋西北部的“热穹顶”现象导致 1000 多人死亡。正如我和同事苏珊·乔伊·哈索尔（Susan Joy Hassol）在《纽约时报》的一篇专栏文章中所述：“这种事件 1000 年才可能遇上一次，这意味

① 据估算，这次热浪造成的死亡人数达 7 万多人，参照：Robine, J. M., S. L. K. Cheung, S. Le Roy, H. Van Oyen, C. Griffiths, J. P. Michel and F. R. Herrmann, 2008: Death toll exceeded 70,000 in Europe during the summer of 2003.COMPTES RENDUS BIOLOGIES, 331, 171–U175, doi: 10.1016/j.crvi.2007.12.001.——译者注

着，如果你是《圣经》中有着长寿之名的玛士撒拉①，你或许会在有生之年见证一次。”我们的这篇评论文章题目叫《那个热穹顶？没错，那就是气候变化》。[38]

另外，当前的模式预测可能低估了潜在的变暖程度，例如由于模式对碳循环反馈过程的表达还不完善。正如我们所看到的那样，在至少考虑了已经出台的气候政策的前提下，甲烷反馈似乎不太可能是一个主要因素。但我担忧其他的不确定因素，例如干旱导致的野火会产生二氧化碳，就像最近几个夏天我们在美国、澳大利亚等地所看到的那样，可能还有其他潜在的碳循环反馈过程，这些都是目前这一代气候模式不具有的能力。一部分气候科学家出于这些和其他原因认为，即使按照当前的政策，我们也不能排除到 21 世纪末二氧化碳浓度达到 1200 ppm 的最坏情况。另一部分专家则对此表示异议，他们认为目前最可信的政策将会把二氧化碳水平限制在其一半左右（约 600 ppm）。我倾向于支持后一种观点，但无论如何，这样的二氧化碳水平还是太高了。[39]

事实上，今天的气候变暖速度已经远远超过了 PETM 期间的变暖速度，这本身就是一个前所未有的挑战。我们看到，哺乳动物和其他一些物种过去从变得过于炎热的地区迁徙出来，或者就像马匹缩小的情况一样，看起来像是适应了这种变暖。但是，正如我们所看到的那样，如今的变暖速度是 PETM 期间的 10 倍以上，超过了动植物所能迁移或适应的速度。而雪上加霜的是，我们建造了各种障碍物，如城市、高速公路和其他设施，阻碍了可能的

① 根据《圣经·创世记》，玛士撒拉被认为是人类历史上寿命最长的人，据说他活了近 1000 岁。——译者注

迁移路径。

那么，如果是最坏的情况呢？如果我们不进反退，推翻原来所制定的气候政策，转而燃烧了所有可获得的化石燃料储量，这样会怎样呢？最近一次政府间气候变化专门委员会（IPCC）的评估报告利用了最先进的模型进行预测，结果表明，依照目前的情况，到2100年，最可能的幅度约为7华氏度（3.9摄氏度），升温到2300年趋于平稳达到约14华氏度（7.8摄氏度）。这是巨大而毁灭性的升温幅度，但还算不上是“失控”的温室情景，也不是PETM那样的热室情景。而如果我们选择IPCC模拟中最为极端的情况呢？在这种最糟糕的情况下，到2100年，升温幅度可能高达11华氏度（6摄氏度），升温到2300年趋于平稳达到约23华氏度（13摄氏度），这将在200年内使全球平均温度达到83华氏度（28摄氏度）左右。这种情景极不可能发生，因为这种情况是以目前的气候政策完全逆转为前提，并且是基于IPCC分析的50多个模型中最极端的一个进行的预测。虽然它仍然比PETM期间的温度低几华氏度，但与之相距不远，对人类和其他哺乳动物而言，温度已经高到会让地球上大部分地区变得过热而不宜居住。所以，是的，如果我们非常努力地破坏，我们可能至少会让这个星球上的大部分地方不适合人类居住。[40]

我的朋友兼同事马特·胡伯（Matt Huber）是美国普渡大学（Purdue University）的杰出气候科学家，他发表了有关北极涡旋和同期高温胁迫的开创性著作。他这样说道：“蜥蜴会没事的，鸟会没事的。”那我们呢？我们会有事。胡伯和他的合著者、澳大利亚新南威尔士大学的史蒂夫·舍伍德（Steve Sherwood）指出，在这种情况下，我们将面临来自热胁迫和其他气候影响的严峻挑战，再加上基础设施的不足，包括电网故障，将可能无法保护我们免受致命高温的影响。他们指出："空调的电力需求将会飙升，第三世界的数十亿人肯定无法负担，而且大多数牲畜也无法得到保护……空调将把人们关在家里，而断电将会威胁生命。"[41]

想想《纽约时报》对1977年7月纽约市停电的真实描述吧："在1977年7月一个闷热的夜晚……纽约市陷入黑暗……停电长达25小时。这成了一个典型的案例。抢劫和纵火在街头蔓延，导致了3800人被捕，还有数百万美元的损失。"这样的事件可能会在世界各大城市变得司空见惯，不难想象社会崩溃的场景。如果这一切听起来有点像前面提到的电影《绿色食品》，那是因为我们的世界确实可能有点像处于《绿色食品》之中了。[42]

好消息是什么？即使我们只是简单地维持已有的气候政策，除此之外不采取任何行动，也极不可能给我们带来类似于PETM那样的地狱世界。坏消息呢？在政府没有加大气候减缓努力的情况下，如果模型预测的上限范围被证明是正确的，到21世纪末，全球变暖将增加高达7华氏度（3.9摄氏度），无论以何种标准来衡量，这都是一个令人痛苦的世界。如果PETM并不是很好的类比，那有什么是更接近的呢？或许还有一些古老但更近期的气候期，那时并不是那么热，在我们现行的气候政策情景下的二氧化碳水平可能与当时相当。这将是我们下一章的主题。

第六章 冰中的信息

文明就像是混乱和黑暗的深海上的一层薄冰。

——沃纳·赫尔佐格[①]

6600万年前，随着希克苏鲁伯小行星撞击地球，恐龙见证了自己时代的终结。在那之后的地质时代被称为新生代，有时也被称为“哺乳动物时代”。没有了那些讨厌的恐龙，我们最终还是掌控了局面。PETM事件以及驱动该事件的碳排放峰值就发生在这个时代的早期。但随后在早始新世（从5500万年前到4600万年前）有一个更长的升温期，有时被称为“始新世最适期”。然后地球开始降温。

正如我们在第一章中所了解到的那样，降温趋势是数百万年来大气中二氧化碳水平逐渐下降的结果，其原因是板块运动，尤其是印度次大陆与欧亚大陆的碰撞。这次碰撞造成了喜马拉雅山的壮丽景观，加强了亚洲季风，增加了降雨量，这加剧了硅酸盐岩石的风化，使大气中的二氧化碳含量稳步下降。在这一过程中，冰川是最大的变化系统，在经历了漫长的消失后，它们终于有机会卷土重来。地球逐渐开始变得更像我们今天生活的星球，这为我们即将面临的未来气候提供了关键的类比情景。我们需要从中汲取的关键教训之一是冰会损失多少，以及由此导致的海平面上

① 著名德国电影导演、编剧和制片人，涉足纪录片、剧情片和艺术电影，他的电影作品常常探索人类的存在、自然界的力量和冲突、宗教和哲学等深刻的主题，知名作品包括《灰暗之心》（*Aguirre, the Wrath of God*）、《狂奔的人》（*Fitzcarraldo*）、《蓝色的冰川》（*The Blue Ice*）和《洛兹瓦尔德的威胁》（*Grizzly Man*）等。——译者注

升可能有多大。

冰河时代的到来

你可能还记得第一章中，在始新世早期和中期，温暖潮湿的温室气候产生了北极鳄鱼、极地棕榈树，以及潮湿的森林景观，使我们树栖的早期灵长类祖先在整个北半球茁壮成长。当时的气候比今天暖 9—27 华氏度（5—15 摄氏度），两极都没有冰。全球海平面比现在高 260 英尺（约 80 米）。尽管那时的大陆和海盆的地理位置与今天有些不同，用来和今天类比的话并不完美，但如果格陵兰和南极冰盖这两块大陆尺度的冰川完全融化，这大致上就是当时会看到的海平面上升程度。未来这种情况显然是可能的，在很大程度上取决于我们未来的化石燃料排放路径①[1]。

在距今约 4500 万年前的始新世后期，已经消失了 2 亿多年的冰最终出现在我们的星球上。它最初形成于南极洲最寒冷的地区。1100 万年后，它迅速蔓延到南极大陆的大部分地区。地球经历了一个相当突然的转变，从始新世的温室世界到渐新世的冰室地球。在距今 3400 万年的始新世–渐新世转换过程中，全球气温在 40 万年左右的时间里下降了 48 华氏度（27 摄氏度）。海平面下降，大陆变得更加干旱。如果说 PETM 事件是一个快速的自然变暖事件，那么这个过程就是一个相反的快速自然变冷事件。[2]

---

① “排放路径”一般指一个国家或地区在特定时间内，为了实现特定的气候目标，所采取的温室气体排放控制措施和行动。这些措施和行动通常包括减少能源消耗、提高能源效率、发展可再生能源、推广地铁交通等。——译者注

图 6–1　艺术家描绘了渐新世马（Mesohippus bairdi）的活动场景，这是一种食草的短颈三趾马

和其他突然出现的气候转变一样，这次极寒事件同样导致了大规模的物种灭绝。从植物到有孔虫这样的海洋无脊椎动物，从腹足类动物和双壳类动物到啮齿类等哺乳动物，各种生物的物种消失率超过 50%。但是，有句话我都快说烦了：总有赢家和输家。当时草原迅速扩张，茂密的森林被更开阔的林地所取代，一类被称为有蹄类的哺乳动物遭遇了大范围的灭绝，但其中较大的物种，如马、犀牛、牛、猪、长颈鹿、骆驼、绵羊和鹿等能够充分利用这种变化，物种繁衍并生存至今。大范围的灭绝事件波及原本温暖的欧亚大陆的高纬度地区，那里的动物群体由于生存区域的迅速降温而大量灭绝。即使是非洲的热带和亚热带环境，也出现了大量的物种灭绝，包括各种狐猴和猴子。而我们的祖先，类人猿

亚目，得益于自己日渐增长的智力和行为的可塑性，以及实际上竞争对手灭绝的幸运机遇，他们显然挺过来了。[3]

那么，是什么驱动了始新世—渐新世这种大幅度的气候转变呢？正如我们在其他类似事件中所见到的那样，需要有驱动因子——板块运动诱发的二氧化碳的浓度变化，以及由此引发的不稳定的放大反馈机制。在始新世向渐新世转变的时间节点上，印度板块与欧亚板块相碰撞，导致喜马拉雅山脉开始隆升。这种隆升增加了地形起伏，使空气被迫抬升，有助于建立南亚夏季风，从而导致大陆降水增加，使硅酸盐风化增强，二氧化碳浓度在数百万年里持续下降。但仅凭这些并不能解释在短短几十万年内发生的突然的阶梯式降温。在近期的研究中发现，有几种非线性气候反馈机制可能在其中发挥了作用，有助于触发快速降温和冰川转变。

当然，一些基本的反馈过程起到了作用，其中最主要的就是我们之前讨论过的冰反照率反馈。根据保存于这一时期的碳酸盐“代用”数据，到渐新世开始时，二氧化碳浓度可能已经下降到约750ppm，这大约是工业化前280ppm水平的2.7倍。这个2.7倍似乎是南极大陆冰川化的临界点。[4]

2003年，两位著名的古气候模拟专家（同时也是我的前同事）在《自然》杂志上发表了一项研究，他们是马萨诸塞州立大学的罗伯·德孔托（Rob DeConto）和宾夕法尼亚州立大学的戴维·波拉德（David Pollard）。他们在全球气候模式中使用了一个精细的南极冰盖的模式，研究了这种向冰川过渡的过程。他们发现，一旦二氧化碳水平降至大约与始新世—渐新世分界[①]相当的水平时，南极洲的大部分地区就会迅速形成冰盖。他们还发现，一种额外的“冰面高度反馈”机制在解释冰盖突然增长的临界点时非常重要。其原理如下：随着冰盖的大小增加，它的高度也会增加。由于大气温度随着海拔的升高而降低，冰盖顶部的温度比底部的温度低，原本会降到裸露地面的雨水可能转而以雪的形式落到冰盖顶部，这进一步增加了积雪和冰的堆积。[5]

在这些模式的模拟结果中，当二氧化碳水平下降到工业化前水平的 1/3 左右时，就会发生大规模的冰川转化。它比从古气候数据中得出的水平（2.7）稍高一点，这表明冰川作用的发生似乎比模式预测的要晚。造成这种差异的原因是什么？在印度和南亚在北半球相撞的大约同一时间，德雷克海峡——南美洲合恩角和南极洲北端之间的地理陆地缺口——才刚刚开始打开[②]，最终会连接南大西洋和南太平洋，届时南大洋的主要表面洋流伴随西风带，在南极洲周围环绕而不是与其相撞，这使得南极大陆的海洋变暖减少了大约 20%，加剧了降温和冰川作用。当研究人员将海峡变化的影响纳入计算时，二氧化碳因子从 3.0 下降到 2.5。换句话说，这两个模拟很好地涵盖了“代用”观测数据，这表明该模式至少在某种程度上捕捉到了真实世界中发生的情况。

尽管如此，在他们的模式框架中仍然可能存在其他未考虑的

① 距今约 3400 万年前。——译者注

② 在大约 4000 万年前，南美南部与南极洲之间水流较浅，可以说是连在一起的。在距今 4100 万—3400 万年间，二者之间的德雷克海峡因板块运动变得更宽、更深，逐渐形成强劲的南极绕极流，绕极流形成之前，南极更温暖。——译者注

反馈机制，这些机制可能会增加当今的气候敏感性。让我们从大约 5000 万年前的始新世早期开始回顾，在始新世—渐新世转折期时，北极连霜都没有，估计那时的二氧化碳水平非常高，约为 2000ppm。目前的气候模式显示在更高水平的约 4000 ppm 时才会有无霜的北极。一种可能性是，现有的气候模式没有考虑上一章讨论过的塔佩奥·施奈德及其同事提出的热室云效应（涉及在足够高的二氧化碳水平下反射性层积云的蒸发）。这可以解释为什么目前的模型低估了热室气候的温度程度，这也可能有助于解释气候转变的突然性，比如 3400 万年前的始新世—渐新世的冰川转变。[6]

为了理解其中的原理，让我们暂时回到第二章讨论过的非线性现象——滞后效应，也就是我们所说的有缺陷的淋浴旋钮效应。我们已经看到，滞后效应存在于地球气候的各个方面，包括我们的生物圈。回想一下，2012 年秋天，我开车从奥斯汀到得克萨斯州大学车站时，途经了一片被烧焦的火炬松树林的残骸。一年前，这片松树林被 2011 年破纪录的野火烧毁。这些森林和生态系统与当今气候不平衡，是世界各地众多残存的栖息地的例子。它们之所以存在，是因为尽管面临着气候变化带来的挑战，它们仍然勉强坚持住了，是一种很脆弱的坚持。但是，如果你摧毁了它们，它们就不会恢复了，其他更适应今天气候的森林生态系统会取而代之，即使气候条件与火灾干扰之前基本相同。

这种滞后效应也可以帮助我们理解气候系统在变暖阶段和变冷阶段的不对称行为。在他们的理想模拟中，塔佩奥·施奈德和他的同事们发现，当二氧化碳浓度增加时，云效应出现的二氧化碳浓度约为1200ppm，但当二氧化碳浓度处于下降状态（如始新世—渐新世交界）时，云效应却在相当低的水平（可能低至750ppm）下才会消失。因此，在始新世—渐新世过渡时期，当二氧化碳浓度降至750ppm时，这种效应可能促成了快速降温。

如我们所见，滞后效应也存在于其他基本的冰反馈机制中。在第二章中，我们使用了一个相对简单的气候模式（Budyko-Sellers模式）来研究地球气候进入和结束冰期的转变。我们使用这个模型来了解“冰雪地球”现象，不过这个模式的适用范围要广得多，还可以用它来研究这次的冰川化过程。该模式允许我们改变加热水平（可能来自太阳或二氧化碳水平），从而证明从无冰到有冰星球的过渡发生在较低的加热水平，而从有冰星球到无冰星球的逆转变则需要更高的加热水平，这就是滞后效应。

我们可以换个方式来考虑这件事情：冰反照率反馈对于一个有很多冰的星球总体上有着更大的影响。如果周围有大量的冰，冰的融化就会更加困难。一颗冰冻的地球总是倾向于保持寒冷的气候，而一颗没有冰的地球也总是倾向于保持现状。盖亚和美狄亚再次一决雌雄。

在2005年的一项研究中，波拉德（Pollard）和德孔多（DeConto）对南极洲的冰川作用进行了量化分析。他们在模式中模拟了我们在第一章中提到的短期地球轨道周期。循环以数万年的时间尺度运行，影响着地球表面太阳辐射加热的分布，包括冰盖开始生长的关键极地区域。重要的是，除了二氧化碳水平下降的长期驱动因素之外，还需要考虑这些短期的冰期/间冰期循环，因为冰川的增长是同二氧化碳水平阈值息息相关的。地球在“冰期”的轨道结构有利于减少夏季高纬度地区的太阳辐射加热，使二氧化碳水平降低引起的冷却效应增强，推动气候越过极地冰川增长的临界阈值。他们发现，如果将这种影响考虑进去，就可以对冰川的形成作出更准确的预测，而且发现开始形成南极冰盖时的二氧化碳水平比使其融化的二氧化碳水平低约 15%。[7]

如果整个南极冰盖融化，全球海平面将上升约 60 米（约 200 英尺）。所有的沿海城市，以及世界上 40% 的人口，将被淹没。好消息是，正如前文所提到的，融化南极冰盖所需的二氧化碳浓度可能要高于 3400 万年前形成南极冰盖所需的 750ppm 的估计浓度。但坏消息是，浓度并没有高出太多，大约是 850ppm。这大概是 PETM 之前古新世早期的二氧化碳水平，如果我们选择开采和燃烧所有已知的化石燃料储备，我们可以很轻松地达到这个水平。

上新世的征兆

二氧化碳的减少和降温一直在持续，从渐新世[①]直到约 2400 万年前开始的中新世[②]。气候变得更冷更干旱，导致亚热带森林进一步退缩，而耐旱的稀疏林地不断扩展，这有利于猩猩、大猩猩、黑猩猩等猿类以及我们的近亲猿类祖先的生存。随着二氧化碳水平进一步下降，气候变冷和干旱持续不断，林地让位于草原。进一步扩张的草原为采集狩猎创造了新的生态位，有利于非洲大草

① 从约 3400 万年前到 2300 万年前。——译者注

② 从 2303 万年到约 533 万年前。——译者注

原上那些头脑发达的两足动物。500多万年前进入了上新世①，或者你可以称之为“古人类时代”，或者原始人类时代。

从碳同位素到叶片气孔（在古代叶片中发现的气孔）的各种证据来看，上新世的二氧化碳浓度与现在相似，但可能略低于现在，在380—420ppm之间（今天约为420ppm）。这似乎使上新世成为当今一个很好的类比。然而事实并非如此。那时的地球比现在暖1.5—3.5华氏度（0.8—1.9摄氏度），在极地纬度地区，气温比今天高出18—36华氏度（10—20摄氏度），而热带地区的地表温度与今天大致相同。[8]

当时高纬度地区大幅度暖于现在，而低纬度地区并没有比现在热很多，然而，气候模式并没有很好地再现这样的特征。这实际上显现了一个更大的、长期存在的“平衡气候”问题，在过去其他模拟中，如始新世和白垩纪的暖期，也有类似问题。关于这一问题有各种假设，例如，可能海洋或大气向高纬度地区传输热量，而气候模式可能低估或者忽略了这些情况。几年前，麻省理工学院从事飓风研究的克里·伊曼纽尔（Kerry Emanuel）及其同事提出了一个有趣的可能性。他们假设，温暖的气候可能支持更强的热带气旋活动，这将加强风驱动的上层海洋混合，提高海洋从低纬度向高纬度输送热量的效率。无论如何，这给我们敲响了警钟，在某种程度上，这些模式没能很好地再现过去的这种特征，那么它们很有可能也不能预测未来变暖的类似特征。极地更强的增暖，会涉及冰盖崩溃和海岸淹没的程度。[9]

① 从大约533万年前到258万年前。——译者注

在如此温暖的极地地区，上新世时期的冰雪覆盖面积相比于今天大大减少。我们早些时候了解到，南极冰盖（AIS）形成于渐新世。但是，此处我们有必要将冰盖的高海拔部分（东南极冰盖）和低海拔部分（西南极冰盖）分开来讨论。这两种不同的冰盖被一条横跨南极的山脉隔开，分别位于东半球和西半球，并因此得名东南极冰盖和西南极冰盖（尽管当你接近极点时，“东”和“西”就失去了意义）。

从冰芯数据可以看出，在中新世的中晚期，西南极冰盖的形成时间要比东南极冰盖晚，且最初仅是一个陆地冰盖。由于板块运动和冰川侵蚀的共同作用，冰盖下面的基岩开始下降，于是在上新世期间，陆地冰盖就变成了一个更加动态的海洋冰盖，即一个位于海拔低于海平面的陆地上的冰盖，这种冰盖极容易因海水涌入而融化。冰盖在温暖的间冰期退缩，而在冰期扩张，这意味着如今的冰盖会十分脆弱。到 200 万至 300 万年前的上新世晚期或更新世早期，格陵兰冰盖形成，西南极冰盖的间歇性进退的频率增加。【10】

在与南极冰盖有关的 200 多英尺（60 多米）的海平面升幅中，现在大约 180 英尺（约 55 米）储存在更大的东南极冰盖中，只有大约 20 英尺（约 6 米）储存在西南极冰盖中，还有约 20 英尺（约 6 米）储存在格陵兰冰盖中。因此，如果你认为我们最应该关注的是东南极冰盖，这当然是可以理解的。但事实上，至少在可预见的未来，却是西南极冰盖对海平面上升构成更大威胁。

如果我们能采取有效的措施来减少碳排放，那么二氧化碳水平超过融化东南极冰盖所需的 850ppm 的可能性就会比较小。东南极冰盖是比较稳定的，大部分冰盖覆盖在远高于海平面的基岩之上。而另一边，西南极冰盖就不那么稳定了。这和所谓的“接地线”有关，“接地线”是指冰川水上部分和水下部分的边界。在接地线的一边是冰架，这是海洋上的浮冰，可以崩解为冰山，并最终在海洋中消融。西南极冰盖大部分位于低于海平面的基岩之上，这意味着海水会侵蚀冰层并将其融化至“接地线”，从而破坏冰层的稳定性。而由于“接地线”的接连后退，就会使更多的冰架暴露在水中，导致冰架变暖、变薄和断裂，使冰山失去支撑，并进一步破坏内陆冰川的稳定性。这种反馈过程被称为“海洋冰盖不稳定性”（MISI），它将导致冰盖的快速崩塌。

据估计，在上新世中期，在地球长期降温趋势上叠加了地球轨道周期的高温参数，有利于极地增暖达到峰值，当时海平面比现今高 33—132 英尺（10—40 米），其中间值为 82 英尺（约 25 米）。你如果密切关注这些数字，那么你可能已经注意到了其中的差异。如果加上格陵兰冰盖（20 英尺，约 6 米）和西南极冰盖（20 英尺，约 6 米），我们只得到了 40 英尺（约 12 米）的海平面，这使得上新世中期还有高达 42 英尺（约 13 米）的海平面上升无法解释，这可是个相当大的问题。对今天而言，这一差别意味着曼哈顿是被微微淹没还是完全淹没。

我们要如何解释这种差异呢？其中有一部分来自世界各地的山地冰川，以及随着变暖出现的海水热膨胀。但这最多只能解释一两米。剩下的大部分可能需要其他的理由来解释，不然可就是极大的误差了。海平面上升与所谓的“全球海平面变化”有关，通过对古代海平面的重建，科学家们正试图估计这种海平面上升，即由于海洋水量变化所引起的海平面上升。科学家也在测量任何特定地点海面进退对海平面上升的贡献。另外，当大陆上有大陆冰盖的大量冰负载时，大陆会被压变形，而当那些冰融化后，陆地就会缓慢回弹，这个过程通常需要数千年。例如，在约 25000 年前的末次冰盛期（LGM）期间，北美大陆上有一个被称为劳伦泰德冰盖的大型冰盖。从我的家乡宾夕法尼亚州中部向东北方向行驶约 1 小时，你就会抵达它当时的南端边界。

在大约 1.2 万年前的更新世末期，当冰盖消退并消失之后，由地壳和上地幔组成的岩石圈开始缓慢回弹，并且至今仍在回弹中。这种现象被称为“冰后回弹”。例如，靠近最大冰负载位置的加拿大安大略省和魁北克省的部分地区以每年约 1 毫米的速度上升，而新泽西海岸则以每年超过 1 毫米的速度下沉，这是由于岩石圈向相反方向弯曲造成的。据估计，上新世中期海平面上升的差异几乎完全是由这种效应造成的，而过去根据沉积物对海平面上升所作的估算中，对这种效应没有进行适当的纠正。根据气候模式估算，当时海平面相对于现在上升了 12 米，这一数值与格陵兰冰盖和西南极冰盖的消融相吻合，或者说，格陵兰冰盖、西南极冰盖的海洋部分（3 米）和东南极冰盖中最不稳定的海洋部分的小部分（1 米）上升之和相当。[11]

所以好消息是，我们可以排除曼哈顿被完全淹没的可能性。但是，上新世中期的海平面很可能比今天高出 33 英尺（约 10 米），这足以让今天 5 亿人流离失所。尽管那时的二氧化碳水平可能略低于现在的水平，全球气温却比现在高出 3.6—5.4 华氏度（2—3 摄氏度）。这是否意味着我们目前的生活是建立在对未来时间的透支之上的？类似的变暖、冰盖消融和海平面上升是否即将发生，而我们遭遇它们只是时间问题？我们会经常遇到这种观点。然而，这种观点可能是错误的。[12]

为了解释其中的原因，我们需要重新审视平衡态气候敏感度（ECS）和地球系统敏感度（ESS）的概念——这是我们前面提到的两个不同的衡量标准，即我们估计的二氧化碳浓度翻倍会导致的升温幅度——今天的二氧化碳浓度为420ppm，正好位于工业化前水平（280ppm）和工业化前两倍水平（560ppm）之间的中间点。这意味着，如果二氧化碳浓度在当前的水平上维持数十年，并且气候逐渐进入一个新的平衡状态，全球气温很可能稳定在增温2.7华氏度（1.5摄氏度）左右。

然而，这并不能解释一些缓慢的气候反馈。例如，如果二氧化碳同上新世一样，在现在的水平上维持千年，植被和冰盖会随之发生变化，这就是地球系统敏感度所衡量的。英国布里斯托大学的古气候模式专家丹尼尔·伦特（Daniel Lunt）和他的同事们比较了上新世中期的模式模拟和古气候的重建资料，他们认为地球系统敏感度将会比平衡态气候敏感度高出43%—44%。这意味着，如果二氧化碳在现在的水平420ppm维持千年之久，将会导致约3.8华氏度（2.1摄氏度）的全球升温。根据IPCC最近的一份报告，仅2摄氏度（相当于3.6华氏度）的升温幅度就会造成毁灭性的影响，这无疑令人担忧。但这仍然处于上新世升温估计范围（2—3摄氏度）的极低端。为什么在相似的二氧化碳水平下，上新世中期的气温会高出那么多？我们采用的这种比较的思考方式是否存在更根本的问题？[13]

其答案可能还是滞后效应。这对于理解冰盖过去和未来的变化至关重要。用新生代[①]晚期的冰期气候来估算“地球系统敏感度”，在面对滞后效应时会存在一定问题，因为在给定的二氧化碳水平下，将不存在描述系统的唯一敏感度。随着渐新世、中新世和上新世时间的流逝，二氧化碳浓度不断下降，最终达到了与当前大致相当的水平，即约 420ppm。但由于高纬度地区的异常偏暖，在上新世中期的大部分时间里，格陵兰冰盖或西南极冰盖都不存在。（这里涉及一个先有鸡还是先有蛋的问题，高纬度地区之所以偏暖，有部分原因在于更少的冰盖和更小的反照率）[14]

我们之前讨论过伦特等人的研究，该研究通过对上新世中期进行模拟来估算地球系统敏感度，模拟给定了当时的冰盖和陆地分布，设定二氧化碳水平为约 400ppm，他们接下来测算了当时相对于现代工业化前的基准态（二氧化碳约为 280ppm）的净变化。但问题在于，如果我们简单地将二氧化碳水平保持在当前水平，并让气候在几个世纪甚至几千年内达到平衡，可能模拟不出我们所观察到的情况。尽管二氧化碳水平几乎相同，但以这种方式估算的中新世的地球系统敏感度可能比今天适用的地球系统敏感度大。如果将二氧化碳水平保持在约 420ppm，格陵兰冰盖可能不会消失，而且北半球高纬度地区的升温程度也不会像中新世那样明显。

2012 年，波茨坦气候影响分析研究所的古气候模式专家亚历山大・罗宾逊在《自然—气候变化》杂志上发表了一项研究成果。这项研究估计，格陵兰冰盖融化的夏季温度阈值比形成它的阈值

---

① 恐龙灭绝后的 6600 万年以来。——译者注

高约 2.5 华氏度（1.4 摄氏度），而令人担忧的是，这个数字只比现在已经发生的升温值高出一点点。2008 年的一项研究表明，格陵兰冰盖形成于上新世晚期，在距今 260 万至 300 万年之间，当时二氧化碳水平已经下降到介于工业化前的水平和当前水平之间。有了这些信息，我们可以推测，尽管我们已经非常接近，但我们仍未跨越格陵兰冰盖崩溃的阈值。但只要气温再上升十分之几华氏度，就足以推动我们跨过门槛。而西南极冰盖更像一个未知数，没有确切的证据表明它存在滞后效应，但已有证据表明它很可能也已经非常接近崩溃的临界点了。[15]

为了确认我自己对这个关键问题的理解，我向这方面的著名专家罗伯·德孔托和戴维·波拉德求证。波拉德指出，由于有相互矛盾的研究，确认格陵兰冰盖滞后效应的二氧化碳浓度的精确范围并非易事。但德孔托补充道，我们还需进行一些深层的重新思考，即格陵兰冰盖是否确实有滞后效应。这并不像人们所认为的那样只是个技术上的问题，事实上对纽约市和世界各地人口稠密的沿海地区而言，这意味着近期是否将面临不可避免的洪水淹没风险。[16]

一些证据表明，我们还没有踏上格陵兰冰盖崩溃的不归路，但我们可能正在向危险的临界点逼近。对西南极冰盖而言，至少其海洋部分也是这样的。总的来说，格陵兰冰盖的崩溃将足以使海平面上升 26 英尺（约 8 米）或更多，这足以让数十万人流离失所。这种情况发生的时间尚不确定，但是，正如我们稍后将了解到的那样，最近的研究已经表明，如果我们没有采取实质性的气候行动，21 世纪出现灾难性海平面上升的可能性将大幅上升。

更新世冰川

250多万年前，随着我们从上新世过渡到更新世[①]，二氧化碳水平和全球气温持续下降。古海洋学家认为，大约300万年前形成了巴拿马地峡，阻断了盐度较低的海水从太平洋流向大西洋，导致大西洋盐度增加，海洋传送带环流更加强劲，同时向北大西洋高纬度地区的水汽输送也增加了，从而产生了更多的降雪。然而正如我们看到的，其中的关键影响因素是大气中二氧化碳的持续减少、温度降低和其导致的日益扩大的大陆冰盖。[17]

随着格陵兰冰盖的形成，冰开始向南扩展到北美和欧洲东北，分别形成了劳伦泰德冰盖（LIS）和芬诺斯堪迪亚冰盖（FIS）。在劳伦泰德冰盖的巅峰时期，它覆盖了整个加拿大和美国北部的部分地区，南至美国伊利诺伊州、印第安纳州、纽约市，以及宾夕法尼亚州的北半部。芬诺斯堪迪亚冰盖则覆盖了现在的斯堪的纳维亚和北欧的邻近地区。

随着地球轨道周期的变化，这些冰盖不断扩张和收缩，历经数万年。深海沉积物岩芯中的氧同位素记录了这些冰量的变化。我们在之前的章节中了解到，保存在钙质生物化石壳中的稳定氧同位素（氧–18和氧–16）的比例随着海水温度的变化而变化，较温暖的海水中氧–18相对较少。但这里我们需要提一个复杂的问题：该比值还取决于全球的总冰量。对于热室气候来说，这当然是一个微不足道的因素，但对于像更新世这样的冰室气候来说，它很

① 距今约258万年至1.17万年前。——译者注

可能是主导因素。然而，正如人们所说，这是一个特征而非缺陷，因为它让我们能够记录全球总冰量随时间的变化。

正如我们之前所了解到的，当冰盖形成和扩张时，氧 –18 在海水（以及方解石贝壳）中富集。寒冷的海洋和庞大的冰盖在气候上相互关联，并都以氧 –18 的富集为特征，所以氧同位素数据可以清晰而明确地捕捉到冰期循环的信号。

氧同位素数据显示，在更新世期间存在一个稳定、长期的趋势，即向更冷、更多冰的状况发展。在最初的大约 100 万年里，我们看到气候在更冷、更多冰的（“冰期”）状态和较暖、较少冰的（“间冰期”）状态之间振荡。振荡发生的周期大约为 4 万年，我们知道这与地球相对于地球轨道平面的倾角有关。正如我们在第一章中所了解到的，目前地轴相对于地球轨道垂线的夹角大约为 23.5 度。然而，这个角度会随时间的推移而变化，在大约 22 度至 24.5 度之间变化。当角度较小时意味着高纬度地区的夏季较凉爽、冬季较温暖，这是冰盖累积的理想组合，因为温暖的冬季可以增加积雪量，而凉爽的夏季则减少了冰雪的融化量。

在距今 125 万年到 75 万年之间，即所谓的中更新世气候转型期（MPT），发生了一些相当令人惊讶的事情。随着气候变得越来越冷，越来越有利于冰的形成，劳伦泰德和芬诺斯堪迪亚的大陆冰盖越来越大，地球气候系统的特征发生了根本性的变化。我们看到从幅度相对较小、呈平滑的“正弦”形状的振荡，转变为锯齿状剧烈的振荡，周期从大约 4 万年转变为大约 10 万年。冰期（冰河时代）对应极低的二氧化碳浓度（180—190ppm）、广泛分布的北半球冰盖和全球性的寒冷气候。间冰期则与较高的二氧化碳浓度

（280—300ppm）、北美和欧洲极少量的冰盖以及相对温暖的气候状况一致。全球气温峰值之间的变率约为 7 华氏度（3.9 摄氏度）。

我们如何才能精确地记录过去二氧化碳的变化呢？正如我们之前提到的，二氧化碳的变化可以通过海洋碳酸盐沉积物中的硼和碳同位素来估算，但是这样的测量结果非常粗糙且有不确定性。二氧化碳是大气中混合均匀的气体，因此在一个位置对二氧化碳随时间变化的精确估计可代表全球平均水平的变化。如今，我们有二氧化碳浓度的长期仪器观测记录，这要归功于大气化学家查尔斯·基林（Charles Keeling），1958 年，他应著名气候科学家罗杰·雷维尔（Roger Revelle）的要求，开始在夏威夷的冒纳罗亚山顶测量二氧化碳。我们还可以利用在南极洲东部寒冷干燥的内陆获取的冰芯，根据困在冰芯中的气泡，获得对过去二氧化碳变化相当精确的估算值。沃斯托克站[①]位于南极附近，是地球上最寒冷的地方，或者至少是我们有可靠温度观测记录的最寒冷的地方，1983 年 7 月 21 日隆冬时，沃斯托克站记录到的温度低至 –129 华氏度（约 –89 摄氏度）。因为非常严寒，所以空气中的湿度很低，年降雪量也相对较少。因此，通过冰层钻探可以获得极长的时间记录。[18]

2012 年，俄罗斯科学家团队终于在东南极冰盖底部钻探到 12900 英尺（约 3931.92 米）深，他们在这里发现了一个淡水湖，

① 沃斯托克站，也叫东方站，由苏联于 1957 年建立，位于南极洲东部的沃斯托克冰盖上。该站极其恶劣的天气条件和孤立的环境给科学家和工作人员带来了巨大的挑战。——译者注

这个湖的历史可以追溯到80万年前。由此产生的沃斯托克冰芯[①]不仅记录了二氧化碳浓度的变化，还通过氧同位素记录了南极洲内陆的气温变化。该记录揭示了冰期与间冰期循环期间区域温度的波动，其幅度超过了全球平均值的2倍（约10摄氏度），证明了众所周知的极地放大效应。锯齿形的温度曲线和二氧化碳曲线完全同步，当然，我们知道这并非巧合。[19]

当地球的轨道像125000年前那样达到偏心率（椭圆度）最大值时，地球在一年中最接近太阳的距离（近日点）与距太阳最远的距离（远日点）之间的差异就会扩大。这导致了季节性的增强，产生了更温暖的夏季，无论冬季降雪多强，夏季都会融化，这阻止了长期积冰。随着地球轨道在随后几万年里偏心率下降，冰的增长条件变得有利，二氧化碳浓度下降、温度下降，地球慢慢地进入了冰河时代。最后一次冰期在2万年前达到顶峰（史称“末次冰盛期”）。大约17000年前，偏心率再次增大到一定程度时，冰开始融化，这样就完成了一个大约10万年的偏心率循环。1.2万年前，目前我们所处的间冰期全新世开始了（这是下一章的主题）。

综上所述，人们自然而然会简单地将10万年的锯齿周期归咎于偏心率的循环。但在MPT期间，是什么导致了从完全符合地球倾角变化的小振幅、平滑的4万年冰川周期，转变为与偏心率一致的约10万年的非对称锯齿形振荡（其特征为缓慢的降温和冰川扩张，然后迅速融化，转变为温暖的间冰期状态）？这是古气候学中一个长期未解之谜，它对我们理解人类引起的气候变化具有重

---

① 沃斯托克冰芯，也叫作东方站冰芯。——译者注

要意义。然而，在气候变化批评者中（通常大错特错）似乎流传着一个观点：如果气候模式无法再现古气候记录中最突出的信号，那么我们为什么还要相信用这个模式来预测的未来人类造成的气候变化呢？出于此，我认为确实有必要花点时间回顾我们对更新世冰河时期科学理解的历史演变。在这一过程中，作为额外的福利，我们将了解一些关于科学如何运作的重要基础课程。

这可以追溯到 20 世纪 30 年代末塞尔维亚数学家和天文学家米卢廷·米兰科维奇（Milutin Milankovitch），他提出，冰期周期可以理解为对地球轨道驱动因素的响应，例如岁差（进动，我们在第二章中讨论过的“摇摆的陀螺”效应，摆动周期为 2.3 万—2.6 万年）、倾角（该摇摆的倾斜角度，其周期约为 4.1 万年）和偏心率（其周期约为 10 万年）。上述每个因素都会影响高纬度地区夏季日照的分布，这决定积雪能否持续到夏季，并能否随着时间的推移而积累。这个理论很好地描述了数万年时间尺度上的冰期循环。[20]

然而，当涉及 10 万年冰期周期时，天文学上的“米兰科维奇”理论面临一些挑战。首先，地球轨道的偏心率非常小，它几乎是圆形的，到达地球表面的太阳光的变化不到 1%。与之相比，对关键的北极夏季的太阳辐照度而言，地球倾角（倾斜角度）变化引起的辐射变化要大 10 倍以上。其次，冰河期与偏心率数据的对应关系并不那么清晰。再次，也是最为棘手的问题，标准的天文学理论并不能解释中更新世气候转变。尽管气候振荡的周期从 4 万年转变为 10 万年，但基本的天文驱动因素在过渡前后并没有变化，在 MTP 前后，偏心率和倾斜周期完全没有变化。

为了避免错误地认为米兰科维奇的冰河理论是完全错误的，

需要提醒的是，尽管牛顿的万有引力理论非常准确地描述了从苹果坠落到行星轨道的一切，严格来说，它在某些情境下也是“错误”的，它并不适用于微观尺度（需要用到量子力学）或黑洞这样的大质量物体（需要用到广义相对论）。科学是逐步建立的，更多初步且有限的理论会被更健全、更普适的理论所替代。同样地，米兰科维奇理论也需要进行修正，以解释 MPT 和 10 万年锯齿周期的主导地位。

布朗大学的气候学家约翰·因布里（John Imbrie）等科学家意识到气候对天文驱动因素的响应并不是线性的。这种关系更加复杂，涉及冰盖和海洋碳循环的非线性放大机制。[21]

然而，有些人却大胆地主张完全放弃米兰科维奇理论。物理学家兼天文学家理查德·穆勒（Richard Muller）无论以何种标准来衡量都是个“叛逆者”。多年来，他一直扮演气候异见角色，他公开指责主流气候科学家将气候变化与化石燃料燃烧联系起来，但在 2021 年，他又大张旗鼓地宣称自己已经证明了这一联系。2016 年，穆勒与女儿伊丽莎白共同创办了一家营利性私人公司，名为“深度隔离”，承诺将在地下的深洞中安全处置核废料，该公司的网页上还有一张穆勒和他的同事们在沙漠中做瑜伽的照片。[22]

回到 20 世纪 80 年代，当我在加州大学伯克利分校攻读物理学位时，穆勒是该系的教职人员。我没有选修过他的课程，但我对他的工作有所了解。他是路易斯·阿尔瓦雷斯的门徒，路易斯·阿尔瓦雷斯是诺贝尔物理学奖得主，他发现了导致恐龙灭绝的 K–Pg 小行星撞击事件。也许是受到他导师工作的启发，穆勒开始寻找关于地球历史上其他重要事件的外星解释。

1984年，在我来到加州大学伯克利分校的那一年，穆勒刚刚提出"死星假说"，以解释大灭绝事件据称存在的2700万年周期性。这个假说认为，我们太阳有一个伴星，是一颗距离地球1.5光年的红矮星，被称为"尼米西斯"①，每隔2700万年穿越奥尔特云，对太阳系内的彗星轨道产生影响，可能导致彗星撞击地球并引发类似于K–Pg撞击事件的大规模灭绝事件。然而，这个假说并没有得到证实。首先，大灭绝记录中是否真正存在这种周期性尚不清楚，同时也没有证据表明存在这颗假设中的伴星。[23]

20世纪90年代中期，当我在耶鲁大学攻读我的博士学位时，穆勒把目光转向了另一个周期——10万年的冰期周期，提出了"穆勒和麦克唐纳德"假说（穆勒的合作者是戈登·麦克唐纳德，他是一位著名的地球物理学家，长期以来因对板块构造学说持怀疑态度而闻名）。该假说认为，这个10万年的周期与偏心率毫无关系，之所以有共同的时间尺度只是巧合。相反，他们认为，冰河时代的周期是由另一种倾斜度周期性驱动的，即地球轨道相对太阳的倾斜度存在10万年的周期。他们假设在这个周期的某个时刻，地球轨道平面会倾斜到一团星际尘埃云中，导致一些太阳光线被阻挡而无法到达地球，使地球略微降温。如果这听起来像是穆勒早期的"死星假说"，那是因为它确实与穆勒早期的"死星"假说有相似之处。是的，这个假设也会遭遇同"死星假说"类似的命运——被证伪和抛弃。[24]

---

① 尼米西斯（Nemesis）源自希腊语，意为"复仇"或"报应"，她是古希腊神话中的复仇女神，是正义的化身，负责惩罚傲慢和有犯罪行为的人。她常被描绘为一位美丽而严肃的女神，手持鞭子和天平，象征着她对人类行为的审判和平衡。——译者注

这些论点缺乏严谨和客观的时间序列分析的支持，让人难以信服。非同寻常的主张需要非同寻常的证据。在我看来，穆勒的假说远远不能满足这个要求。但请不要只听我说的话，重要的是看证据。

1996 年，哥伦比亚大学著名的地球化学家和古气候学家华莱士·布勒克（Wally Broecker）加入了这场辩论，他自己同样也是个打破传统的人（毕竟，他写了一本名叫《沃利眼中的冰川世界》的书[①]）。布勒克在很大程度上坚持米兰科维奇理论，但他喜欢激烈的科学辩论。因此，他给了穆勒一个机会，在拉蒙特多尔蒂地球天文台举办了一个研讨会，这是哥伦比亚大学一个风景如画的园区，坐落在哈得孙河（Hudson River）的峭壁之上。布勒克邀请了该领域的主要专家参加了一场激烈的辩论。对穆勒来说，那场辩论的结果并不理想。《科学》杂志的理查德·克尔（Richard Kerr）引用了像迪克·佩尔蒂尔（Dick Peltier）这样的顶尖专家的话，称“他的论点根本没有说服力”，以及贝尔实验室（Bell Labs）的时间序列分析专家戴维·汤姆森（David Thomson）的话，后者说“对整个论点没留下任何深刻印象”。莫琳·雷莫（Maureen Raymo）直截了当地说“轨道倾角与此无关”。作为研讨会的组织者，布勒克对此进行了直截了当的评价：“虽然不能确切说明地球的气候为什么会对米兰科维奇（轨道）周期作出反应，但二者之间至少有一些

① 一本虚构小说，讲述了一个关于气候变化和冰川时代的故事。故事的主人公叫沃利，他是一位年轻的科学家和探险家。在这个故事中，全球气候突然发生剧变，导致地球进入了一个冰封的世界。沃利决定展开一次惊险的旅程，他穿越冰川、雪原和冰雪覆盖的城市，与各种生物和人类相遇，目睹了气候变化对生态系统和人类社会的影响，探索并寻找气候变化的原因。——译者注

物理联系，而理查德・穆勒连这点物理联系都没有。”[25]

我的博士生导师巴里・索尔兹曼（Barry Saltzman）是研讨会的参与者之一，巴里在许多方面都与布勒克截然相反，他是一位安静、温和、谦逊的科学家。巴里对大气科学的贡献是巨大的，他的研究促使了所谓的“蝴蝶效应”的发现，也就是天气背后的非线性动力学，而这一发现通常被归功于麻省理工学院的大气科学家艾德・洛伦兹（Ed Lorenz）①。[26]

巴里对非线性动力系统的兴趣最终促使他发现了更新世冰川周期的问题。巴里同其他研究人员合作，包括他以前的研究生兼博士后柯克・马施（Kirk Maasch，目前就职于缅因大学）和前研究助理米哈伊尔・韦比茨基（Mikhail Verbitsky），他们在 20 世纪 80 年代末和 90 年代初发表了一系列文章，证明了 10 万年振荡可以被模拟为一种自由振荡，由诸如冰下基岩的凹陷与反弹、冰山崩解、海洋环流和碳循环动力等非线性机制引起，受地球轨道强迫的调制。他指出，由于长期板块构造导致二氧化碳浓度下降，以及当北美出现较大冰盖时全球气候系统动力学的改变，该系统将表现出与 MTP 非常相似的转变，即由 4 万年主导的周期向约 10 万年锯齿状波动周期的转变。[27]

---

① 蝴蝶效应是混沌理论的重要概念，指初始条件的微小变化可能在一个复杂系统中引起巨大的随机结果。这个概念最初由美国气象学家艾德・洛伦兹在 20 世纪 60 年代中期提出。1972 年艾德・洛伦兹在美国《大气科学》杂志发表文章，使用句子“巴西一只蝴蝶的翅膀拍动是否会引起得克萨斯州的龙卷风”，从而使得“蝴蝶效应”广为流传。巴里・索尔兹曼是一位著名的美国气象学家和地球科学家，专注于大气环流和气候系统的动力学，虽然他没有直接提出“蝴蝶效应”这个词，但是他在 20 世纪 60 年代作出的模型研究揭示了大气系统的非线性和混沌行为，这些研究为混沌理论的发展和蝴蝶效应的理解提供了基础。——译者注

巴里的研究结果曾遭到包括布勒克等其他知名人士的反对。1996 年从研讨会回来以后，巴里带着既好笑又困惑的心情向大家报告。布勒克在对他的工作进行了多年的批评以后，在研讨会结束时说："正如我一直以来所相信的那样，由偏心力调控的内部振荡似乎是对 10 万年周期振荡的最佳解释。"

我们目前对该问题的解释仍未改变。波茨坦气候影响分析研究所的马泰奥·威利特（Matteo Willeit）、安德烈·加诺波尔斯基（Andrey Ganopolski）及其合作者最近的工作精确地再现了近 300 万年的气候记录，包括 MTP 以及约 100 万年前开始的 10 万年锯齿状周期振荡。他们采用的模式效率很高，可以运行数百万年，模式包含了冰盖和碳循环分量。在 2019 年的一项研究具有里程碑意义，研究人员模拟了上新世晚期到更新世时期的气候、冰盖以及二氧化碳水平的共同演变，结果表明，大气中二氧化碳浓度的逐渐降低和所谓的"风化层清除"对于重现我们所观测到的历史气候至关重要。风化层是位于基岩顶部的土壤、灰尘和松散岩石。与位于基岩上相比，当冰盖位于这种松散的物质上时更容易滑动。随着一次次相继的冰川作用，越来越多的风化层被侵蚀，越来越多的基岩暴露出来。由此，在相继而来的每一次冰川作用中，冰川与地球表面的摩擦都会变得更大。由于冰川被越来越大的摩擦力卡在原地，就更易形成越来越大的冰盖。[28]

研究人员指出，板块构造驱动二氧化碳浓度的长期减少，这导致在上新世晚期北半球开始了冰川作用，并致使整个更新世的冰期—间冰期的振幅增加。二氧化碳浓度减少与风化层侵蚀共同作用，导致 MPT 期间从平稳的 4 万年循环和小冰盖转变为 10 万年周期的锯齿状振荡和巨大的冰盖。因此，“巴里所说的冰川世界”似乎是正确的。[29]

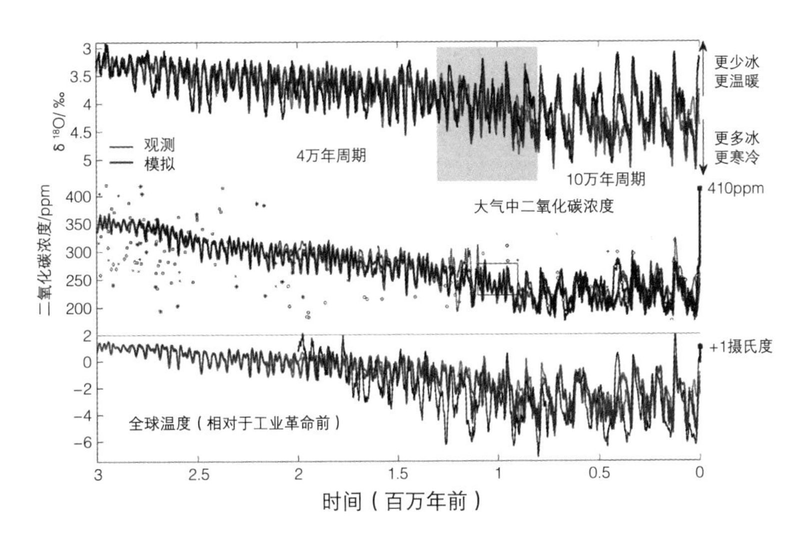

图 6–2　模式模拟和观测的自上新世晚期至今的氧同位素、二氧化碳和全球温度的变化。灰色部分突出显示了中更新世气候转型期（MPT）

我们现在可以自信地说，模式重现了 20 世纪观测到的人类造成的变暖，并预测出显著的变暖及其严重后果。模式也在未进行大幅减少碳排放的情况下重现了古气候记录中最引人注目的现象，不仅重现了更新世冰期，而且重现了曾经神秘莫测的 MTP。

埃姆间冰期和末次冰盛期

最近的冰期循环始于埃姆间冰期（距今 13 万—11.5 万年前），

随后逐渐降温进入冰期，最终在约 2 万年前达到了末次冰盛期（LGM）。众所周知，这是人类文明中非常重要的时段。在这段时间里，智人学会了采集和烹制贝类，制作捕鱼工具，使用语言，并成为真正的人类。我们知道，二氧化碳水平越来越低，冰盖越来越大，人类学家认为，这段时间内气候的巨大变化对智人的智力发展施加了选择性压力，这种智力发展现在通常被认为是我们物种的特征之一。从气候角度来看，这段时间的转变同样也很重要。我们可以从上一次间冰期（埃姆间冰期）和末次冰盛期（LGM）中汲取一些重要的教训。埃姆间冰期可能比今天更暖，末次冰盛期的冰盖甚至覆盖到了如今的纽约市。

我们从埃姆间冰期开始。在所有的间冰期中，由于埃姆间冰期在时间上与现在最近，记录最完备，因此给我们提供了一个好的研究机遇。那时候二氧化碳水平与前工业时代（约 280 ppm）相似，但全球温度与今天相当。一些地质证据还表明，当时的全球海平面比今天高 20—30 英尺（6—9 米），这种情况下南极洲（10—23 英尺，3—7 米）和格陵兰岛（5—7 英尺，1.5—2 米）都得发生大规模融化。[30]

化石证据表明，从欧洲北部一直到英格兰和不列颠群岛，我们都能发现一些热带动物，如河马和直齿象。棕熊一路迁徙至阿拉斯加的北极地区，与北极熊杂交。北美洲和欧亚大陆的森林向北延伸得更远，林木一直延伸到加拿大北极地区的巴芬岛南部，如今的阿拉斯加苔原地区在当时是一大片温带森林。那么问题来了：在二氧化碳浓度不高于工业化前时代水平的情况下，这种明显的温暖气候怎么会可能产生呢？[31]

这似乎是多种自然因素共同作用的结果。与大多数间冰期一样，埃姆间冰期与轨道偏心率高的时期重合，它还与地球轴倾角较大的时期相吻合，岁差还导致北半球夏季时地球处于距太阳最近的位置。这些因素的组合特别有利于北极出现异常温暖的夏季，同时还有利于南极出现温暖的夏季，在这种情况下，格陵兰岛和南极洲西部都出现大规模融化。因此，尽管当时全球平均温度可能与今天相似，但夏季的高纬度地区可能比现在温暖 3.5—7 华氏度（1.9—3.9 摄氏度）。[32]

因此，好消息来了。埃姆间冰期大规模的冰川融化和海平面上升是独特的地球轨道配置导致的，这种配置有利于夏季高纬度地区出现不同寻常的升温。如果我们付出有效的努力来减少二氧化碳的排放，很可能可以避免这样的升温。更好的消息是：北极海冰和北极熊似乎都在埃姆间冰期的高纬度变暖中幸存了下来，这表明，如果我们能阻止地球进一步大幅度变暖，它们就能在人类造成的气候变化中幸存下来。尽管埃姆间冰期北极夏季比今天还要温暖，但没有任何迹象表明北极多年冻土中的“甲烷炸弹”有过爆发。[33]

在接下来的 10 万年里，随着地球轨道因素开始有利于季节性减小，夏季变得更凉爽和冰盖扩大，气候逐渐降至“末次冰盛期”的深渊。这是迄今为止 10 万年锯齿振荡中规模最大的波动，导致大规模的冰川发展，在 1.8 万到 2.2 万年前出现了范围最广泛的冰盖。二氧化碳水平一直下降到约 180ppm。当时有多冷呢？根据目前最精确的估计，末次冰盛期比工业化前的气温低约 11 华氏度（6.1 摄氏度），比现在低约 13 华氏度（7.2 摄氏度）。高纬度陆地地区冰川覆盖，降温幅度要大得多（约36华氏度，约20摄氏度），远大于热带海洋地区（约4华氏度，约2.2摄氏度）。[34]

末次冰盛期是个看起来完全不同的世界。北美和欧洲北部被厚达2英里（约3.22千米）的冰层覆盖。冰穹将大气急流向南推进，如今中纬度的干旱和半干旱地区在当时是巨大的内陆湖泊的所在地。邦纳维尔湖面积达2万平方英里（51799.76平方千米），犹他盐滩就是曾经的湖底残留。我曾站在盐湖城的谷底，看着那古老的湖岸线，高高地显现在山谷地面之上。由于大量的水被封存于冰盖之中，当时的海平面比现在低了400多英尺（约122米）。

图6–3　洛杉矶拉布雷亚焦油坑博物馆再现了更新世的景象

当时，高大的长毛象和乳齿象、巨型地獭和剑齿虎在北美和欧洲漫步。你如果想感受一下那个世界曾经的样子，甚至无须凭借想象力，洛杉矶的拉布雷亚焦油坑博物馆已经为我们重现了那个时期的情况。那些现在已经灭绝的巨型动物都曾在最后一个冰河时代陷入那个焦油坑，那是一个黏稠的沥青池塘，这使得它们得以保存，并在后来被发掘和展示。2017 年秋季，我在那座博物馆参加了一个气候变化论坛，该博物馆位于那个古老的沥青池塘的中心，这些沥青是从地下深处渗入地表的原油经过蒸发后黏稠的残留物。我们不难看出该场馆与活动的气候主题之间联系的讽刺性。今天，来自地表以下的原油造成气候危机，形成的气候问题给我们出了难题，更在政治上被它所困扰。[35]

你可能还记得，在末次冰盛期，海平面下降了数百英尺，正是这样剧烈的变化造就了一座陆桥，使智人得以从亚洲迁徙至北美洲。关于确切的迁徙时间，至今仍存在着激烈的争论。它发生在 2 万年前的末次冰盛期鼎盛时期吗？抑或是几千年之后？为什么前面提到的那些标志性的巨型动物，能在之前所有的冰期—间冰期（以及沥青坑！）中以某种方式幸存下来，却在这个时期灭绝了？它们是不是被新来的掠食者（我们人类）“过度猎杀”了？还是灭绝于异常剧烈的气候波动带来的挑战？至今这个问题仍然存在激烈的争议。[36]

无论如何，末次冰盛期都为气候模式提供了一个非常有吸引力的模拟目标。首先，它提供了一个强信号，与工业化前的温度相比，降温达到 11 华氏度（6.1 摄氏度）。由于有这一时期大量的代用数据，我们对这一降温的了解相当精确。气候在那样寒冷的状态下持续了数千年，意味着它处于一种准平衡状态。我们还对驱动气候的因素有相当可靠的估算，包括来自冰芯的二氧化碳浓度，以及能确定冰盖分布的地质证据。在末次冰盛期，异常严寒的极地地区和温暖的热带地区之间形成强烈对比，导致急流的增强，大气中充满了风刮起的反射性的尘埃，冰芯中对此都有很好的记录。因此，你可能会认为，可以轻而易举地从末次冰盛期或更长的更新世冰期循环中得到气候敏感度的估计值。但是，作为本书的主题之一，问题并没有那么简单。

首先，有一个先有鸡还是先有蛋的问题要处理。2006 年美国前副总统戈尔主演的电影《难以忽视的真相》所引发的争论可能最能说明这一点。在有关气候主题的纪录片中，该片仅次于莱昂纳多·迪卡普里奥主演的电影《洪水之前》，是有史以来美国观影人数第二多的影片，大家公认该影片提高了国际公众对气候危机的认识。不出所料，它也是气候变化否认者的目标，他们试图诋毁这部电影、电影所传达的信息以及传达这些信息的人。[37]

这部电影中的一段动画引起了不少批评，这个动画比较了过去 65 万年南极沃斯托克冰芯的二氧化碳和温度记录，正如我们所看到的那样，这些记录的变化是步调一致的。电影中，戈尔将这种关系描述为“完全吻合”。2005 年我和加文·施密特共同创立了“真实气候”（RealClimate），这是由气候科学家运营的博客，我们在博文里对这部电影及其批评进行了讨论。我们的结论是，“戈尔表示，在冰河时期，温室气体水平和温度之间存在复杂的关系，但它们是‘吻合的’”，而且，“这两个陈述都是正确的”。然而，戈尔简洁的解释遗漏了其中的复杂性。[38]

正如我们在博文中所指出的那样，要全面理解二氧化碳的变化，就需要额外考虑所谓的“可乐瓶”效应：当地球轨道因素的变化有利于南大洋变暖时，温暖的海洋会将二氧化碳释放到大气中，就像在炎炎夏日打开可乐瓶会很快失去二氧化碳一样（最终气会跑光！）。更高的二氧化碳浓度通过温室效应导致进一步变暖，这是另一种正反馈机制，由此导致的快速变暖促使冰川消融，并从冰期过渡到间冰期。先前波茨坦小组进行了模拟工作，展示了这一机制的重要性，可以重现观测资料中二氧化碳和温度曲线之间关系的细节。但戈尔对关键观点的理解是正确的，即南极冰芯中观测到二氧化碳和温度之间存在长期关系，二氧化碳浓度增加有升温效应。

我们已经知道，我们不能使用沃斯托克温度曲线来估算气候敏感度，这是由于极地变暖的放大，它显示的变暖是沉积物得出的全球温度估计值的 2 倍。但上述的复杂性意味着，无论如何，我们无法仅通过简单地比较全球二氧化碳和温度曲线来推断气候敏感度数值。在这个时间尺度上，这不是简单的因果关系。二氧化碳不但是控制气候系统的杠杆，而且是相互作用的变量之一，既是对升温和降温的响应，又是升温和降温的原因。

更新世冰期反映什么样的地球气候敏感度？这是当前有关此问题争议的核心。2016 年，《自然》杂志上的一项研究正是通过比较更新世全球温度与二氧化碳的变化，推断出了高达 16 华氏度（8.9 摄氏度）的地球系统敏感度值。该研究认为即使将二氧化碳浓度保持在当前水平，最终的升温也将达到 3—7 摄氏度。这项研究引发了媒体的竞相报道，《太平洋标准报》报道称，“温室气体排放量翻倍将使地球变暖约 9 摄氏度”；《宇宙杂志》警告我们，“如果不减少温室气体排放，全球气温可能会可怕地上升……高达7摄氏度”。[39]

问题是，这并不正确。13位著名的古气候学家对此作了回应，其中包括我们在本章中提到过的几位古气候学家，他们在《自然》杂志上发表了一篇评论，指出不能简单地通过比较两条曲线来估算气候敏感度。他们表示，当将该方法应用于已知真实地球系统敏感度的测试案例时，结果并不正确。他们重申，“现在还没有理由改变对气候预计变暖的最新评估”。根据最新的IPCC报告，如果可以实现快速脱碳，升温幅度是3华氏度（1.7摄氏度）。[40]

最近有一份针对末次冰盛期进行的全面评估，尝试将现有的观测数据与气候模式相结合以估算气候敏感度，在模式中包含了最新的驱动因子（或者也可能称作强迫因子）数值，包括二氧化碳和尘埃等。在模式中，冰盖的反照率被视为辐射驱动因子，而不是对气候系统的缓慢响应，这使他们能诊断出气候敏感度数值，其范围是2.4—4.5摄氏度（中心估计值为3.5摄氏度），这个范围完全符合科学界的共识范围，与更新世冰河时期异常高的气候敏感度的观点相矛盾。另外，还有一些更好的消息：我们现在不仅能解释更新世冰期，还能证明它们与其他证据线索一致，这些共同表明气候敏感度处于中等水平。换言之，尽管气候变化是一种威胁，但它现在仍然是可控的威胁。[41]

经验教训

从新生代晚期的冰室时期，我们可以得出一些最重要的信息，与今天冰盖崩溃和海平面上升的潜在威胁有关。我们知道，格陵兰冰盖（GIS）直到上新世末或更新世初才出现，距今不到300万年。那时的二氧化碳水平可能低于现在。然而，由于滞后效应，能导致冰盖融化的二氧化碳浓度可能高于冰盖形成的水平，并且至少略高于当前水平。然而，这并不足以让人感到安慰。考虑到所有的不确定性，我们可能已经非常接近格陵兰冰盖融化的变暖阈值，同时我们也可能接近失去西南极冰盖海洋部分的阈值，甚至可能失去东南极冰盖的一小部分。总而言之，如果没有协调一致的气候行动，我们可以断言，在不久的将来，海平面将上升36英尺（约11米）。美国目前1/4的人口和全球超过10亿人口的家园都将被淹没。[42]

这些数字发人深省。然而，它们并没有告诉我们多久会发生这种情况。是几个世纪？还是几十年？单单从古气候记录来看，我们无法得出真正的答案。然而，这些记录并不是孤立存在的，最新的冰盖模式和气候模式为我们提供了一些重要线索，把它们与古气候记录相结合进行推断，我们就能得出一些明显的结论，我们将在随后讨论这些。

然而，我们首先还是要谈谈科学发展的方式：绝大多数科学研究，也包括本书中讨论的大多数研究，都是逐步增进我们的理解，很少有研究能导致范式的转变，从而使我们对某个问题的思考方式发生根本性改变。当然，也有例外。这些例外包括 1980 年阿尔瓦雷斯关于希克苏鲁伯撞击事件导致恐龙灭绝的文章，以及 1963 年洛伦兹关于“蝴蝶效应”的文章。

在我看来，2016 年罗伯·德孔托和戴维·波拉德发表在《自然》杂志上的文章也是一个例子，它代表了领域内一个重要的发展。波拉德当时是我在宾夕法尼亚州立大学的同事，在这篇文章被正式发表前，他在我们研究所参加学术研讨会，介绍了他的最新发现，遵从“禁止提前报道制度”①，要求切断视频直播。[43]

在他们的研究之前，传统观点（例如 IPCC 的第四次评估报告中）认为，到 21 世纪末，最糟糕的海平面上升情景大约只会达到 3 英尺（约 0.9 米）。然而，德孔托和波拉德的研究轻而易举地将这个数字翻了一番，达到了 6 英尺（约 1.8 米），这足以使全球超过 6 亿人流离失所。我朋友杰夫·古德尔（Jeff Goodell）是《滚石》杂志一位报道气候问题的记者，他在报道中写道：“3 英尺和 6 英尺之间的差距，就是可控的沿海疏散和长达数十年的难民灾难之间的区别。对于许多太平洋岛国来说，这就是生存和灭绝的区别。”[44]

在深入探讨德孔托和波拉德的研究之前，我们先重新回顾一下在本章前面我们提到过的所谓的“海洋冰盖不稳定性”（MISI，发音与 Micey 接近）。MISI 是指接地线的后退、冰架变薄以及冰川失去支撑导致失控崩溃，最终甚至可能导致整个冰盖崩解。

① 从论文被接受到正式发表期间，媒体可以获得文章和新闻稿，但是禁止提前报道，从而提供一个受保护的时间窗口来撰写报道，以保证正式发表时集中报道获得轰动效应。——译者注

我们早在20世纪70年代就已经对MISI有所了解。但现在，它不再仅仅存在于理论当中，而是成了现实。西南极冰盖脆弱的海洋冰川容纳着大量的冰，融化后足以使海平面上升3米。尤其是思韦茨冰川和松岛冰川，它们通常被称为西南极冰盖的“软肋”，因为它们的坍塌将导致西南极冰盖的大范围损失。其中的思韦茨冰川更是被称为“末日冰川”，因为仅仅是它的崩塌，就足以使海平面上升超过2英尺（约0.6米）。[45]

美国国家航空航天局冰川学家埃里克·里格诺特（Eric Rignot）及其同事利用模式、卫星测绘和重力测量相结合的方法，记录了这些关键的接地线后退和冰量损失的情况，其中思韦茨冰川在20年里后退了14千米。作者们得出了一个令人不安的结论：“我们没有发现任何一种能够阻止冰川进一步退缩的障碍，这最终会耗尽所有冰川。”华盛顿大学的冰川学家伊恩·茹金（Ian Joughin）采用了冰架动力学的数值模式来研究思韦茨冰川对次表层海洋融化的敏感性。在谈到自己的工作时，伊恩·茹金告诉杰夫·古德尔（Jeff Goodell），“思韦茨冰川的海洋冰盖不稳定化过程已经开启了”。茹金和他的同事还作出判定，松岛冰川可能正在经历类似的情况。另一方面，他们稍微安抚人心地预测21世纪的冰损失将是“适度的”（海平面每年上升不到1毫米），并得出结论认为，可能在未来的几个世纪后才会发生不可逆转的崩溃。[46]

德孔托和波拉德在计算中引入的新因子被称为“海洋冰崖不稳定性”（MICI，发音为“米奇”，米老鼠的名字）。这从根本上改变了预估情况，MICI机制新增了另一个放大反馈过程，有可能极大地加速冰盖的崩溃。西南极冰盖下面被淹没的基岩由于上面巨大的冰负荷而下陷，所以当你从海岸沿着冰盖向内陆移动时，基岩会向下倾斜。这意味着，当冰川边缘的冰崖倒塌到海洋中时，它会在后面留下一个比前者更高的冰崖，而当那个冰崖倒塌后，又会留下更高的冰崖。随着冰的不断侵蚀，冰崖很快就会超过约 330 英尺（约 100 米）的临界高度，此时它们在自身重力下会变得不稳定，并自发坍塌。到那时，冰川可能会发生失控解体。

正是在这里，本章新生代晚期的冰室话题与我们正在经历的气候故事交织在一起。德孔托和波拉德发现，如果不考虑 MICI 机制，即他们在文章中提出的“海洋终端冰崖的结构性坍塌”机制，他们的冰盖模式就无法重现上新世中期和埃姆间冰期的冰川消融情况。他们根据上新世和埃姆间冰期海平面的估计值校准了模型，并在不同的温室气体排放情景下，从现在的时间点开始对未来进行预估。这是一个定量化的预测，可以说，过去就是我们未来的序幕。他们发现，在“一切照旧”的碳排放情况下，到 2100 年，南极洲有可能导致超过 3 英尺（约 0.9 米）的海平面上升。加上已经预测的由于海洋热膨胀、全球范围内小型冰川融化以及格陵兰岛部分融化导致的约 3 英尺（约 0.9 米）的海平面上升，到 2100 年海平面上升将为约 6 英尺（约 1.8 米）。德孔托和波拉德也发现，2100 年之后，在持续的碳排放下，大气变暖导致表面融化和东南极冰盖部分坍塌，这些将在海平面上升中发挥越来越大的作用。[47]

毫无疑问，这是令人担忧的原因，科学证据无疑为全社会实现快速脱碳提供了充足的理由。但这并不意味着末日的来临，近来，在我们关于气候变化的公共讨论中，大家似乎对每一项关于冰盖动力学和海平面上升的研究都表现得极其敏感，这种状况对于我们这些从事气候科普的人来说太过熟悉了。最新研究的结论被大肆宣扬和过度炒作，气候末日论者立刻将它们视为我们无法避免灭亡的确认证据。这样被作为证据的对象有很多，例如思韦茨冰川被称为“末日冰川”，不过这样的夸大其词其实无济于事。同时，机构的吹嘘性新闻稿让人喘不过气，他们过分夸大了与该主题有关的每一篇发表在《科学》或《自然》杂志上的文章的重要性，坚称他们机构的最新研究预示着我们思维方式的革命性变化。当然，有些研究确实是具有革命性的，比如德孔托和波拉德的研究就是一个例子。但如前所述，研究在本质上都是渐进性的，很少有研究能超越这一点，那些诱人点击的标题对于那些分析入微的文章并不公正。

在我写这一章的时候，《科学》杂志刚刚发表了一篇研究报告，描述了在西南极冰盖下的沉积物中检测到了地下水。美国有线电视新闻网（CNN）上的一篇文章警告说：“在覆盖南极洲的冰盖下深处，科学家发现了大量的水。”它引用了主要作者的话“南极洲有 57 米（约 187 英尺）的海平面上升潜力……地下水目前是我们冰流模式中缺失的过程”。很容易看出，读者可能会从这篇报道中得出结论：模式中存在着巨大的物理过程缺失，我们可能会面临比我们预想的更多的冰融化和海平面上升。

正如在这种情况下常常发生的那样，许多忧心忡忡的人联系我寻求回应。关于这个研究，一个位于博尔德的气候解决方案倡导组织通过推特问我：“新测绘显示南极洲冰盖下有大量地下水，这是否会对气候变化产生影响……变薄的冰盖会加速冰流和海平面上升吗？”在冰盖领域我的首选专家是宾夕法尼亚州立大学我的前同事理查德·艾利（Richard Alley），他是该领域的顶尖专家之一，也是我在本章提到的几项研究的合作者之一。理查德不厌其烦，他给我发了一封长邮件，解释了为什么这是一项好科研和重要的贡献。但他的结论呢？“我认为这对冰盖稳定性而言并不是很重要”“基本上，冰盖专家不认为地下水流是影响大型冰盖活动的因素”，我将这一观点回复给向我提问的人。[48]

根据当前的科学共识，在21世纪余下的时间里，即使进行大幅减缓，将气温升高控制在3.6华氏度（2摄氏度）以下，我们仍将看到格陵兰岛和南极冰盖以当前的速率继续融化下去。正如近期在顶级期刊《自然—气候变化》上一篇综述文章所得出的结论，“非线性”因素不可忽视，因此“未来预测中仍然存在巨大的不确定性”。该评估发现，即使在未来几个世纪内我们能将升温维持在3—4华氏度（1.7—2.2摄氏度）的水平，我们可能还将跨越西南极冰盖失控崩溃的关键临界点，这是由海洋冰盖和冰崖不稳定性所驱动的；我们也会跨越格陵兰冰盖的临界点，这是由冰面高度反馈所驱动的，这些内容我们之前已经讨论过了。[49]

然而，这些过程可能需要数个世纪才能发展完成。2021年5月，《自然》杂志上同时发表了两项研究，它们基于截然不同的假设，但最终却达成了一致的结论。其中一项研究更为保守，由伦敦国王学院的塔姆辛·爱德华（Tamsin Edwards）领导，它对MICI机制持怀疑态度，并未将其作为机制之一加以考虑。而另一项研究由罗伯·德孔托、戴维·波拉德及其合作者完成，却将MICI纳入考量范围。[50]

探讨这些假设与气候敏感度的关系非常重要。正如我的同事理查德·艾利告诉我的那样，“领域内一些成员仍然认为快速崩溃的可能性很小……而另一些人则认为随着气候变暖的加剧，这种可能性变得越来越大……之所以存在这种不确定性有其物理原因。我们可以减少有些不确定性……但有些……可能会被证明很难减少”。这两项研究都表明，如果迅速减少碳排放，并把地表增暖控制在 3 华氏度（1.7 摄氏度）以下，到 21 世纪末，海平面上升可能会保持在可控的 3 英尺（约 0.9 米）以内。这非常重要，意味着即使存在不确定性，如果我们采取一致行动，我们仍有很大机会在 21 世纪内避免灾难性的沿海淹没。[51]

还有一个好消息，德孔托和波拉德最近改进了他们的模式，用来解释一种新发现的稳定反馈机制。当他们考虑到冰川融水流入海洋的影响时，他们发现这会导致南极大陆周边海冰的扩张。这反过来又导致了气温降低和表面融化的减少，从而减缓了到 21 世纪末冰盖消融的速度。[52]

由于这一改进，德孔托及其同事预测得到了 21 世纪南极冰融化对海平面贡献的最小数值。然而，这种融水径流的负反馈影响会逐渐减弱，在随后的一个世纪里，南极对海平面上升的贡献将在很大程度上取决于碳排放情况。如果变暖保持在 4 华氏度（2.2 摄氏度）以下，到 2300 年，南极对海平面上升的贡献将保持在 3 英尺（约 0.9 米）以内。全球海平面仍有可能上升约 6 英尺（约 1.8 米），但那将是距现在近两个世纪以后的事了，这为我们撤退和避开逼近的海水提供了更多的时间。

然而，另一方面，如果 21 世纪碳排放“一切照旧”，气温升高达到 7—9 华氏度（3.8—5 摄氏度），南极对海平面上升的贡献将达到33英尺（约10米）的巨大数值（到2300年）。作者们警告称，这些发现表明，“如果超过《巴黎协定》的目标，南极洲可能引发迅速且无法阻止的海平面上升”。这意味着，除其他影响外，近10亿人将被迫流离失所。[53]

因此，埋藏在冰层之中的信息传达了紧迫且有力的信息，同时也给我们的脆弱时刻带来一丝安慰。正如我们之前讨论过的，迅速削减碳排放很可能阻止冰盖崩溃和海平面的大规模上升。我们也看到，如果我们采取积极且有意义的气候行动，就能避免触发热室反馈和气候敏感度升高。而另一方面，如果我们不这样做，失败的代价可能是毁灭性的，其长期影响甚至会终结文明。这真的取决于我们自己。

就这样，我们讨论完了更新世时代。然而，这并非我们这趟气候旅程的终点。从气候角度来看，自从1.2万年前最后一次冰期结束以来，在气候上已经发生了很多事情。在所有其他事件里，我们人类崛起，终于开启了我们的时刻。我们对古气候记录的最后探索将深入到这一时刻，聚焦于过去2000年的公元纪元时代，其中既包括工业革命之前的基准气候期，又包括过去两个世纪，其间人类成为气候变化的主要驱动因子。我们能从这一转变期学到什么？

第七章

曲棍球杆之外

> 曲棍球杆曲线只展示了气候变化的一部分，从极地冰盖的快速融化到全球海洋环流的减缓，很明显我们正在进入一个新的环境时代。
>
> ——奥利弗·赫弗南《新科学人》

20多年前，当我还是马萨诸塞大学的博士后科研人员时，我与马萨诸塞大学的雷蒙德·布拉德利（Raymond Bradley）和亚利桑那大学的马尔科姆·休斯（Malcolm Hughes）合作并发表了如今著名的“曲棍球杆”曲线。这是个简单的曲线，描绘了北半球过去1000年的平均温度，采用了全球观测网的各种气候代用数据，包括树木年轮、冰芯、珊瑚和湖泊沉积物等。这张图揭示了当今气候变暖是“前所未有”的这一特征，结果它成了争论的焦点，因为这张图涉及人类是否引起了气候变化以及如何来应对气候变化。[1]

然而，曲棍球杆曲线具有明显的简洁性，掩盖了过去几个世纪气候的动态性和复杂性，也掩盖了它为我们理解人类造成的气候变化及其影响提供的信息。在过去的2000年中，人类造成的变暖信号已经大大超过了自然气候变率的噪声。在本章中，我们将探讨古气候记录和公元纪元时代的气候模式模拟，讨论从中得到的其他气候变化的信息。

显然，在我们引起的前所未有的气候变暖中，曲棍球杆曲线给我们敲响了警钟，但公元纪元时代的古气候记录的信息远不止于此。我们可以从中推断出一些问题的答案，例如，对于厄尔尼诺现象和亚洲夏季风等自然驱动因子，气候系统是如何响应的？

我们是否正在接近北大西洋“传送带”环流的潜在临界点？在过去的2000年里，海平面和热带气旋的特征发生了什么变化？这对我们未来的沿海风险有什么启示？古气候记录中是否存在明显的长期自然振荡，从而能为近期的气候变化提供另一种解释？通过研究过去气候对自然因素的响应，我们能否更好地了解气候敏感度？另外，对过去气候趋势进行更好的估算，能否提供信息，从而评估我们离关键的“危险的”变暖阈值有多近？在本章中，我们将通过对公元纪元时代的考察来寻求这些问题的答案。[2]

进入全新世

在开始讨论公元纪元时代之前，我们先来回顾一下。在上一章的末尾，我们已经接近更新世的尾声。约17000年前，由于地球轨道参数的有利组合，高纬度地区夏季气候变暖，导致冰川开始融化。但我们在第一章中了解到，由于北大西洋“传送带”环流的波动，在通往全新世的道路上有一两个波折。在冰期最后的喘息中，还发生了一些其他有趣的气候响应事件。

童年时，马萨诸塞州阿默斯特镇，我偶尔会在夏天划着独木舟沿着康涅狄格河而下，随着河流蜿蜒穿过康涅狄格河流域肥沃的平原，欣赏田园风光。在典型的新英格兰农场上，牛群在郁郁葱葱的草地上吃草，农场的背景美得令人难以置信，那是被称作“七姐妹”的翠绿山脉（我经常到那里远足）。那片洪泛平原曾经被一个叫作“希区柯克冰川湖”的古老湖泊填满，该湖泊以美国早期的地质学家（也是阿默斯特学院第三任院长）爱德华·希区柯克的名字命名，他在 1818 年首次报告了该地区古湖泊沉积的证据。这个湖最浩渺时，北部位于佛蒙特州和新罕布什尔州，南部一直延伸到康涅狄格州。

希区柯克湖实际上是一系列相互连接的所谓“冰前”湖（由冰碛末端或残留冰川的冰坝效应形成的湖泊），形成于 18000 年至 13000 年前，即当劳伦泰德冰盖缓慢向北撤退时。随着冰川消融，在冰盖的移动终点产生了大量的融水，湖泊不断向北扩展，大量冰川沉积物也随着融水被冲入湖中。夏季冰川融化，冬季冰盖覆盖，每年积聚了多少沉积物取决于夏季的温暖程度和融水量。在这种季节变化下，在遗留的沉积物中可见条带状垂直沉积层，这被称为“冰川纹泥”，当在沉积物中打钻时，可以像数树木年轮一样，从中推测出过去的年代。

20 世纪 20 年代早期，瑞典地质学家恩斯特·安特夫斯（Ernst Antevs）从佛蒙特州和康涅狄格州的古希区柯克湖的不同地点获取了沉积岩芯，并将它们组合在一起，以创建一个跨越距今 17500 年到 13500 年的大约 4000 年的序列。但他最初的冰川纹泥年表有几个间隙区有待填补。直到 20 世纪 90 年代，当我在马萨诸塞州大学地球科学系做博士后从事“曲棍球杆”曲线研究时，这些间隙区才被填补上。当时，该系一位名叫塔米·里滕诺尔（Tammy Rittenour）的博士生正在与该系冰川地质学家朱莉·布里格汉姆·格雷特（Julie Brigham Grette）教授合作，以填补最后剩下的空白。他们确定那缺失部分的时间段对应于冰盖终点经过马萨诸塞州西部。事实上，他们确定在洪泛平原中钻探的最佳位置……

这就是马萨诸塞州大学的足球场。想象一下，足球教练的抗议会有多么强烈，然而他们还是获得了进行钻探的许可。结果呢？这是拼图上的最后一块，他们得到了一个连续4000年的完整记录，记录了上一个冰期后期新英格兰夏季温度的变化。

在地球科学系，我以擅长时间序列分析而小有名气，于是朱莉和塔米就来找我帮助分析这个独特的时间序列。我们用到了一种被称为“谱分析”的统计工具，确定这个序列中存在周期为3—5年的振荡，这与厄尔尼诺现象的时间尺度相符。厄尔尼诺现象起源于热带东太平洋，其对下游的影响在一路到达新英格兰时，已经减弱了。然而在冰期，赤道和极地之间的温度差异要大得多，急流也更为强劲，厄尔尼诺的影响更为广泛，可能延伸到更遥远的地方。我们发现随着时间的推移，这些振荡的振幅逐渐减小，这表明随着气候从末次冰盛期过渡到冰期结束，厄尔尼诺也逐渐变弱。无论是自然还是人为气候变化都能以这种方式影响气候系统的内动力学，这是我们先前讨论过的重要主题，本章稍后还将再次讨论到。[3]

人类终于在12000年前摆脱了冰期，进入了全新世，这是目前的间冰期，是衡量人类造成的气候变化的基线。正如我们在引言中看到的那样，根据全球温度的最新重建结果，在我们从上一个冰期走出来的前几千年中，气温有所上升，然后在6000年前到全新世中期以后，全球温度保持基本稳定，当然，这并不意味着没有更大的区域性气候变化。正如我们在第一章中所看到的那样，地球轨道有大约26000年的进动周期，这导致了季节性减少，也从全新世初期到中期减弱了季风，在亚热带地区导致了夏季的干旱，并导致厄尔尼诺现象的死灰复燃，而从冰期晚期全新世早期厄尔尼诺现象一直处于休眠状态。在过去6000年里，古气候证据表明北半球的夏季逐渐变凉，但考虑全球年平均气温的变化幅度仍然很小，这创造了非常稳定的全球气候，最终形成了我们目前宜居但脆弱的时刻。[4]

我们知道，一些科学家主张人类对气候的影响可能远在工业革命之前就开始了，比如我在弗吉尼亚大学的前同事比尔·鲁迪曼（Bill Ruddiman）。早在6000多年前，人类就开始从事农业和水稻种植，进行森林砍伐和其他产生温室气体的活动，而自然趋势是缓慢地滑向下一个冰期，这种早期的温室效应正好与这一趋势相抵消。

不管人们如何看待比尔·鲁迪曼的“早期人类世”假说（确实有批评者），很明显，直到2个世纪前，在工业革命的黎明，我们才真正掌握了控制气候的杠杆把手。从那时开始，我们通过燃烧煤、石油和天然气来获得能源，并发展交通运输，开始向大气中排放数百万吨的碳，这一数值随即增长，甚至达到数十亿吨，这导致全球变暖，并引发了我们气候中的一系列变化。[5]

无论“人类世”是否始于2个世纪前的工业革命，抑或始于5000年前农业和土地管理的大规模发展，我们都有必要回顾一下公元纪元时代，即过去2000年现代人类文明发展的时期。这一时期工业化前的部分，化石燃料燃烧对我们气候还没有影响，地球绕太阳轨道的几何形状、冰盖的覆盖范围和植被的分布等，这些气候的“边界条件”与今天相比基本没有太大变化。这一时段为我们提供了一个自然的对照实验，让我们有机会去研究以下问题，即当没有今天这样人类大规模改变行星环境时，我们的气候会是怎样的。

曲棍球杆曲线

没有什么比曲棍球杆曲线更能体现我们今天对气候造成的巨大影响。2018年4月22日，在曲棍球杆曲线发表20周年之时，《新科学人》杂志表示“曲棍球杆曲线将永远是气候科学的标志”。它出现在许多书籍、纪录片和电影（如《难以忽视的真相》）中，出现在广告牌和壁画上，也被谱成了音乐作品。它同时也成为福克斯新闻频道和《华尔街日报》这种右翼媒体机构的攻击对象。它引发了美国和英国的国会听证会，保守派政客对其进行了调查，并试图抹黑此图。为什么一个已经发表了20多年的简单曲线图会引起如此多的关注？[6]

曲棍球杆曲线讲述了一个简单的故事。你不必理解地球气候系统的错综复杂性和微妙之处，就能理解这张图所告诉我们的东西：我们正深刻地扰乱地球的气候。我们知道地球有过更热的时期，如果追溯到大约12.5万年前的上一次间冰期——埃姆间冰期，我们能找到可能比现在还暖的时期。但当时的变暖是在几千年的时间里发生的，而非当代的100年。此外，当时并不存在人类文明，也没有完全依赖于稳定气候的80多亿人口。我们现在经历的变暖峰值在人类文明史上是史无前例的。曲棍球杆曲线以一种冷酷无情的方式传达了这一简单的事实。

2001 年的曲棍球杆曲线已经显示出显著的升温趋势

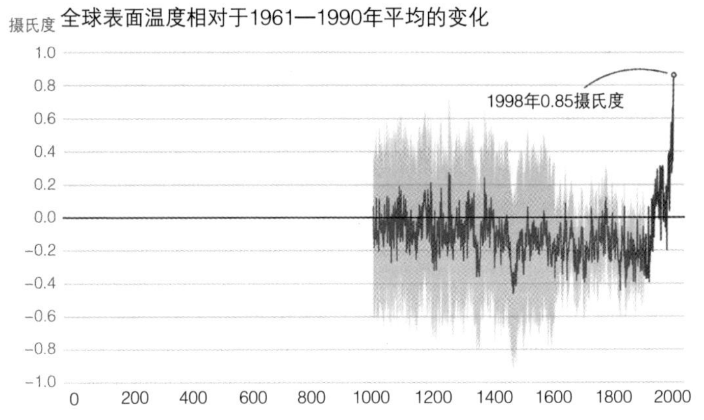

1902—1998年数据来自观测，在此之前的数据来自树木年轮、珊瑚和冰芯的“代用”资料

Chart: Elijah Wolfson for TIME • Source: IPCC,2001: Summary for Policymakers. Recreated from the original: Mann, et al, 1999

《纽约时报》

新版本的曲棍球杆曲线显示了近年来的升温前所未有

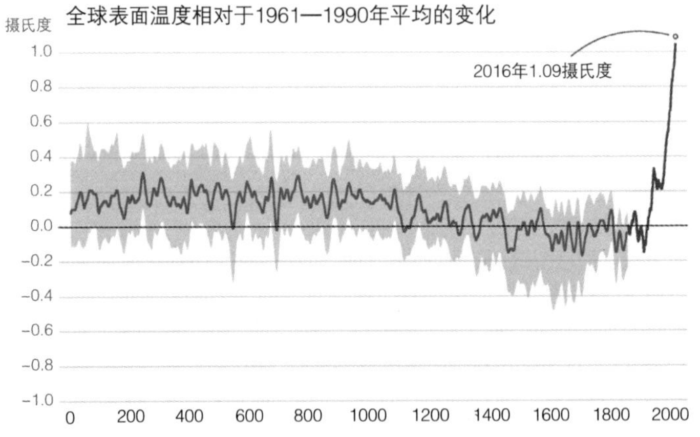

1902—1998年数据来自观测，在此之前的数据来自树木年轮、珊瑚和冰芯的“代用”资料

Chart: Elijah Wolfson for TIME • Source: IPCC,2001: Summary for Policymakers.

《纽约时报》

图 7–1　2001 年 IPCC 第三次评估报告和 2021 年 IPCC 第六次评估报告中曲棍球杆重建曲线的比较

卡尔·萨根非常有说服力，他描述了科学的“自我纠正机制”，即科研的同行评审过程、科学评估和其他制衡机制，研究中的错误发现将被其他研究人员披露，这些机制使科学之路引向对自然世界进行更好更充分的认知。我们在第四章所讨论的“冷聚变”问题，就是其中一个典型的例子。另一方面，当研究结果正确时，其他研究人员则会重现这些发现。如果这个研究一次又一次地得到验证，那它就会成为公认的科学理解体系中的一部分，想想板块构造、热力学定律，或者狭义和广义相对论就知道这种过程了。[7]

围绕曲棍球杆曲线，他发表了两篇文章。第一篇文章于1998年发表在《自然》杂志上，数据追溯到600年前；第二篇文章在一年后发表在《地球物理研究通信》上，将曲线延伸到1000年前。从那时起，古气候数据变得更多，也发展了更复杂的方法来分析这些数据，从而获得了更长时间的重建曲线。最终的结果就是我所说的“曲棍球杆曲线联盟”，几十项独立研究得出了相似的结论，从而形成了更长、更可靠的曲棍球杆曲线。[8]

早在2001年，曲棍球杆曲线就已出现在2001年IPCC第三次评估报告的“决策者摘要”（或“SPM”）中，从而被广泛阅读和传播。它与其他几个“代用”重建数据一起，形成了阶段性结论的基础，即最近的变暖在过去至少1000年是史无前例的。20年后，2021年的IPCC第六次评估报告的决策者摘要中展示了一个更长的曲棍球杆曲线的重建图，现在球杆的“手柄”可以追溯到2000年前，由于过去20年的持续变暖，球杆的“头部”上升得更高（说实话，现在它更像是一把“镰刀”，而不是一柄“曲棍球杆”，希望你能理解其中的差别）。该报告发现，最近的气候变暖很可能在过去至少2000年中是史无前例的。而根据最近其他更初步但更长时间跨度的重建资料（可以追溯到更新世末次冰期以前，如引言章节中所示的曲线），他们断定：目前的温度很可能超过了自埃姆间冰期以来的任何情况。这已经超过了10万年，让我们牢牢记住这一点。[9]

批评家可能会说，这证明不了什么。也许气候变暖是自然的，是某种长期循环的一部分？我们稍后将讨论长期周期的问题，但有一种直接的方法可以评估到底是什么导致了异常变暖。这涉及我们气候科学领域中所称的“检测与归因”。在这种情况下，“检测”部分很容易，我们可以清楚地检测到过去一个半世纪的气温相对于前一个千年的急剧上升。“归因”部分则稍微复杂一些，这需要在两种不同的情景中运行气候模式模拟，一种是没有发生工业革命、碳污染没有增加的情景，另一种是反映了真实世界化石燃料燃烧的情景。如果与气候变化相关的事件发生在后一种情境里，而在前一种情境里没有发生，我们就可以将其归因于人类活动。

使用气候模式模拟两种不同情境的研究表明，仅考虑火山喷发频率和强度的变化以及太阳辐射的波动这样的自然因素，不能重现过去一个世纪的显著变暖趋势。事实上，如果只有自然因素在起作用，地球应该已经开始缓慢降温了。只有把人类的影响考虑在内，首先主要是燃烧化石燃料造成的二氧化碳浓度上升，其次是大气硫酸盐污染的影响，才能重现过去一个世纪的变暖趋势。这是一个简单的事实：地球正在变暖，而我们是变暖的原因。[10]

曲棍球杆曲线给我们敲响了警钟：我们通过燃烧化石燃料以及其他一些活动所排放的碳，造成了前所未有的变暖。然而，从公元纪元时代的古气候记录中得到的教训更进一步。例如，我们可以重新评估气候对人类造成的温室气体浓度持续增加的敏感度问题。研究气候是如何对自然因素（火山喷发和过去几个世纪太阳辐射的变化，尽管这一变化很微小，但可以监测到）作出响应，这为我们对气候敏感度的估算提供了依据。我们还可以深入了解各种自然气候变化模态的特征，以了解气候系统动力学，并了解这些模态对人为温室效应的潜在响应等信息。

托马斯·杰斐逊——气候积极分子

许多关键的气候影响都涉及气候系统的所谓“变率模态”。最常见的就是厄尔尼诺 / 南方涛动（ENSO），它影响着世界各地的天气模态，影响着美国西部的干旱、大西洋和太平洋地区的飓风活动，以及东非和澳大利亚的洪水等。你可能还记得 2016 年冬天加州发生的灾难性洪水和泥石流，那就是厄尔尼诺现象所导致的。或者你还记得 2020 年大西洋飓风季破纪录的 30 个获得命名的风暴吗？那是它的反面，即拉尼娜现象导致的。

还有北大西洋涛动（NAO），我们在第一章中讨论过它，它影响着北美和欧亚大陆的冬季天气模态。还有亚洲夏季风，中国、印度和其他亚洲国家的数十亿人都依靠亚洲夏季风获取淡水供应。我们可以通过研究它们在过去如何变化，从而更好地了解气候系统中这些重要的模态，以及它们在气候变化中的潜在作用。

毫无疑问，ENSO 是气候模态中最重要的王者。它甚至能与气候变化本身竞争，争夺气候记录中最大信号的王冠。我们已经讨论了它在美国西部降雨和干旱中的重要作用，然而，它也会影响美国东部春末和夏初的降雨和干旱情况，因为往往在强厄尔尼诺现象后出现干旱。实际上，据历史记载，在 18 世纪 90 年代初发生了一次超强厄尔尼诺，可能导致了 1792 年春天弗吉尼亚州的大规模干旱，詹姆斯·麦迪逊（James Madison）在写给他的朋友托马斯·杰斐逊（Thomas Jefferson）的信中提到了这一点：

> 我发现这个国家正在遭受一场最严重的旱灾。自 4 月 18 日或 20 日以来，几乎没下过一场雨。亚麻和燕麦全完了；山上的玉米枯萎了，烟草没法种植，贫瘠土地上的小麦也在遭受损失。[11]

21 世纪初，当我还在弗吉尼亚大学夏洛茨维尔校区任教时，我参加了一次与哥伦比亚大学拉蒙特·多尔蒂地球观测所（LDEO）树木气候学家埃德·库克（Ed Cook）及其全家一起进行的树木取芯活动。我们计划从蒙蒂塞洛（Monticello）庄园的古树上取样，蒙蒂塞洛庄园曾是弗吉尼亚大学创始人托马斯·杰斐逊（Thomas Jefferson）在夏洛茨维尔的家。当我们正在工作时，庄园管理员匆匆赶了过来，看上去相当匆忙且咄咄逼人。也许我现在想象力有些过度，但我发誓我记得他走向我们时挥着一把斧子。

很明显，这是右手（授权我们取芯的历史部门）没有与左手（场地管理部门）进行沟通的结果，场地管理部门的负责人不知道该项目已获批准。他非常生气，埃德向他解释为什么正确地采取树芯不会对健康的树木构成威胁，并且我们的工作已经得到了历史部门的认可。这次取树芯的核心目的是进行历史研究，而不是古气候研究。蒙蒂塞洛的历史学家希望通过将古木的年轮与根据树芯确定的年表进行对比，来确定他们挖掘的一些19世纪早期的木质历史建筑的年代。最终，我们安然无恙，带着完整的树芯离开了。

后来，我参加了一次类似的树木取芯考察活动，不过这次活动是为了古气候。几年后，在夏洛茨维尔詹姆斯·麦迪逊家东北约20英里（32.19千米）的蒙彼利埃，当时弗吉尼亚大学的研究生丹·德鲁肯布罗德（现任新泽西莱德大学地质、环境和海洋科学系主任）和我的同事汉克·舒格特（Hank Shugart）合作进行博士项目，他们进行了一些树木取芯工作。舒格特是森林生态系统建模方面的专家，他们对这片相对原始的老树林中树木的年龄和大小分布感兴趣，这能帮助他们对森林动力学进行建模。但在丹和我交谈后，我们意识到我们如果取得一些更长的树木芯片，也许可以做点儿别的事情。“一个人的信号是另一个人的噪声”，在这里确实如此。这些树木记录的气候变化趋势在一定程度上掩盖了简单的生长趋势，而树木的生长趋势与树木年龄相关，这是他们试图模拟的，这一趋势是他们的“信号”，而围绕该趋势的气候变率是他们的“噪声”，他们的噪声对我而言正好就是“信号”。

碰巧的是，我曾雇了几个弗吉尼亚大学的本科生来抄写杰斐逊在蒙蒂塞洛的天气日记。他详细记录了气温、雨量、风向及其他气象资料，并编制了一本《园艺手册》，以记录“物候”指标的出现时间，包括鸟类在春季到达的时间、植物开花的时间等。不幸的是，杰斐逊经常随身携带气象仪器旅行。因此，他的观测记录会从蒙蒂塞洛转换到他去过的其他地方，如费城、安纳波利斯和巴黎。但幸运的是，他的门徒麦迪逊根据杰斐逊的要求，在蒙彼利埃认真地记录着自己的天气日记，提供了一份来自同一个地点的由 1784 年到 1802 年的连续的历史天气记录。幸运的是，这些记录正好与丹取芯的老树位于同一区域。

我们最终与阿肯色大学的树木年轮专家戴维・斯塔尔（David Stahle）及其同事合作，利用树木年轮数据进行了树木气候重建，以便与历史记录进行比较。根据与现代仪器数据的相关性，我们发现在生长季的后半段，年轮的厚度与弗吉尼亚州中部春末夏初的降雨量密切相关。基于树木年轮的降雨重建结果，我们发现在 1791 年的强厄尔尼诺事件之后，1792 年出现了异常明显的干旱。这正是麦迪逊在给杰斐逊的信中提到的那场干旱。从麦迪逊的天气日记中可以看出，当年 5 月的降水总量非常低。[12]

通过将 18 世纪末 /19 世纪初的麦迪逊天气日记与现代雨量计数据进行比较，我们得出了另一个有趣的发现：该地区降雨的季节性周期发生了变化，现在的夏季降雨量峰值比杰斐逊和麦迪逊时期晚了一个多月。气候变化再次显现，这很可能是气候变化推动季节变化的结果。事实上，杰斐逊这位杰出的业余科学家，在他所处的时代，已经意识到人类活动可能影响气候。他没有意识到温室效应［他于 1826 年去世，在此仅两年前，约瑟夫・傅里叶（Joseph Fourier）首次提出温室效应的理论，他可能没有了解到这个科学发展］。相反，他认为应该是森林砍伐和土地开垦影响了气候：

> 要做到这一点，需要多年的时间，持续关注温度、生长在那里的植物，它们落叶和开花的时间，以及那里的动物，包括野兽、鸟类、爬行动物和昆虫，持续关注盛行风向、降雨和降雪量、泉水的温度以及其他气候指标。实际上，我们希望所有州都这样做，这项工作应每个世纪重复一两次，以显示砍伐森林和开垦土地对气候的影响。

最后一行，你没看错，这是托马斯·杰斐逊在19世纪初写的“气候变化”。[13]

让我们回到厄尔尼诺现象和气候变化的问题上来，以及公元纪元时代的古气候记录如何协助我们进行更好的认知。事实上，人类造成的温室增暖是否会导致赤道东太平洋出现更多厄尔尼诺现象，或与之相反，出现更多拉尼娜现象？这仍然是一个非常重要但悬而未决的问题。这绝非纯粹学术性质的问题，美国西南部的干旱情况影响加利福尼亚、内华达和亚利桑那州的大型人口中心区域，这都是由ENSO调控的。虽然其影响在每个事件中有所不同，但厄尔尼诺年往往更潮湿，而拉尼娜年往往更干旱。ENSO还会影响大西洋飓风活动：厄尔尼诺年飓风活动减少，拉尼娜年飓风活动增加。ENSO的任何变化，包括其平均状态以及每个厄尔尼诺和拉尼娜事件的强度，都可能对包括北美、南美、非洲、澳大利亚和印度尼西亚在内的全球各地产生深远的影响。

然而，即使目前最先进的气候模式也只能提供有限的指导。在模拟热带太平洋气候对人为温室气体变暖的响应方面，模式之间存在较大的差异。此外，模式模拟总体上与观测结果不一致，模式模拟显示，随着全球变暖会出现类厄尔尼诺的趋势，即西太平洋热带暖池与东太平洋热带“冷舌”之间的差异减弱，而观测结果却显示，在过去半个世纪中，出现了中性甚至与之相反的类拉尼娜的趋势。拉蒙特·多尔蒂地球观测所首席海洋学家理查德·西格（Richard Seager）及其同事认为，许多模式未能重现观测到的趋势，可能是由于赤道太平洋东部的深水上涌过于强烈，无法受到ENSO驱动机制的抑制①。[14]

西格的同事马克·凯恩（Mark Cane）在20世纪80年代末创建了第一个能够重现和预测厄尔尼诺事件的模型。在1997年他与其他人合著的一篇文章里，他提出信风引起的赤道东部太平洋冷水上翻流抵消了温室气体的变暖影响，而赤道西太平洋的变暖不受限制。关于ENSO，一种被称作“皮耶克尼斯反馈”（Bjerknes Feedbacks）的机制控制着信风与海洋表面温度（SSTs）东西变化之间的关系，并导致了ENSO。这种反馈加强了初始响应，形成了更强的信风和更强的SSTs东西差异，从而导致赤道西太平洋变暖，而赤道东太平洋变冷，即总体上呈现出一种“类拉尼娜”的模态！[15]

最近的一些研究证实了这一机制，但同时也提供了更细致入微的图景，表明温室气体的直接变暖作用（有利于厄尔尼诺的模态）和皮耶克尼斯反馈对变暖的动力响应（有利于拉尼娜模态）之间存在一场动态的拉锯战。到底是哪种竞争效应占上风可能取决于我们观测的时间尺度有多长。后一种动力学机制似乎在跨越几十年到几个世纪的时间尺度上更重要，而这正是古气候证据可以

---

① 目前大多数气候模式在赤道东太平洋存在系统性的冷偏差。——译者注

大显身手的领域。[16]

通过观察过去ENSO对太阳辐射和火山喷发等自然驱动因子的响应，我们可以深入了解这种机制在当前温室气体增暖中的潜在作用。我们分析跨越过去千年的“代用”数据，如树木年轮、珊瑚、湖泊沉积物、冰芯等，都表明赤道东太平洋出现了类拉尼娜的降温。而在过去千年的早期（公元1000年至1400年），美国西南部沙漠地区变干，美国太平洋西北部变湿，这都与拉尼娜的状态相一致，与凯恩等人的机制一致。这种状态与这段时期太阳辐射偏高和热带火山喷发偏少导致的额外加热相吻合。许多研究发现，在发生火山降温事件时，作为响应，倾向于出现厄尔尼诺现象，这再次证实凯恩等人提出的物理机制，不过在研究中这个问题仍然存在争议。[17]

在全球耦合气候模式模拟中一般不会重现中世纪的拉尼娜模态，这可能是由于模式中存在偏差，包括之前提到的赤道东太平洋过强的上翻流，另外海洋层积云对变暖的响应也可能存在缺陷，这是我们在讨论过去热室气候时提到的一个问题。事实上，数值模式未能捕捉到这种明显的古气候对自然因素的响应，进一步支持了这样的假设：这些模型可能也无法捕捉到类拉尼娜现象对温室气体变暖的响应，如果是这样的话，模式就低估了一些关键的气候变化影响，例如热带大西洋飓风活动的加剧和美国西部的日益干旱化。根据我以前的学生、拉蒙特·多尔蒂地球观测所科学家本·库克和他的同事分析的树木年轮证据，美国西南部目前正在经历一场持续超过十多年的干旱，这是至少1200年甚至更长时间内都前所未有的。如果我们要使用气候模式作预估，为即将到来的挑战作准备，就必须对这些方面有准确的把握。[18]

对变暖的另一个重要的动力响应涉及第一章中讨论过的“北大西洋涛动”，或简称“NAO”（或与之密切相关的“北极涛动”和“AO”）。这些模态的变化描述了冬季风暴轴的逐年变化，这些变化在北大西洋地区尤为突出，并通过改变风暴轴影响北美和欧亚大陆大部分地区的冬季气温和降水。2009/2010 年欧洲和北美东部经历了严寒多雪的冬季，就与异常强的 NAO 负位相有关。当出现 AO/NAO 的负位相时，西风急流偏弱，该急流并不像通常那样向北转向欧洲，而是直接穿越北大西洋，从而使寒冷的北极空气滞留在欧洲、北美东部和亚洲部分地区。

我自己对气候模式模拟和古气候数据进行分析后发现，17 世纪中期欧洲那些极端寒冷的冬天与当时强的 NAO 负位相有关。我们还发现，这些地区在中世纪时期比较温暖，这与相反的模态，即与 AO/NAO 的正位相相关。由于小冰期时全球气温相对较低，而中世纪时全球气候相对较暖，我们可能想要将这种简单关系推广至当前，用来解释人类所造成的气候变暖。但如果那样做，我们就错了。[19]

这些 NAO 过去的变化似乎是由太阳和紫外线辐射的变化引起的，这些变化影响臭氧水平和平流层对太阳加热的吸收，改变大气温度的垂直差异，这会进一步驱动西风急流发生变化。基本结论是什么呢？首先，少数包括臭氧光化学过程（这一机制至关重要）的气候模式模拟能重现我们在“代用”重建资料中看到的地表温度变化模态，而那些缺乏这些过程的模式则无法模拟出这些模态，这凸显了当前气候模式的另一个潜在局限性。我们需要记住这一点：作气候预测时不确定性可不是朋友，这是我们一次又一次得到的教训。其次，这些响应的形式是相当特定的，是对太阳辐射变化这个因素的响应，这与引起当前气候变暖的背后因素（温室气体增加）不同。这提醒我们另一个关于古气候事件的重要注意事项：它们并不总是今天发生事件的恰当类比。我们需要知道何时适用，何时不适用，这是我在本书中一直试图强调的一点。

最后但同样重要的是南亚夏季风（SASM），季风降雨为南亚超过10亿的人口提供了淡水，受气候变化影响，它在未来的潜在变化至关重要。我们也可以通过研究气候系统对过去自然驱动因子的响应，来了解南亚夏季风这一气候系统的重要组成部分。

南亚夏季风的特点是在印度次大陆上空出现上升运动，其驱动力是夏季陆地区域的快速升温，而印度洋升温缓慢，从而形成太阳加热的海陆差异。这在某种程度上类似于海风循环，对海滨度假者而言，海风非常常见：傍晚时分，蔚蓝的天空变得恐怖，出现高耸的乌云、雷暴和倾盆大雨。这一现象出现得很规律，你甚至可以按照它来制定你的日程。白天太阳加热陆地的速度比海洋要快得多，这形成了加热差，并推动了“上陆”环流，潮湿的空气从海洋中涌过来，在加热的陆地上升冷却，并凝结形成降雨，然后从高空返回到海洋的起点，从而形成闭合的环流。当太阳下山，海陆加热差异消失后，环流就会逆转。夏季风可以说基于同样的道理，夏季/冬季在加热方面的对比起到了前文中昼/夜循环的作用，但环流是整个大陆尺度的，所以大气中的“科氏效应”就变得很重要（我们可以在不涉及烦琐的大气物理学的前提下解释一下，科氏效应是由地球自转引起的，这导致气流上升时呈螺旋形辐合，例如出现在受热的青藏高原上方；而气流在下降时呈螺旋形扩散，例如出现在印度洋上空）。

因此，我们可以把南亚夏季风看作一个非常大尺度的海风环流，当空气沿着喜马拉雅山脉的斜坡向内陆盘旋抬升时，我们就看到了引人注目的高耸的积雨云，它们受湿空气凝结上升释放的热量（潜热）所激发，可以抬升超过对流层顶，即不稳定的对流层（对流层是天气现象发生的大气低层 10—15 千米范围）和非常稳定的平流层（对流层上方的大气区域，喷气式飞机的飞行高度）的边界。南亚夏季风表征了大气环流的特征，但有时被等同于由此产生的降水，这是错误的。

为了理解这一点，我们讨论一下所谓的“风—降水悖论”。在这个悖论中，温室效应导致大气湿度增加，在季风环流没有改变的情况下导致降雨量增加，这些额外的水分凝结所释放出的热量会使对流层中层变暖，从而形成更稳定的大气层（当暖空气位于冷空气之上时，会形成稳定层结），稳定性增加会抑制季风环流的上升运动，因此，可能出现有强劲的季风环流但无降雨，或有季风降雨但环流较弱。这在历史模拟和未来气候预估中都可以看到，随着气候变暖，季风降雨增加，而环流本身减弱。这对于水资源来说是好消息，但对于防洪来说是坏消息。[20]

那么，从过去几个世纪南亚夏季风的变化中，我们能得到什么结论呢？在我之前的研究生范方兴带领下，我们用气候模式对过去 1000 年进行了模拟分析。我们发现在前工业化时期，南亚夏季风和降雨的变化之间存在一致性。然而到了现代，我们目睹了两者明显脱节，当南亚夏季风环流减弱时，南亚季风降水并不会一同减少。这一发现再次强调了一个关键点：曾经存在的关系不一定在今天仍然存在，在未来也不一定存在。我们必须充分了解科学，知道这些关系在何时成立，何时不成立。[21]

海洋传送带崩溃

我们再次回到“海洋传送带”，更准确地说是大西洋经向翻转环流（AMOC）。这个环流里又冷又咸的海水在格陵兰岛和加拿大北部之间的巴芬湾、拉布拉多海和挪威—格陵兰海区域下沉，驱动了带状洋流系统。它将温暖的亚热带海水输送到北大西洋的高纬度地区，从而使北大西洋和邻近的北美洲及欧洲地区比其他地区更加温暖。大西洋经向翻转环流与“对流翻转”密切结合，在对流翻转中，来自下层的富含营养和氧气的冷水混合到上层海洋中，保证上层海洋的养分和氧气不会被海洋生物群不断耗尽。

前文中我们已经讨论过一些临界点的例子，特别是冰盖的崩塌，但是海洋传送带的崩溃也是气候系统中的一个临界点。一旦发生这种情况，可能就无法复原，至少在社会时间尺度上是这样。临界点迫使我们直面稳定气候的不稳定性，因为我们不知道它们的确切位置。它们就像雷区里的地雷，一旦引爆就为时已晚，会造成无法挽回的损失。那么，海洋传送带的崩溃会不会成为威胁我们脆弱时刻的临界点之一呢？

众所周知，电影《后天》中就描述了这样的情景。但是，电影中描述的科学内容非常牵强附会，例如龙卷风摧毁了洛杉矶，北美在几天之内重新形成了冰盖。但随着海洋传送带的崩溃确实会产生深远的影响，包括世界上生产力最高的天然渔场——北大西洋渔场的鱼群数量减少、欧洲冬季风暴更加猛烈、美国东海岸部分地区的海平面加速上升（这是导致洋流崩溃的物理过程的一个副作用），以及热量在热带北大西洋中聚集，可能导致大西洋飓风活动增加。[22]

我们已经认识了古气候记录如何协助我们了解大西洋经向翻转环流崩溃的前景。在第一章中，我们讨论了在末次冰消期①和全新世早期 8.2 ka 事件②中淡水注入和大西洋经向翻转环流减弱的作用。对于目前大西洋经向翻转环流崩溃的前景，公元时代以来的记录能提供什么信息吗？确实有。

气候模式预测，如果我们继续燃烧化石燃料并使地球变暖，大西洋经向翻转环流将在 21 世纪晚些时候减弱，主要原因是格陵兰冰盖融水导致大西洋经向翻转环流瓦解。然而，跨越过去 2000 年的古气候观测结果对此却持不同看法，它们表明，急剧减弱已经开始了。

2015 年，波茨坦气候影响研究所的斯蒂芬·拉姆斯托夫（Stefan Rahmstorf）和他的合作者（包括我自己）在《自然—气候变化》杂志上发表了一篇文章，估计了大西洋经向翻转环流在公元时代的变化。我们利用了两个来源互补的“代用”数据，这些数据信

---

① 亦称末次冰期冰消期，是从末次冰盛期后期（距今约 1.8 万年）向全新世（距今约 1.17 万年以来）过渡的一个地质历史时期。——译者注

② 距今约 8200 年，全新世早期的气候突变事件，表现为气候变得更加干冷。——译者注

息可以追溯到公元500年。其中第一个是对格陵兰岛南部北大西洋“冷斑”地区（最受大西洋经向翻转环流减缓影响的区域）海表温度的“代用”重建资料；第二个是西北大西洋加拿大新斯科舍海岸的深海珊瑚氮同位素的“代用”记录，该记录反映了北大西洋斜坡水域的变化情况。最近的一项研究还使用了海洋沉积物淤泥、浮游生物和底栖有孔虫的“代用”数据，可追溯到公元400年。[23]

所有这些古气候数据都指向同一个令人不安的结论：在过去一个世纪里，大西洋经向翻转环流出现了公元纪元以来前所未有的减弱现象。虽然气候模式预测大西洋经向翻转环流到21世纪晚些时候才会大幅度减弱，但这种减弱现在似乎已经发生了。这再次证明，这些模型非但没有像气候变化反对者通常坚持的那样“危言耸听”，实际上在某些方面反而过于保守，有时低估了关键影响。不可避免的是，我们不太可能在有限时间（在我们需要做出关于气候关键决策的未来几年）内明确解决那些更基本的科学不确定性问题。因此，我们必须再次回到“不确定性并非我们的朋友”这一经久不衰的原则，这是采取更加紧迫行动的原因，而不是减少行动的理由。

在这个特殊的个例里，模式可能遗漏了什么或者做错了什么？问题最有可能出现在格陵兰岛，特别是格陵兰岛冰盖的融化，以及由此输入北大西洋的淡水量。格陵兰岛冰盖的融化程度似乎超过了过去的模型预测。仅在2019年7月一个月内，就有将近2000亿吨融水流入北大西洋，这足以使全球海平面上升一个虽小但肉眼可测量出的量（0.5毫米）。所有这些冰川融水正在使北大西洋海水变淡，而且早于我们的预期。[24]

尽管近几十年来对大西洋经向翻转环流的直接观测显示出一些相互矛盾的趋势，但最近的一项综合性研究比较了各种互补的指标，认为大西洋经向翻转环流正处于崩溃中。IPCC 评估的主要依据是气候模式预测，然而，目前气候模式通常没有与完整的冰盖模型相耦合，这种局限使模拟实验无法很好地表示冰盖解体和融化、淡水径流和大西洋经向翻转环流动力学之间的相互作用。这又是一个例子，说明气候预测在某些方面过于保守，未能解决实际气候系统中存在的各种动力学和耦合关系。[25]

这是一个重要的警示，因为越来越多的证据表明，这些响应之间存在相互作用，可能导致级联效应①。正如我们之前了解的那样，有证据表明，温室效应可能会把我们推向更加类拉尼娜的气候状态。我们刚刚也提到，气候变化可能导致大西洋经向翻转环流的减弱。最近的研究指出，现有证据表明这些响应可能相互加强。最近的一项研究发现，大西洋经向翻转环流崩溃会将热量囤积在热带大西洋中，导致热带南大西洋的海表温度升高，这将推动一个大尺度的类似海风的热带环流，加强信风，从而加强寒冷的深层水的上翻，产生一个更类拉尼娜的状态。[26]

为了避免有人认为这些内容过于学术化或理论化，请思考一下过去几年我们目睹的事实。海洋继续年复一年地创造着全球变暖的纪录。然而，在同一时期，北大西洋副极地的“冷斑”区域和热带东太平洋地区却出现了创纪录的低温。而且，当我们提及耦

① 一个事件或行动的结果引发的一系列连锁反应，影响到其他相关系统或过程。级联效应经常出现在复杂的生态系统、金融系统、社会系统等多个领域中，它们可以导致预料之外的结果和后果。——译者注

合响应和临界点话题时，值得牢记的是：格陵兰岛冰盖融化已早于预期，这导致了大西洋经向翻转环流减缓，并导致海平面上升，这也是早于预期的。这就引出了我们的下一个主题：海平面上升、热带气旋增强和沿海风险增加。[27]

受威胁的海岸线

气候变化对沿海地区构成了双重威胁，表现为海平面上升和造成更强烈的热带气旋。研究公元纪元以来的历史数据，有助于我们理解这两种现象：一方面我们可以建立历史基准，评估当前变化的速率和幅度；另一方面我们可以通过研究阐明导致过去变化的气候因子。

15 年前，由于气候模式的局限性，对未来海平面上升的预测受到了限制。例如，2007 年 IPCC 在第四次评估报告里对未来海平面上升作了预测，认为到 21 世纪末最坏情况下只升高 1.5 英尺（约 0.45 米）。尽管报告中也提出了（严重！）警告，说明由于对模式模拟冰盖的能力缺乏信心，未将冰盖变化的贡献考虑在内，但是这个决策会导致媒体在报道时大大低估未来几十年海平面上升的可能的真实前景。[28]

从科学和公共传播的角度来看，将对未来海平面上升可能作出最重要贡献的因素从国际气候评估报告中排除出去，这一点令人不安。我的同事斯蒂芬・拉姆斯托夫意识到填补这一空白的必要性，于是引入了一种基于过程的模式替代方案来预测未来的海平面上升，这是一种预测未来海平面上升的“半经验”方法。这种方法基于一个原则，即导致海平面异常上升的过程（包括海水热膨胀、冰川融化以及冰盖崩塌）是变暖幅度（相对于工业化前基线）的函数。

2007年拉姆斯托夫发表在《科学》杂志上的一篇文章备受关注，他展示了在过去一个半世纪的历史时期，变暖程度与海平面变化上升速率之间存在着非常密切的关系。利用这种关系，他预测在最糟糕的排放量/气候变暖的情况下，到21世纪末海平面上升将达5英尺（约1.5米）。但一些专家对这种新方法持怀疑态度，那么古气候数据能再次拯救我们的研究吗？[29]

我们可以利用沿海沉积物来估算公元时代以来的海平面变化。2006年，我参与了一项由沿海沉积物学家安德鲁·肯普（现任塔夫茨大学教授）领导的项目，该项目利用了美国东海岸盐沼湿地的

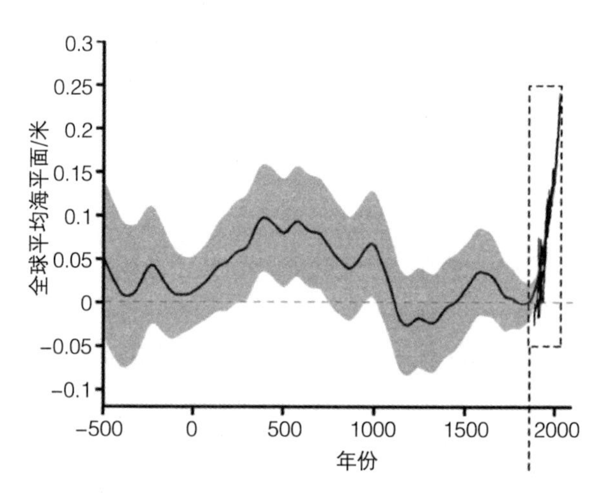

图7–2 全球海平面上升

沉积物，重建得到公元时代以来海平面上升的历史。沉积物记录的盐沼潮汐淹没与全球海平面有关。已知某些类型的有孔虫生活在不同深度的海水中，因此，在沉积物中发现的有孔虫化石可以用来估算当地过去的海平面。去掉在第六章提到的地壳均衡回弹效应，我们就可以分离出由全球海平面上升引起的区域海平面变化部分。研究发现，在许多相互独立的地点发现了类似的变化，这表明存在全球海平面共同上升的强信号。[30]

由此产生的记录表明，目前的海平面上升速率是过去 2000 年以来前所未有的，这一结论在最近的研究中得到了重新确认，这是另一个证明当前人为全球变暖产生深远影响的标准。然而，这项研究远不止于此。它基于气候“代用”数据，重建了过去 2000 年的全球温度，完善了斯蒂芬·拉姆斯托夫的全球海平面上升的半经验模型。这一替代估算方法再次证明了基于沉积物重建的海平面的主要变化特征，即最近的海平面上升是前所未有的，并将这种海平面上升与过去一个世纪史无前例的升温联系起来。这也为进一步完善半经验模型的统计参数提供了机会，最重要的是，它验证了该模型作为全球海平面上升预测器的可靠性。[31]

快进 6 年，我们看看 2013 年 IPCC（第 5 次评估）的下一份报告。因为 IPCC 报告该章的主要作者对拉姆斯托夫的半经验模型方法不断怀疑，该结果被忽视。然而，这项工作的信息似乎也被听到了。由于首次纳入了冰盖动力学的贡献量（以冰盖过程模型为代表），IPCC 向上大幅修正了他们的海平面预测，最坏情况下达到了 4 英尺（约 1.2 米），仅略低于半经验模型预测的水平。再快进 8 年，到 2021 年 IPCC 第 6 次评估时，他们又一次大幅向上修正——到21世纪末，最坏的情况下海平面上升6.5英尺（约2米），这就是目前估计的情况。[32]

另一个导致沿海风险的主要气候变化影响因素是热带气旋（也被称作热带风暴、飓风和台风，它们都属于同一现象），它也有类似的故事。尽管大家共识越来越多，认为最强的热带气旋会变得更强大，并通过大风和洪水造成更多破坏，但对于未来热带气旋的数量却没有太多共识。一些使用了嵌套的大气模式（将一个细网格区域模型嵌入到一个粗分辨率的全球气候模式中）的研究预测表明，全球和大西洋海域的热带气旋数量将减少。即便这样，那些分辨率更高的模型通常运行的分辨率仍然不足以解决一些重要的大气过程。麻省理工学院的克里·伊曼纽尔（Kerry Emanuel）采用了一种“降尺度”的方法来避免这些问题（但也作出了一些简化的假设），他们从最新的IPCC气候模式模拟中得出结论，所有洋盆中热带气旋的强度和数量都将大幅增加，这与之前的结论截然不同。[33]

古气候观测和对过去热带气旋活动的模拟也可以为讨论提供信息。这项研究甚至有了一个名字，即古风暴学（paleotempestology），这是由伊曼纽尔创造的。2009年，我同两位古风暴学家，马萨诸塞州大学的乔纳森·伍德拉夫（Jonathan Woodruff）和伍兹霍尔海洋研究所的杰夫·唐纳利（Jeff Donnelly ）进行合作。他们花了数年时间，从加勒比海、墨西哥湾和北美东海岸过去登陆的飓风信息中恢复了宝贵的记录，这些记录同样来自沿海沉积物，不过他们分析的是一种被称为海侵堆积物的特殊类型。这种海侵堆积物是在沿海潟湖中发现的，它们本不应该出现在那里，唯一可能的方式是被极强的沿海风暴（或可能是海啸，不过通常可以根据其他历史信息来区分）带到那里。通过在潟湖中钻取沉积物岩芯，并使用恰当的年代标记方法，我们就可以恢复这些风暴的历史记录。

我们根据各种海侵堆积物的记录，形成了大西洋洋盆的综合数据，从而得到了过去2000年来影响大西洋洋盆的登陆强飓风的历史。我们还单独使用了一种统计模型，使用热带大西洋海温和厄尔尼诺现象等气候变量来预测热带气旋活动。多年来，我们在飓风季开始前，使用统计模型已成功进行了飓风总数的预测，其结果通常优于其他模型。通过使用“代用”数据重建的气候变量来驱动统计模型，我们就能得到过去1500年大西洋热带气旋活动的估算情况。[34]

我们发现，两种估计方法，即利用登陆飓风的沉积物记录和以古气候重建数据驱动的统计模型，得出了非常相似的历史结果。两者都指出，中世纪时期飓风处于高活动期，半经验模型将其归因于有利因子的组合，即热带大西洋温暖的海表温度和热带太平洋的拉尼娜现象。热带大西洋海表偏暖为台风的形成提供了有利的热力学条件，而拉尼娜现象则与垂直风切变减弱有关，为台风形成提供了更有利的大气环境。过去几十年来，整个大西洋海域的热带气旋活动与整个历史记录中的任何时期都不相上下，这也可以归因于这两个因子的组合变化。如果气候变化不仅有利于热带大西洋变暖，而且如我们所提到的，还有利于类拉尼娜气候的出现，那这种变化就预测了“完美风暴”的条件，有利于大西洋飓风季更加活跃。[35]

与此同时，海平面上升和更强的飓风相结合，给沿海地区带来更大的威胁。我以前的研究生安德拉·加纳（Andra Garner，现在是新泽西州罗文大学的副教授）在她的博士研究中调查了纽约市的洪水综合风险。她使用的是克里·伊曼纽尔的降尺度方法和过去 1000 年的气候模式模拟结果，以及上一章讨论的德孔托和波拉德修正的海平面估算方法。安德拉发现，在人类造成的全球变暖之前，7 英尺（约 2.1 米）以上的洪水本应是 500 年一遇（平均每 500 年才发生一次的洪水），现在已经变成了约 24 年一遇，而到 21 世纪中叶，在"一切照旧"不进行碳减排的情况下，这个频率将变成 5 年一次。2012 年 10 月，超级飓风桑迪袭击了纽约市和新泽西海岸，造成高达 700 亿美元的损失（其中至少 80 亿美元可归因于气候变化）。想象一下，纽约市（以及许多其他沿海城市）每隔几年将要面对一次这样的灾难。如果没有一致且有力的气候行动，这就是我们将面临的未来。[36]

AMO 概念的起落

反对者经常用一个论点来质疑气候危机，即许多关键的趋势被认为与人为导致的气候变暖无关，而是某些低频振荡的一部分。如果最近几年我们目睹的一系列毁灭性的大西洋飓风只是某种长期周期的一部分，那么我们为什么要担心呢？我们可以等该周期结束，对吧？这似乎是一个看起来很有说服力的论点，但事实上，并没有证据来支持它，一点都没有。

对古气候重建数据进行分析实际上是我早期博士研究的延伸，

这些分析产生了曲棍球杆曲线。我的研究分析了代用数据网络的数据，以评估此类自然长期气候振荡的证据。20 世纪 90 年代初对北大西洋及其邻近地区气候数据的统计分析，似乎提供了一些这种低频振荡确实存在的证据，其中包括 20 世纪中期变暖、70 年代降温以及此后的变暖。同时，从非静态海洋改为动态海洋的第一个气候模式的长期模拟也得到了一些有限的证据，有些"大气—海洋"耦合模式模拟产生了一个多年代（50—70 年）的长期振荡，与年际 ENSO 振荡一样，这种更长期的振荡缘于大气和海洋之间的相互作用，而大西洋环流的步伐更加缓慢。大约在同一时间，我与耶鲁大学的杰弗里·帕克（Jeffrey Park）和马萨诸塞大学的雷·布拉德利（Ray Bradley）合作发表了一篇文章，利用我们开发的统计工具来识别气候数据中的振荡，我们将其应用于一系列跨越过去 600 年的气候代用记录，支持存在低频振荡的观点。[37]

2000 年，我与普林斯顿大学地球物理流体动力学实验室（GFDL）的气候科学家汤姆·德尔沃思（Tom Delworth）合著了另一篇文章，这篇文章研究了气候模式模拟、观测和长期代用重建数据，论证气候系统存在 50—70 年的内部振荡，这涉及大西洋经向翻转环流（AMOC）和北大西洋的海气耦合。由于这是一个以北大西洋为中心的数十年周期的振荡，我称之为"大西洋多年代际振荡"（AMO）。[38]

自那时以来，就有一种观点广为流传，认为气候存在时间尺度为多年代（50—70 年）的内部振荡，这可能是一系列气候趋势（包括热带大西洋变暖和大西洋飓风活动增加等）的原因，而非气候变化。我觉得自己创造了一个怪物。在过去十年的研究中，有了新的观测数据和气候模式模拟结果的分析，对我早期的工作提出了质疑，科学家必须跟随证据的指引。如果这让你处于改变观点的尴尬境地，那也没有关系，这就是科学的运作方式。在这种情况下，证据让我得出的结论是，我协助命名的 AMO 这种现象，实际上并不存在。[39]

在最近的工作中，我和合作者分析了 IPCC 使用的最先进的气候模式模拟结果。我们研究了其中的“对照模拟”，即模拟中没有任何变化，没有火山喷发，没有太阳波动，也没有人为温室气体增加。该模型被设置为自由运行，并产生内部变率，这些内部变率来自天气系统及其与洋流和气候系统其他组成部分的相互作用。这些对照模拟没有产生任何一致的证据，并不支持像 AMO 这样的内部振荡的存在。事实上，除了公认的年际 ENSO 现象之外，它们没有显示出任何振荡信号的迹象，其余的内部变率与简单的气候“噪声”无法区分。[40]

仪器温度记录中明显的 AMO 信号只能在历史气候模拟中再现，这一类模拟包含了人为驱动因子，其中包括温室气体的长期增加，也包括硫酸盐“气溶胶”的增加，以及 20 世纪 70 年代《清洁空气法案》后气溶胶的减少。看似“振荡”的现象，实际上可以看作长期温室效应变暖与 20 世纪后期硫酸盐气溶胶降温减少之间的竞争产物，从而在更稳定的变暖趋势上叠加了增暖减缓和增暖加速，这种变化被误认为是一个长周期的循环现象。

但是，这如何解释长期气候“代用”数据中检测到的明显的 AMO 信号，就像我们在 1995 年检测到的 AMO 信号？之后我们在《科学》杂志上发表了一篇文章，分析了过去千年的长期模式模拟，结果表明，这种明显的多年代周期“振荡”实际上是自然驱动因子的产物。更具体地说，这是过去几个世纪中大规模火山喷发在几十年间巧合发生的后果。如果没有火山喷发，就没有多年代周期“振荡”。其他研究人员也独立地得出了相同的结论。[41]

因此，科学证据并不支持存在一种多年代周期的类似 AMO 的气候内部振荡。科学证据也不支持这种振荡（而不是人为引起的变暖）是导致热带大西洋海表温度升高和大西洋飓风活动增加的原因。然而，旧的新闻惯性很难改变。在我写这段文字的时候，我进行了一次谷歌新闻搜索，发现在过去两周里，仍有不少媒体报道将大西洋飓风活动的增加归咎于 AMO。[42]

再次探讨气候敏感度

从二叠纪—三叠纪和 PETM 的温室气候到上新世和更新世的冰室气候，我们已经见证了许多例子，说明古气候如何提供信息来评估关键参数，即气候敏感度。虽然平衡态气候敏感度是在温室气体变暖的背景下定义的，但实际上也可以通过气候对其他驱动因素（包括太阳和火山活动）的响应来衡量。器测历史气候记录本身对气候敏感度的约束相对较弱，不仅因为记录的时间很短，而且存在多个相互竞争的驱动因子，其中一些因素（例如硫酸盐气溶胶效应）又相当不确定。仅仅基于这一系列证据，还有 1/3 的可能性使气候敏感度会低于 1.5 摄氏度或高于 6 摄氏度。幸运的是，正如我们所知，还有其他证据可以为我们评估气候敏感度提供依据，有助于缩小不确定性的范围。

这些证据包括但不限于：气候对火山喷发的响应、末次冰盛期（LGM）的变冷、数百万年来二氧化碳和温度变化的地质证据，以及被称为“专家判断”的调查方法（对一群顶尖科学家进行调查）。最后但同样重要的是，还有对前工业时代的古气候观测和模式模拟的比较，这通常限于过去1000年，因为这段时间的数据最可靠。

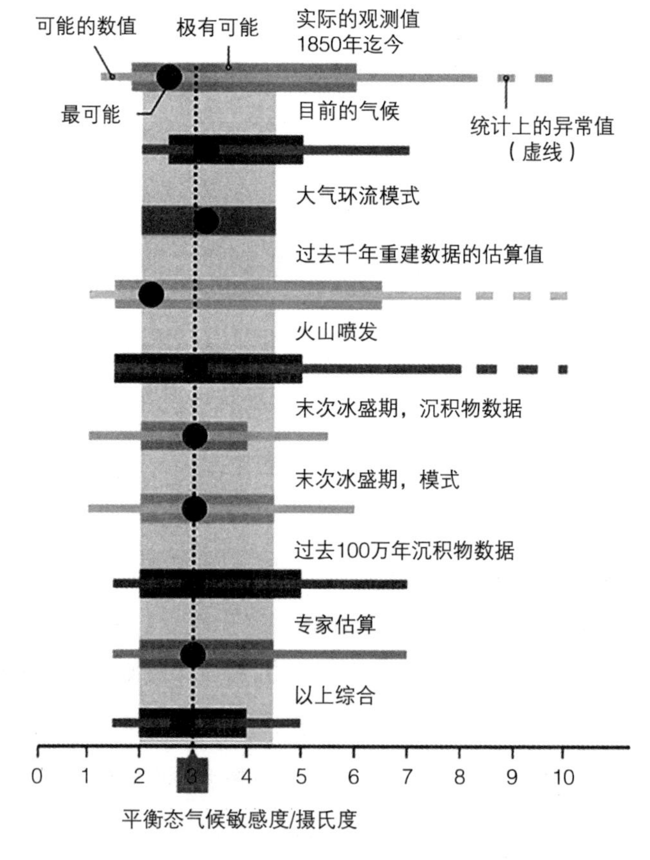

图 7–3　根据各种证据的平衡态气候敏感度（ECS）的估计值

说来也奇怪，过去千年的资料研究却产生了最低的气候敏感度值。例如，根据2006年一项著名的研究估计，气候敏感度约为2摄氏度，比大多数其他估计值低了整整1摄氏度。当该研究的报道出现在《华盛顿邮报》上时，标题为《气候变化将是显著的，但不是极端的》。如果这是真的，那将是一个非常好的消息。然而，几乎可以肯定：事实并非如此[43]。

这项研究采用了第二章描述的那种简单的气候模式，其中只计算了全球平均温度。在这样的模型中，气候敏感度是一个简单控制参数，可以被调节大小。该模式是由主导工业化之前的历史期自然因子驱动的，可以通过调整气候敏感度值，直到模式模拟的历史数据与“代用”温度重建数据相匹配，其最佳匹配就被认为是气候敏感度的估值。问题在于，气候敏感度估值的准确性取决于输入数据的可靠程度。

在工业化前的公元纪元时期，气候变化的主要驱动因素是爆发性火山喷发后的降温作用。但是有一个问题。模型预测火山爆发后急剧降温，而“代用”重建温度中看到的是更为温和的降温，二者之间存在不匹配。事实上，上述2006年的研究只追溯到13世纪末，以避免过去1000年中最大的火山喷发，即公元1258年的火山喷发。根据冰芯中火山气溶胶沉积物的估值，此次喷发的规模是1991年皮纳图博火山喷发的4倍。它本应该导致2摄氏度（3.6华氏度）或更强的降温。但是在全球气温的代用重建资料中，对此几乎没有或根本没有明显的响应。公元1258年的火山喷发凸显这个不一致的问题，但实际上这是个更加普遍的问题。

我和我的同事认为，之所以产生这个问题，是因为重建数据过度依赖生长于北方或高山树木线边缘环境中的树木年轮资料。这些地区树木生长受温度的限制，我们之所以选择这样的地点，是因为在这些条件下，树木的生长更有可能反映温度变化。然而另一方面，由于那里的环境非常寒冷，大型火山喷发可以使夏季温度降到树木生长的最低阈值以下。我们利用过去千年的模拟温度和一个简单的树木生长响应模型，展示了在大规模火山爆发之后，树木年轮生长厚度对降温的敏感性降低，并造成在定年上的错误累积（因为在零生长的年份，大片区域的年轮会消失），导致年代错位。这种效应导致了树木年轮厚度对大规模火山喷发的响应被减弱和模糊化，这种效应会随着时间的推移而增加，我们可以在基于树木年轮的夏季温度重建中观察到这种效应，并被树木生长模型所复现。我们估计，这种效应会造成估计的气候敏感度为约 2.0 摄氏度（3.6 华氏度），而非真实值 3.0 摄氏度（5.4 华氏度）。[44]

虽然树木年轮研究人员对这些结论提出了质疑，但更多的证据表明这个基本发现是正确的。通过校正估计的时间误差，对树木年轮序列重新对齐后得到的结果显示出更大的降温响应，与模型模拟的结果一致。爱丁堡大学的安德鲁·舒勒（Andrew Schurer）领导了另一项研究，他们分析了气候模式的过去千年模拟结果，发现仅仅移除少数最大的几次火山喷发（这些最容易受到树木年轮低估问题的影响），获得的结果就与气候敏感度值为约 3.0 摄氏度（5.4 华氏度）的推论一致。如果没有这些额外的交叉验证和修正，人们就会和 2006 年那项研究的作者一样，错误地得出类似的结论，即气候敏感度远低于实际情况。[45]

因此，在这里我们再次提醒大家，虽然古气候记录可以为我们提供重要的气候变化认知，但我们必须以批判的眼光看待这些记录，时刻意识到其局限性和可能的误差来源。在我们讨论的这个例子里，关于过去千年温度的早期研究得出的气候敏感度估值存在缺陷，因此，在面对未来的人为变暖前景时，这个缺陷很可能会传达出虚假的安逸感觉。

实际上，还有一个更深层次的潜在问题，它超出了“代用”数据记录过去气候变化的问题。公元纪元期间的气候响应主要是由降温驱动因素决定的，比如爆发型火山喷发。换句话说，我们真正看到的是气候系统对“凉气候”的反应。认识到这一点很重要，因为气候敏感度并不是一个常量。对于寒冷和温暖的全球气候，相关的反馈过程可能并不相同。在像末次冰盛期这样的冷气候中，正如我们在第六章中看到的那样，与冰有关的反馈至关重要。然而，在暖气候中，有一些关键的碳循环反馈与多年冻土融化和甲烷释放有关，或许还有只在热室气候中触发的云反馈问题，这些我们在第五章中已经讨论过了。

这种冷暖不对称性意味着，从过去的冷气候（如末次冰盛期）或凉气候（如前工业时代）中获得的气候敏感度值，可能不适用于预测未来的温室增暖情形。最糟糕的情况下，我们的二氧化碳浓度将达到数千万年来未曾见过的高度。因此，我们面临气候研究的“第二十二条军规”[①]，我们受到最可靠的古气候因素的制约，我们对近期历史中（例如公元纪元以来和末次冰盛期）的古气候数据和相关的驱动因子最为了解，然而，公元纪元以来和末次冰盛期都是寒冷或凉爽的气候，不太可能显示出热室气候的反馈，因此也不太可能表现出热室气候的敏感度。在几乎没有或根本没有减缓措施的政策情境下，到21世纪末，我们的二氧化碳等效浓度可能会达到1200ppm（这里包括甲烷和氧化亚氮等其他人为产生的温室气体）。我们要追溯到约5000万年前的始新世早期，才能在地质历史中找到这么高的二氧化碳浓度水平。正如我们在第五章中所了解到的，在这么高的二氧化碳浓度水平下，热室气候里可能会产生新的潜在反馈，从而提高气候敏感度。

2020年，新南威尔士大学的史蒂夫·舍伍德主持了一项总结性研究（我们在第五章中提到过他在气候变化引起的高温胁迫方面的工作），他结合各种古气候证据，试图缩小当前气候敏感度的不确定性范围，该研究得出了一个更新后的“可能”范围，为2.3—4.5摄氏度（4.1—8.1华氏度），与我们之前提到的典型的1.5—4.5摄氏度（2.7—8.1华氏度）相比，范围有所缩小。不确定范围下限收缩似乎是合理的，几乎没有任何证据（包括上述讨论中进行适当校正的最后一个千年记录）支持低至2.0摄氏度（3.6华氏度）的气候敏感度值。但是，该不确定性范围采用同样的上

① 《第二十二条军规》是美国作家约瑟夫·海勒创作的长篇小说，描写了美国空军飞行大队所发生的一系列非理性的荒诞事件。“第二十二条军规”规定，只有患精神病的飞行员才能获准免于执行危险枯燥的飞行任务，且患精神病必须由本人提出申请。但荒诞的是，你一旦提出申请，恰好证明你是一个正常人，还是在劫难逃。一般用“第二十二条军规”表示一种荒诞的两难境界。——译者注

限是否仍然合理呢？正如我们在第五章中所看到的，有证据表明，在过去的一些热室时期（如 PETM 的高峰时期），气候敏感度数值高达 5 摄氏度（9 华氏度）。但在舍伍德的分析中，上限数值不是来自遥远过去的热室气候，而是来自寒冷气候的古气候证据，这让我有点怀疑。无论是公元纪元以来最大火山喷发期间的降温，还是末次冰盛期的严寒，都无法告诉我们任何与热室气候特定反馈过程相关的信息，而这正是在“一切照旧”的情境中我们可能会面临的热室气候。[46]

危险的人为干扰

2015 年 12 月，在法国巴黎举行的联合国气候变化框架公约（UNFCCC）第二十一次缔约方大会（COP 21）上，195 个国家通过了被称为《巴黎协定》的文件。该协定要求世界各国（现已全部签署）将“全球平均气温增幅控制在工业化前水平以上不超过 2 摄氏度（3.6 华氏度），并努力将温度上升限制在工业化前水平以上不超过 1.5 摄氏度（2.7 华氏度）”。当全球升温超过以上限度时，气候变化的影响将越来越具有灾难性，如破坏性和致命的天气灾害、沿海洪水、健康状况恶化和死亡、生态系统退化、森林被毁、海洋受到威胁等。[47]

在评估为避免这些危险阈值还剩下多少碳排放预算时，一个重要的不确定因素是确定已经发生了多少变暖。这似乎是个奇怪的不确定性来源，因为我们已有精确的温度记录，告诉我们地球平均温度在过去一个世纪里发生了怎样的变化。但是人类造成的变暖比我们的温度记录还要早。撇开威廉·鲁迪曼（William Ruddiman）的“早期人类世”假说不谈，将衡量人类造成的气候变暖的基线定义为工业革命开始时是合理的，这将我们重新带回到 18 世纪中期，从那时起，人类开始大规模燃烧化石燃料。然而，IPCC 和许多研究人员采取的惯例是将 19 世纪末（例如 1850 年至 1900 年）作为基线，因为那是可靠的全球仪器测量地表温度所能追溯到的最早时期。[48]

这一惯例的问题在于，模式预测表明在那个时期已经发生了一些人为引起的温室效应变暖。这意味着使用 19 世纪后期的基线会低估已经发生的变暖，并低估我们距离潜在的危险变暖阈值和临界点有多近。仪器记录显示自 19 世纪末以来气温已升高了 1.2 摄氏度（2.2 华氏度），那么即使是 0.1 或 0.2 摄氏度的偏差，也会严重影响我们判断距 1.5 摄氏度（2.7 华氏度）和 2 摄氏度（3.6 华氏度）阈值的距离，还会严重影响我们估算为避免这两个阈值还剩下多少碳排放预算。

公元纪元时代全球平均气温的代用“重建”数据存在十分之几摄氏度的不确定性，这将它们对无仪器记录时期的升温估算限制在十分之一二摄氏度以内。然而，气候模式模拟可以提供更精确的估计结果。安德鲁·舒勒和合作者（我也是其中之一）使用了一套最先进且能持续上千年的模拟方法，其结果表明，在 19 世纪晚期之前，人类已经造成了 0.1—0.2 摄氏度（0.2—0.4 华氏度）的气候变暖。考虑到有仪器记录前发生的这种额外升温，舒勒和合作者估计，为避免升温幅度达到 2 摄氏度（3.6 华氏度），剩余的碳排放预算可能需减少高达 40%；而为避免升温幅度达到 1.5 摄氏度（2.7 华氏度），预算也将进一步减少。再加上其他不确定性来源，包括如何融合地表气温和海洋表面温度以计算全球平均温度，以及如何融合仪器和模式温度序列，剩余的碳排放预算可能会更少。如果我们正在寻找“不确定性不是我们的朋友”的例子，这又是一个。【49】

经验教训

公元纪元时代提供了许多关于气候危机的重要教训。首先，它提醒我们，今天发生的变化是多么空前。20 多年前的曲棍球杆曲线图就传达了这一明显且残酷的现实，但教训远远不止于曲棍球杆曲线。

我们看到，人类造成的温室效应正在扰乱气候的许多子系统，并改变气候变化的一些关键模态，包括厄尔尼诺 / 南方涛动（ENSO）、亚洲夏季风和北大西洋洋流。虽然这些联系背后的科学原理可能很复杂，但其造成的影响并不复杂：北美西部和世界其他地区干旱加剧，南亚等地洪水更严重，大西洋飓风季更加活跃，北大西洋鱼类数量锐减，以及美国东海岸海平面加速上升。

来自公元纪元时代的古气候数据强调，海平面上升和热带风暴增强形成的双重威胁，正在使沿海风险急剧增加。它们还可以为重要的气候政策评估提供信息，例如，要将全球升温保持在关键的 1.5 摄氏度和 2.0 摄氏度以下，还剩下多少碳排放预算。

工业革命前的公元纪元时代也为我们提供了一个更广阔的视角。例如，对过去 1000 年的分析使人怀疑是否存在类似 AMO 这样的数十年内部振荡，而这一振荡被质疑者所使用，用来反驳气候变化对大西洋飓风活动增加有影响。

在此我要向克林特·伊斯特伍德（Clint Eastwood）（以及对以下引用不熟悉的“千禧一代”）致以歉意，我对他的经典电影台词进行了改编，“任何科学学科必须明白自己的局限性”①。因此，尽管来自公元纪元时代的古气候证据提供了许多关键性的见解，但我们在自信地从现有证据中推断时也是有限制的。我们不应掩盖模型和“代用”数据之间的真正差异，因为科学家有时倾向于这样做。正如之前我们所看到的，这些差异可能揭示“代用”数据存在的潜在局限性，而这有可能导致对气候敏感度等政策信息量的系统性低估。最后，虽然这些数据可能会对气候敏感度范围的下限提供可靠的限制，但我们仍有理由对主要根据寒冷气候的古气候信息（例如工业化前的过去 1000 年提供的信息）缩小气候敏感度范围上限的努力持怀疑态度。热室气候的观测结果表明，气候敏感度可能比从寒冷气候推断的更高。忽视它们告诉我们的东西并不明智。[50]

---

① 克林特·伊斯特伍德是美国著名演员、电影导演和制片人，这里提到的经典台词是“A man’s got to know his limitations”（“一个人必须了解自己的局限性”），该台词出现在 1973 年克林特·伊斯特伍德主演的电影《紧急搜捕令》中。在该电影中，他扮演的硬汉警察哈里·卡拉汉说出了这句台词，意味着一个人在面对困境时，必须且应该清楚自己的能力范围和局限性。近些年，克林特·伊斯特伍德在公开场合批评“千禧一代”是“娘娘腔的一代”，批评他们过于依赖科技和社交媒体，导致缺乏真实的社交互动和深度思考，他抱怨这一代人容易受到周围环境的干扰，缺乏耐心和专注力。——译者注

第八章

过去是序言，还是……

“对于未来，你的任务不是预见它，而是使它成为可能”

——安托万·德·圣埃克苏佩里（《要塞》）①

已故的著名气候科学家和传播者史蒂芬·施奈德是我的朋友兼导师，他经常在讲话中引用格言。在描述气候威胁时，他曾经认为，“世界末日”和“对你有好处”是两个“概率最低的结果”。换句话说，事实几乎肯定介于这两个极端之间，正如史蒂芬也喜欢说的那样，“事实已经足够糟糕的了”。[1]

我们对贯穿地球历史的关键气候事件进行检查，结论支持了史蒂芬对气候危机的精辟描述。确实没有必要夸大这种威胁，仅凭事实就足以证明立即采取大规模行动的合理性。对古气候记录的客观回顾告诉我们，从现在开始预防未来真正的灾难性气候还为时不晚。而制约我们做出行动的并非科学，也不是技术，至少在此刻，阻碍仍然完全来自政治。用我自己的一句格言来说：确实很紧迫，但也有机会。毫无疑问，如果我们不采取行动，气候变化的影响将构成生存威胁。但我们可以采取行动，我们还可以维护这脆弱的时刻。

① 安托万·德·圣埃克苏佩里（1900 年 6 月 29 日—1944 年 7 月 31 日），法国作家、飞行员，以著作《小王子》闻名，其他著名的小说有《夜间飞行》《手斧少年》等，遗作《要塞》出版于 1948 年。第二次世界大战中圣埃克苏佩里在地中海上空执行侦察任务时失踪，后获得“法兰西烈士”称号，2000 年在马赛海岸附近的海底发现了一架 P-38 飞机的残骸，证明是那架失踪的飞机。——译者注

回顾过去

那么，我们究竟能从对过去的回顾中学到什么？关于我们目前面临的气候危机，我们穿越亿万年的地球历史之旅会给我们带来什么新视角？接下来，我们从45亿年前的初始时刻——年轻的太阳散发着微弱的光芒出发，一路走到煤岩燃烧散发出炽热的工业化时代。

我们评估了黯淡太阳悖论和盖亚假说，这凸显了地球气候系统内部稳定反馈的重要性，这些反馈总是会调节地球的气候。我们看到，地球和生命在很大程度上有非常强的适应力，这体现在它们对缓慢变化的驱动因子的响应中，例如太阳在亿万年间逐渐变亮、大陆的移动，以及固体地球向大气中释放二氧化碳等。

但我们也看到，当系统遭受冲击时会引发一系列失控的事件，让我们面临恶性循环，而非稳定的反馈。以20多亿年前的古元古代为例，生物进化而来的光合作用导致大气中的二氧化碳迅速减少，并通过正反馈被放大，引发降温和冰层堆积，这导致地球迅速变为一个冰雪球。我们所说的韧性显然有其限度，你不能使系统超过某个界限。

我们对地质历史上已知最大的灭绝事件进行了研究，即2.5亿年前的二叠纪—三叠纪或“P-T”灭绝事件，当时地球上90%的物种灭绝了。一些人简单地把这一事件看作一个由气候驱动的物种灭绝案例，在这个事件中，甲烷反馈起到了放大的作用。确实，气候变暖肯定在灭绝事件中发挥了作用，海底甲烷也是其中一个因素。但真正的驱动因素是西伯利亚大火成岩省超级火山喷发释放出的二氧化碳。由此导致的变暖完全在预期的气候敏感度范围内，也就是说，尽管我们经常读到惊悚的标题文章，警告我们面临“甲烷炸弹”和“热室反馈”这样的灾难，但这些并没有出现。

此外，除了气候变暖以外，当时还有许多其他因子导致了大规模的灭绝事件。其中包括大气和海洋的缺氧，以及致命的硫化氢“臭气弹”，这可能引发了臭氧层的破坏。除此之外，火山喷发排放的二氧化硫和大气中二氧化碳的积累也导致了海洋酸化。尽管其中一些因素与当今情况相关，但还有一些因素不相关。除了这些事项，我们没有古代那样的一个庞大的单一大陆（盘古大陆）。随着地球变暖，盘古大陆很容易发生干旱和森林退化，这引发了一系列的影响，包括碳埋藏减少，大气氧含量降低，海洋缺氧和海洋硫化氢中毒。但由人类引起的气候变暖极不可能引发这种“大灭绝”背后特殊的有毒环境。然而，这并不是说，这些因子对我们和其他生物不构成威胁，特别是由于人类碳排放导致的气候变暖和海洋酸化，它们确实构成威胁，如果我们不能控制对化石燃料的肆意燃烧，我们自己的噩梦即将到来。

6600 万年前灭绝恐龙的 K–Pg 撞击事件为我们提供了其他教训。恐龙不可能预见这次小行星撞击，而且对此也无能为力。相比之下，我们确实看到了“小行星”（比喻意义上的）向我们袭来，并且能够对此采取措施。其中的一个“小行星”是“核冬天”，颇具讽刺意味的是，这一威胁与冷战有关。我们之所以能认识到这一威胁，确实是由于发现了导致 K–Pg 大灭绝的撞击事件，它让我们认识到了流星与炸弹之间有相似之处。

当谈到当前的气候危机时，“小行星”这个隐喻特别贴切。事实上，它是如此贴切，以至电影导演亚当·麦凯（Adam McKay）将其用于热门电影《别抬头看》中，这部以气候危机为主题的讽刺作品将小行星当作故事背景。在这部电影里，一颗巨大的彗星向我们袭来，地球毁灭迫在眉睫，电影采用了寓言方式，几乎不掩饰地呈现当今世界面对气候问题的无所作为。电影中，莱昂纳多·迪卡普里奥饰演一位资深科学家，面对顽固的政客和漠不关心的大众媒体，他尽力告知公众迫在眉睫的威胁。迪卡普里奥在谈到他扮演该角色的灵感时提到了我，这令我的朋友和家人非常开心。虽然我不得不说，考虑到他扮演的角色表现出一些人格瑕疵（其中包括婚外情），我可不能确定这算不算是件好事！无论如何，重点在于当我们看到有真正的“小行星”（或彗星）朝我们飞来时，我们仍然可以做些什么。气候危机确实很紧迫，但我们也有机会，尽管我们面临的威胁生死攸关，但将发生什么事情，主动权在很大程度上仍然掌握在我们手中。[2]

我们今天的世界显然与黯淡太阳和冰雪地球时代大不相同。正如我们看到的那样，P-T 灭绝事件并不完全类似于现在的情况；并且没有证据表明在可预见的未来会出现真正的毁灭性小行星或彗星撞击。因此，我们的地球历史之旅还需继续，需寻找其他更接近我们今天所面临困境的气候情景，才能获得更多的认知。

这让我们想到了古新世—始新世极热事件（PETM），当时一系列火山爆发释放了大量碳，导致的最初变暖在短短 10000 年内引发了全球 7—11 华氏度（4—6 摄氏度）的快速变暖。尽管其变暖的速度与今天相比相形见绌，但 PETM 可能是我们最好的例子，说明通过大规模（尽管是自然因子导致的）释放碳会引发全球快速变暖。一些人推测，当时深海变暖的程度足以破坏一大部分海底甲烷储层的稳定，从而进一步加剧变暖，并触发了其他热室气候反馈机制。事实上，PETM 是悲观预测者们提出的典型例子，认为我们将无法避免迫在眉睫的气候灾难。他们坚称 PETM 是我们如今所面临危机的类比，将引发甲烷的失控变暖和大灭绝。

然而，实际证据并不支持这种说法。包括利用同位素分析在内的现有最可靠的科学研究表明，在 PETM 期间，海底甲烷水合物并没有大规模地释放甲烷。相反，这次变暖似乎主要是由火山喷发最初释放的二氧化碳引起的，紧随其后的是持续几万年的缓慢释放。虽然对如此久远的二氧化碳浓度水平和温度变化的估计存在不确定性，但它们仍表明，当时的气候敏感度大致在我们目前的正常范围内偏高一点的位置。据推断，当时的气候敏感度值为 3.7—4.5 摄氏度（6.7—8.1 华氏度），略高于当前估计的 3 摄氏度（5.4 华氏度）。正如我们所看到的，一些研究表明，在 PETM 期间，气候敏感度甚至可能会增加，达到接近 5 摄氏度的水平。当全球气温接近 32 摄氏度（90 华氏度）时，可能会出现热室反馈，例如出现云反馈。然而，即使在当时，也没有出现“失控升温”。

那么，我们应该从 PETM 中得到什么教训？不过首先是好消息，即使那时地球的温度比最糟糕的化石燃料排放情景更热，也没有发生“失控升温”，甚至没有发生大规模的物种灭绝。尽管快速气候变化确实带来了挑战和机遇，但是肯定有些物种胜出，有些物种失败。具有讽刺意味的是，我们就是赢家之一，或者更确切地说，是我们古老的灵长类祖先。然而，坏消息来了，即使没有达到 PETM 级别的高温，如果采用完全不采取任何行动的气候政策，也会使地球变得更加炎热，并导致地球上相当大面积地区变成不适宜人类居住的极热地带，这将导致一个更炎热 、更拥挤、缺少食物和饮用水的星球；甚至都不需要和金星一样达到失控的温室效应，也能产生一个反乌托邦的未来。在那种情况下，我们将是失败的物种。

无论如何，PETM 仍然不是一个完美的类比，因为变暖的起点可比现在要热得多，那是始新世早期温暖的温室气候。按理说，在随后稍冷的世界中，我们可以找到更像现在的更好类比。这将把我们带入晚新生代冰期，那时冰盖首次出现，这些冰盖对我们来说是如此熟悉，包括格陵兰（GIS）和南极（AIS）冰盖。距今约 300 万年前的上新世中期，似乎非常适合同现在进行类比，那时二氧化碳浓度约为 400ppm，与当前的水平相当。

乍一看，来自上新世中期的证据似乎情况不妙。在二氧化碳浓度水平与今天相似或略低的情况下，全球气温比今天高出至少 2 华氏度（1.1 摄氏度）。根据一些研究，那时的海平面比现在高 80 英尺（约 24 米）。这意味着当时没有格陵兰冰盖，没有西南极冰盖，甚至一部分东南极冰盖也消失了。这些证据有时会被用来提醒我们，如果我们只是简单地把二氧化碳浓度保持在当前水平，那么气温还将升高 2—3.5 华氏度（1.1—1.9 摄氏度），海平面也会上升数十米。根据各种令人窒息的新闻稿和媒体报道，我们必须开始适应上新世中期的世界，那是诺亚与他的方舟所熟悉的洪水世界。[3]

但实际情况并非如此。首先，正如我们在第六章中了解的那样，海平面上升80英尺（约24米）经常被人引用，这可能是对沉积物证据的误解，未能正确考虑诸如均衡回弹等地质效应。与今天相比，实际的海平面上升可能只有大约30英尺（约9米）。虽然仍然很糟糕，但那并非“水世界”。

更重要的是，与上新世中期的类比忽略了我们现在熟悉的滞后现象。在新生代二氧化碳减少的过程中，当二氧化碳浓度水平缓慢降至400ppm时，格陵兰冰盖还不存在。这并不意味着一旦人为造成的二氧化碳浓度上升达到类似水平时，就注定会造成同样的结果。像我们今天这样的冰盖一旦形成，就在一定程度上有维持性。在目前格陵兰冰盖仍存在的情况下，全球温度将会比原本要更低一些。

所以还没有！我们还没有真正陷入上新世中期的世界。不过，我们不应对目前的情况过于乐观，毕竟滞后效应只能为我们提供有限的缓冲。可以想象的是，只要全球再升温2华氏度（1.1摄氏度）左右，就足以把格陵兰冰盖推向极限。事实上，我们已经看到格陵兰正在出现大规模表面融化，作为警示来说这已经足够了。

我们的时空之旅大踏步到更新世，经过前八个周期为10万年的锯齿般的循环，一直到倒数第二个间冰期，即埃姆间冰期。当时的二氧化碳浓度水平与工业化前的时代（约280ppm）相当，而全球气温则与今天相似。地质学证据表明，当时的全球海平面比今天至少高6米（约20英尺），这需要南极洲和格陵兰部分地区的大量冰层融化。然而，要想以此来评估我们今天的影响则非常复杂，因为在更新世冰期旋回期间，二氧化碳和全球温度存在耦合关系，难以简单地确定二氧化碳浓度水平和全球温度之间的因果关系。[4]

那时地球轨道参数配置很特殊，特别有利于高纬度地区的夏季升温，这可以用来解释观测到的埃姆间冰期时冰盖的退缩。尽管那时全球气温与今天相当，但北极夏季的温度至少比现在高约1.9摄氏度，这是格陵兰岛冰损失的主要原因。对我们来说，这是一个好消息，因为我们仍然可以避免这种幅度的升温。在未来几十年内，如果执行积极的政策将碳排放降至零，北极夏季的温度几乎肯定能维持住，比现在高不超过1.9摄氏度。即使仅仅维持目前的政策，没有进一步的行动，北极的升温也有可能不超过1.9摄氏度。而另一方面，在"不采取任何政策"的最坏情况下，如果我们放宽现有的限制和承诺，到21世纪中叶，北极夏季气温的升温幅度可能会突破1.9摄氏度的临界值。再说一次，未来掌握在我们手中。[5]

我们知道，无论是北极熊还是北极海冰，都在埃姆间冰期幸存下来了，尽管北极出现了巨幅的变暖，但没有证据表明多年冻土中的甲烷出现了大规模释放。因此，埃姆间冰期为我们提供了一个更具说服力的论据，反驳了在气候"末日论者"中流行的观点，即北极的"甲烷炸弹"升温正在发生或即将发生。需要重申的是，真相已经够糟糕的了。[6]

末次冰盛期（LGM）则与埃姆间冰期相反，那时地球轨道因素有利于高纬度夏季降温和大陆冰川进入巅峰期。通过仔细分析末次冰盛期的降温效应来估计气候敏感度，不仅考虑了较低的二氧化碳浓度水平，还考虑了其他各种相关的驱动因子，包括尘埃和更广袤的大陆冰盖反照率的增加等，结果显示气候敏感度值约为3摄氏度（5.4华氏度）。数值模拟研究不仅再现了末次冰盛期，而且再现了更新世中晚期10万年周期循环的完整历史，结果也指向类似的气候敏感度数值。

虽然这些数据表明气候敏感度处于中等水平，我们可能从这些数据中得到一些安慰，但我们必须提醒自己，由于更新世冰室气候的限制，我们可能无法充分反映热室气候中的各种反馈和过程，而这些是我们即将面临的。

如今，科学意见的分歧有时会在社交媒体上引起实时讨论。2020年10月，我参加了一个在线交流活动，参加者包括我们现在熟悉的多位科学家，如加文·施密特，他是第七章讨论的舍伍德等人文章的合著者，马特·休伯（Matt Huber），我们早些时候提到过他关于热室气候敏感度的研究工作，还有亚利桑那大学古气候学家杰西卡·蒂尔尼（Jessica Tierney），我们在第六章讨论了她领导的关于LGM气候敏感度的文章。交流活动讨论涉及了一个非常重要的问题，即我们是否可以主要依据更新世冰室气候的信息来确定气候敏感度不确定性范围的上限。施密特和蒂尔尼支持肯定的观点，而我和休伯则站在反对的立场上。在这些问题上，专家之间确实存在真实的意见分歧。然而，在我看来，温室问题仍是个谜，我担心其中潜藏着其他意外情况。[7]

最后，我们来到了公元纪元时代，即过去2000年的时段，也是我们目前所处的时期。我们在这个时期得到的教训就像被曲棍球杆击中臀部一样明显。我们正在对地球进行一场前所未有的实验，过去一个世纪里出现了前所未有的变暖，并随之而来产生了海平面上升，这种情景反映出了这一危险实验的深远影响。相对于过去几个世纪较平稳的趋势，在工业时代，化石燃料燃烧和其他人类活动都产生碳排放，其影响既明显又严峻。我们当前时刻的脆弱性暴露无遗。

有了地球45亿年的古气候教训，现在让我们放下过去，转而展望未来，利用气候科学给我们提供的那个模糊的水晶球，我们虽然无法预知未来具体会是什么样子，但我们还是可以讨论能创造怎样的未来。

展望未来

我们要认识到，当涉及有关气候危机那些悬而未决的科学问题时，古气候研究所能提供给我们的信息是有限的。我们已经了解其中的许多问题，比如"代用"数据可能低估了某些变化，并且很难厘清影响特定代用记录的多种因子，这些因子可能是气候因子，也可能是其他因子。过去的情况有些模糊，尤其是时间越往前推，可用的数据就越少，已有的数据也会发生变动。承认古气候研究不能解决所有关于气候动力学、气候变率和气候变化的问题，这并不可耻。相反，古气候记录所提供的证据应该被看作非常宝贵的信息来源之一，与其他来源的信息相结合，可以更全面地了解气候系统和气候危机。

在以气候为主题的虚构灾难电影《后天》(*The Day after To-*

morrow）中，主角丹尼斯·奎德（Dennis Quaid）饰演了一位古气候学家，他向一名绝望的政府人员解释，他所能提供的只是“对史前气候变化的重建，这不是一个预测模式”。尽管如此，他还是继续使用这个模式作了预测，以惊人的精确度预测了影片中出现的气候灾难，但这并不是真实的世界。丹尼斯·奎德开始说的话是对的，古气候推断最根本的局限性在于，尽管它们可以帮助我们了解气候系统，但它们不能用来对未来作出实际预测。过去并不总是预示未来。因此，我们转而将物理定律应用于地球系统，来作关于未来的预估。

IPCC采用了各种被称为“典型温室气体浓度路径”（RCP）的“情景”，描述了可能的不同碳排放路径，这些路径对未来的气候政策作出了不同的假设。它们不是预测，但它们是有用的指南，用于说明不同的政策选择将如何导致未来不同程度的全球变暖。“RCP 2.6”代表一种我们可以称为“实质性气候行动”的情景，在这种情景里，将等效二氧化碳浓度保持在450ppm以下，并将（自工业化前以来的）变暖限制在2摄氏度（3.6华氏度）以内。“RCP 4.5”代表了我们可以称为“现行政策”的情景，将二氧化碳浓度保持在560ppm（工业化前水平的2倍）以下，并将升温幅度限制在3摄氏度（5.4华氏度）以下。“RCP 8.5”代表了我们可以称为“最坏情况”的情景，到21世纪末，二氧化碳浓度水平超过1200ppm，达到工业化前的4倍多（翻了两番），这种情景要么符合完全不作为的政策（包括废弃已经实施的气候政策），要么符合行动不力的政策，再加上森林燃烧或甲烷排放造成的碳循环反馈大于预期，在这种情况下，到21世纪末全球气温可能超过工业化前 5 摄氏度（9 华氏度），到 2300 年可能超过 9 摄氏度（16 华氏度）。事实上，由于模式之间存在不确定性，增温范围的高值端甚至指向高达 13 摄氏度（23 华氏度）的升温幅度。

古气候记录将这些模型预测置于严峻的形势下。在最坏的情况下，我们会把新生代晚期的冰室条件抛于身后，回到始新世的温室条件。到 21 世纪末，全球气温将达到距今约 3500 年前的始新世晚期的水平；到 2300 年，全球气温将达到距今约 4500 万年前的始新世中期的水平。如果我们运气不好，而且模型模拟的温度范围的高值端被证明是正确的，那么 13 摄氏度（23 华氏度）的升温幅度将使地球平均温度达到 28 摄氏度（82 华氏度），与始新世早期相当。

正如我们在第五章关于始新世的讨论中所了解到的那样，对于人类来说，这样炎热的世界几乎不适合人类生存，地球上大片区域的“湿球温度”将达到 80 华氏度（27 摄氏度）以上，这是一个致命的温度范围。然而，通过合理地减少碳排放的努力，我们可以很轻松地避免这样一个世界。但是致命的高温无法完全避免。即使在采取大规模气候行动的情况下，将增暖控制在 2 摄氏度（3.6 华氏度）以下，或者更甚于此，立即采取大规模行动将升温控制在 1.5 摄氏度（2.7 华氏度）以下，我们仍会面临危险高温暴露风险的增加。这个预测很容易，因为我们今天已经看到了这方面的证据。

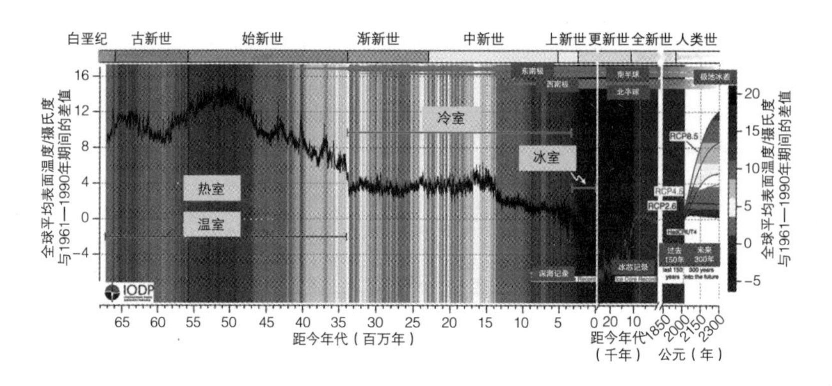

图 8–1　根据新生代的古气候记录，利用模型预测不同碳排放情景的未来变暖

2003 年的欧洲热浪导致 7 万人死亡，这是未来即将发生事件的先兆迹象。最近的研究表明，我们现在每年有多达 500 万人死于高温胁迫和其他危险的极端天气。再加上化石燃料燃烧产生的空气污染，每年因此还会额外死亡 400 万人，二者加起来就是 900 万人。这样的总死亡人数几乎是新型冠状病毒大流行时全球记录的总死亡人数的两倍。与迄今为止世界所面临的最严重的大流行病相比，化石燃料燃烧和由此引发的气候变化要致命得多。[8]

正如我们早些时候了解的那样，美国西部的许多城市已经感受到了高温胁迫对健康的不利影响。亚利桑那州的凤凰城就是其中之一，凤凰城以其炎热的夏季而闻名。有些读者可能还记得 2017 年 6 月的一则新闻报道，当时凤凰城经历了一场创纪录的热浪。2017 年 6 月 20 日，凤凰城机场的温度升至 120 华氏度（约 48.9 摄氏度），超过了飞机起飞的最高安全运行温度［118 华氏度（约 47.8 摄氏度）］。因为暖空气比冷空气密度小，一旦地表附近的空气达到118华氏度，它就不再能提供足够的浮力，飞机无法在加速到达跑道尽头之前起飞。因此，所有的航班都停飞了。[9]

我亲身经历了这件事，当时我刚和家人从大峡谷度假回来，我们在凤凰城机场附近的一家酒店过夜，准备第二天早上坐飞机回家。当天下午，我和女儿去户外游泳池游泳，那感觉像是跳进热浴缸里一样。光脚走在人行道上，就像走在滚烫的煤炭上。不用说，没过多久，我们就逃回了酒店房间，回到有空调的“绿洲”。

当晚凌晨3点左右，我和妻子被那时才11岁的女儿吵醒了。她感到不舒服，呼吸困难。我们叫了一辆出租车，把她送到最近的医院的急诊室。医生给她戴上了氧气呼吸器，才暂时缓解了她的症状。我们一回到家就带她去看医生，医生诊断她患有“间歇性哮喘”，这可能是因为创纪录的高温导致地表臭氧浓度达到危险水平所致。那一刻，我第一次亲身面对气候变化的危害，它就直接真切地发生在我自己亲人身上。[10]

在澳大利亚2019/2020年的夏季，我再次目睹了气候危机。当时我来到悉尼进行学术休假，顺便研究气候变化对澳大利亚极端天气事件的影响。然而，我见证了正在发生的灾害，创纪录的高温和干旱交织在一起，将澳大利亚变成了地狱般的场景，大规模、破坏性、致命的森林火灾在大陆上蔓延。我亲眼看到这一切就真实地在我面前发生。[11]

当然，现在全球数百万人经历了类似的事件。在第五章中，我们讨论了2022年春季影响印度和巴基斯坦的长达数月的热浪。随着湿球温度超过86华氏度（30摄氏度），数十人死于中暑。根据IPCC主要作者查德尼·辛格（Chandni Singh）博士的说法，这场创纪录的热浪考验了“人类生存能力的极限”。持续的极端高温导致电力中断，并对小麦产量产生了不利影响，凸显了这些极端高温事件的连锁影响。[12]

在美国，我们经历了一个又一个高温创纪录的夏天。2021 年 6 月，太平洋西北部发生了臭名昭著的“热穹顶”事件，波特兰的高温达到 107 华氏度（约 41.7 摄氏度），西雅图的高温达到 103 华氏度（约 39.4 摄氏度），华氏度三位数的高温一直延伸到加拿大西南部。“世界天气归因”项目的科学家小组利用气候模式进行了检测与归因分析，评估了气候变化在这一事件中的作用。他们估计，如果没有气候变化，这应是一个 15 万年一遇的事件，换句话说，在上一个冰期 / 间冰期的整个旋回周期中，这种极端事件甚至连一次都不会出现。然而，更令人震惊的是，当考虑到人类造成的气候变暖的影响时，他们估计这仍然是一个难以置信的千年一遇的事件。[13]

那么，我们是否可以简单地将“热穹顶”事件的发生归咎于运气不好？只是一个不幸的天气骰子？还是我们不得不承认模式可能未能捕捉到导致这些极端事件的一些重要机制。我和朋友兼同事苏珊·乔伊·哈索尔在《纽约时报》的一篇专栏文章中论证了后者。我们注意到，除其他因素外，“共振”现象在其中发挥了作用，形成了这一前所未有事件的急流结构配置，而当今气候模式还不能很好地捕捉到这一现象。[14]

共振是一种适用于波状扰动的现象，从量子尺度一直到行星尺度都有应用。关于共振，我们最熟悉的场景可能是当我们在浴室里唱歌时，我们的声音会被放大，因为淋浴间的物理尺寸［宽约 4 英尺（1.2 米）］与我们发出的声音的波长非常接近。声波被淋浴间的墙壁困住，因此振幅增加。类似的现象也可能发生在大气扰动中，出现在我们称作“罗斯贝波”或“行星波”的大气波扰动中，对我们来说，它们就是天气图上常常见到的急流的南北波动、蜿蜒和起伏现象。

我和同事们已经证明，这种共振现象得益于北极的加速变暖。寒冷的北极和温暖的亚热带之间温度差的减小使得急流减速，并在适当的情况下，形成像 2021 年 6 月初那样非常扭曲且稳定的结构。共振有助于在北美西部形成非常深厚的高压中心或“高压脊”，并使其锚定在原地，逐渐形成危险的“热穹顶”高温。[15]

2022 年 6 月，我们目睹了一系列与急流共振有关的极端天气事件，涉及半个地球。其中之一是北美地区的创纪录高温，高温热指数达到三位数（华氏度），覆盖了美国中部和东部的大片地区。1/3 的美国人发现自己处于危险的高温环境中。与此同时，蒙大拿州出现了创纪录的洪水，给黄石国家公园造成严重损毁。这就是复合型极端天气事件越来越普遍的例子。在这种情况下，春季异常温暖，导致大量的冰川融水，加上稳定的低气压系统，在几天内倾泻下 3 个月的降雨量。另一种越来越常见的复合型事件是极端的夏季干旱和野火，伴随着植被破坏和表层土壤的失稳，随后来临的冬季降雨和洪水会导致致命泥石流的发生，而这一切即受到气候变暖和可降水湿度增多的影响。不幸的是，这种情况在 2018 年冬天曾出现过，当时在加利福尼亚州南部夺去了 24 个人的生命。[16]

2022 年 6 月，当共振事件在北美引起极端高温和降雨时，下游地区也出现了更多类似的情况，欧洲也经历了创纪录的高温。

在法国，高温不仅打破了6月初的当月最高温度纪录，而且许多地方还打破了历史最高温度纪录。意大利北部不仅遭遇了酷热，还遭遇了持续性干旱，100多天没有一滴雨。而在印度，灾害似乎永不停息，数以百万计的家庭被创纪录的洪水淹没。类似事件之前也出现过，例如，2018年夏季，北美、欧洲和亚洲爆发了一系列类似的极端天气事件，也是由共振事件连接起来。[17]

我为什么要如此强调急流、波动共振和极端天气事件的问题呢？这与科学的不确定性问题有关。那些反对气候行动的批评者经常提及不确定性，将不确定性作为不采取行动和延迟行动的理由。但事实恰恰相反。在多数情况下，不确定性只会对我们不利。在第六和第七章中，我们看到早期的气候模式低估了冰盖崩溃和海平面上升的潜力，因为这些模型没有包括与冰盖崩溃相关的关键过程。随着气候模式逐渐纳入这些过程，预测值持续上升，现在我们所谈论的不再是到2100年1英尺（约0.3米）的海平面上升，而非常可能是6—7英尺（1.8—2.1米）。

极端天气事件也有类似的情况。我和合作者已经证明，目前的气候模式无法准确地捕捉到急流上波共振事件所涉及的过程。这可是有问题的，正如我们现在看到的，这一机制与我们近年来目睹的许多破坏性极端天气事件有关系，而且有证据表明，气候变化正在使共振事件更加频繁。无论是对历史模拟的诊断分析，还是对未来增长趋势的预测，目前一代的气候模式都可能低估了气候变化对极端事件产生的影响。[18]

因此，气候模式是个有点模糊、没那么清晰的水晶球。模型中缺乏对重要过程的描述，这涉及一些关键的气候变化影响，如冰盖崩溃、海平面上升、北极海冰退缩、海洋传送带减速或崩溃、北美西部干旱以及极端天气事件的增加，这导致气候模式系统性地低估了气候变化的速度和幅度。但是，气候模式借助物理学、化学和生物学的规律，对我们的未来作出定量的、严格的预测，这提供了重要的指引，在许多方面是我们的最佳指引，例如，全球变暖与早期气候模式的预测非常一致，这比依靠直觉、观点和疯狂的推测要可靠得多。[19]

在这样一个热门话题、夸张和两极分化的评论最能产生点击量、分享量和转发量的政治经济环境中，这些关于气候模式的微妙观点很难得到传播。我经常遇到这样的人，尤其是在社交媒体上，他们确信最近的极端天气事件证实了气候危机远比我们想象的糟糕，科学家和气候传播者有意向公众“隐瞒”了这一可怕的真相。这可是以前我们在否认气候变化的人群中发现的阴谋论思维，但如今我们越来越多地在气候“末日论者”中看到这种想法。例如，在2022年6月中旬的热浪期间，有人在推特上对我和我的同事凯瑟琳·海霍说：“我们再次看到，气候科学家经常向公众展示的结果过于保守，回避了当时被认为更糟糕的情况，然而这些糟糕情况正在成为我们今天的现实。”[20]

这并不正确，或者顶多是部分正确。我回答道：“实际上，地球变暖与早期气候模式的预测非常一致。一些影响，比如冰盖融化和海平面上升，以及海洋‘传送带’的减弱都超出了预测。”正如我们所看到的，仅执行当前政策，可能使变暖保持在3摄氏度（5.4华氏度）以下，远不及我们讨论过的“最坏情况”。但这并不意味着有些影响不会更早、更显著地显现出来。事实确实如此，正如已故的著名气候学家史蒂芬·施奈德在几十年前忠告的那样，这既不是“世界末日”，又不会“对你有好处”。总体证据既不支持听天由命的宿命论，又不支持自我麻醉。[21]

同样重要的是，我们要认识到，气候变化并不是我们在达到1.5摄氏度（2.7华氏度）等全球变暖阈值时会跌下的悬崖（尽管大家通常是这样描述）。气候行动不是一个“成功”或“失败”的二元情况。更好的比喻是，它就像我们正在行驶的一条危险公路，我们要尽可能早地驶出公路出口。正如我们所看到的那样，危险的气候变化表现为毁灭性的干旱、热浪、野火、洪水和超级风暴，其影响已经开始显现。由于全球新冠疫情大流行（一部分原因可能是生态破坏）的破坏，再加上更为极端的天气，导致供应链中断，有时还会带来灾难性的后果，如婴儿奶粉短缺。极端高温导致劳动生产率大幅下降，仅美国经济每年就损失近1000亿美元。[22]

危险的气候变化不可避免，它已经出现了，所以这是一个我们愿意让它变得多么糟糕的问题。我们如果将气温升高限制在1.5摄氏度（2.7华氏度）以下，我们就可以避免更糟糕的影响。但是，我们如果错过了碳排放高速公路的出口，2摄氏度肯定比2.5摄氏度更好。我们如果再次错过出口的机会，2.5摄氏度肯定比3摄氏度更好。以物种灭绝为例，根据IPCC估计，在气温升高1.5摄氏度的情况下，多达14%的物种可能会灭绝，而在气温升高2摄氏度的情况下，多达18%的物种可能会灭绝。这无疑是一个悲剧，但加上其他不受控制的人类活动，包括破坏栖息地和滥用动物资源等，还将导致更大的灭绝率。然而，在升温达到3摄氏度时，物种灭绝率将上升到29%，在升温4摄氏度时将达到39%，在升温 5 摄氏度时将达到 48% 。按照任何合理的标准，如果所有的物种中有一半灭绝了，那就构成“第六次大灭绝”事件，并可与地球地质历史上的大灭绝相媲美。但是，在可行的气候行动方案下，这种情况是可以避免的。[23]

尽管我们经常在头条新闻中看到气候导致“大规模灭绝”这种令人窒息的说法，但实际上我们还远未陷入这样的未来。我们如果能采取有意义的行动来解决气候危机，就可以避免灾难性的气候影响。当然了，这里说的是“如果”，科学只是告诉我们这是可行的。过去十年来，气候科学的重要发展之一是认识到温室气体变暖的数值取决于到特定时间点的累计碳排放量。这引出了“碳预算”的概念，它决定在将升温控制在不超过特定的水平前，我们还能燃烧多少碳。

过去常见的观点认为，即使我们停止向大气中排放碳，但由于海洋的迟缓性，变暖仍将持续数十年，因为海洋在二氧化碳停止增加后仍然会继续变暖，这被称为“预定增暖”。但预定增暖只是这个故事的一半，这是早期简单的气候模式实验的产物，其中假设碳排放停止后，二氧化碳浓度水平保持不变。后来，更全面的模拟采用与海洋碳循环动力学相耦合的模式，揭示了随着海洋继续从大气中吸收碳，碳排放停止后，二氧化碳浓度水平实际上会下降。温室效应的减弱与预定增暖相互抵消，其结果是一条基本平直的线。换句话说，一旦净碳排放量降至零，全球气温就会迅速稳定下来。[24]

因此，我们可以计算出达到特定全球温度稳定目标的碳预算。例如，要将地表气温保持在 1.5 摄氏度以下，我们需要在 30 年内将碳排放降至零，并且必须在10年内降至一半。当然还有一些其他干扰因子，例如，当燃煤结束时，硫酸盐气溶胶污染导致的降温也会下降，这会导致升温。但是在很大程度上这种升温会被其他变暖因子的减少所抵消，这些因子包括甲烷这样的温室气体，还有来自化石燃料燃烧的黑炭。这些额外的因子几乎相互抵消。[25]

在有些情景下，全球温度会超过给定的1.5摄氏度的目标，到21世纪中叶可能升至2摄氏度左右，然后回落并稳定在1.5摄氏度以下，这被称为“过冲”。从气候影响的角度来看，持续时间较短的小过冲当然比持续时间较长的大幅度过冲要好。不过，需要再次强调，凡事都没有绝对。气候变暖的幅度越小越好，持续时间越短越好。2018年IPCC对所有部门的风险进行了最全面、最权威的评估，包括健康、食品、水资源、冲突、贫困和自然生态系统健康等各个领域，得出的基本结论是，我们不希望全球升温超过1.5摄氏度，更不想让全球升温超过2摄氏度，而且，如果确实会超过这些目标，我们希望超出目标的持续时间尽可能短。

我们在这方面的努力进展如何？科学家们评估了2021年年末在联合国格拉斯哥气候大会（COP 26）上各国上调的承诺，确定这些承诺可能会将全球升温维持在2摄氏度以下。与2015年巴黎大会之前我们面临的约4摄氏度的升温相比，这可是一个巨大的进步。但与将升温限制在1.5摄氏度相比，仍然存在很大的风险。此外，作出承诺和履行承诺是两码事。正如在COP 26结束后，我和同事苏珊·乔伊·哈索尔在《洛杉矶时报》（*LA Times*）的专栏文章中所说明的那样，我们仍能将升温限制在1.5摄氏度以内，但“必须从现在开始努力”。[26]

在实现1.5摄氏度目标的路径中，除了其他因素外，还需要不再建设新的化石燃料基础设施。然而仍然有正在施工的石油管道，包括埃克森美孚和俄罗斯天然气工业股份公司在内的几家化石燃料公司还在规划新的项目，这些新项目将生产约2000亿桶石油和天然气，与此同时，美国依然是全球累计碳排放量最多的国家。[27]

让决策者、舆论领袖和企业承担责任至关重要。因为尽管公众极力支持采取协调一致的气候行动，但他们无法自己实现所需的变革。作为个人消费者，我们当然可以作出对气候友好的选择。但我们无法对可再生能源行业提供补贴，也不能取消对化石燃料行业的补贴、对碳排放定价或阻止重要的化石燃料基础设施项目。只有我们选出的决策者才能做到这一点。在美国，两大政党之一的共和党实质上是化石燃料行业的全资附属机构，对化石燃料行业言听计从。[28]

正如我在《新气候战争》中详细描述的那样，气候行动的最大障碍是由化石燃料行业发起的一场持续的、规模庞大的、花费了数十亿美元的虚假信息宣传攻势。同样对此负有罪责的还有保守派媒体的帮凶，媒体大亨鲁伯特·默多克（Rupert Murdoch）更是深涉其中，他是世界最大石油出口国沙特阿拉伯皇室的长期亲密的商业合作伙伴。为了反击，我们需要从澳大利亚的朋友们那里学些东西。[29]

默多克利用自己的国际媒体帝国，宣扬气候变化否认主义和化石燃料行业的虚假信息，将新闻集团作为对抗气候行动的武器。他的新闻媒体包括臭名昭著的福克斯新闻频道。多年来，该频道一直在用化石燃料行业的宣传毒害数百万美国观众的思想。但默多克对澳大利亚媒体环境的控制更大，他控制着那里近 2/3 的报纸发行量，控制着主要的电视网络，包括天空新闻和福克斯电视。[30]

然而我们看到默多克的虚假信息茧房正在出现裂痕。我们有必要回顾一下历史，就像美国的情况一样，曾经有一段时期，澳大利亚的两个主要政党（号称进步的澳大利亚工党和名称为“自由党”的保守党）都非常支持环境保护和气候行动。2006 年，自由党首相约翰·霍华德首次提出了限制碳排放的碳排放交易体系，这被称为排放交易方案（ETS），当时的自由党环境部长马尔科姆·特恩布尔（Malcolm Turnbull）则提出了第一项实施该方案的法案。[31]

工党领袖陆克文（Kevin Rudd）曾与霍华德在制定气候政策方面合作，他在 2007 年的选举中当选为总理，并试图实施 ETS。然而，当时的反对派自由党由气候变化否认者托尼·阿博特（Tony Abbott）领导，当时的绿党认为 ETS 方案不够激进，他们结成了一个同床异梦的奇怪联盟，共同反对该方案。2011 年，陆克文的工党同僚朱莉娅·吉拉德（Julia Gillard）接替陆克文担任总理，并成功通过了 ETS，使澳大利亚成为继欧盟之后，又一个实施市场机制以限制碳排放的主要工业国。

澳大利亚化石燃料利益集团迅速动员起来，共同反对 ETS。可以预料的是，化石燃料利益集团和默多克媒体猛烈地抨击了吉拉德。正如《纽约时报》描述的那样，他们将 ETS 描述为一个负担，“一个会损害企业和家庭并造成费用负担的方案，而不是一个可以减少污染、为孩子们确保更安全未来的方案”，然而，现实情况是物价的上涨幅度很小，并且税收被返还给了消费者，低收入者实际上还受益了。但这已经无关紧要了，他们的抨击行为已经造成了损害。工党在接下来的选举中失败。尽管曾担任自由党领袖的特恩布尔支持 ETS，但在化石燃料利益集团和默多克媒体的支持下，自由党和右翼的国家党的反对日益加剧，他们发动罢黜行动，用否认气候变化、为化石燃料辩护的托尼·阿博特取代了特恩布尔。[32]

然而，独立政治家们酝酿了一个运动，他们既不支持工党，又不支持自由党。他们支持气候行动，自称“青色独立派”，青色是绿色（表示对环境的优先考虑）与蓝色（传统上与保守的自由党相关联）的结合。他们中的首位成员是扎丽·斯特格尔（Zali Steggall），她来自沿海富裕的悉尼沃林加选区。在 2019 年 5 月的澳大利亚大选中，她击败了自由党议员，成功当选。在竞选过程中，她将气候变化作为重点关注的议题。她的对手是一个气候变化否认者，反对采取气候行动，还有对女性政治对手进行恶劣攻击的黑历史。在过去的 25 年里他一直保持着他的议席，直到被扎丽·斯特格尔击败，他的名字是托尼·阿博特。[33]

在 2022 年 5 月的澳大利亚全国大选中，默多克的宣传机器未能选出一个对化石燃料友好的保守党政府。气候变化成为选举中的一个决定性议题。“黑色夏季”的持久影响无疑是部分原因，但我们同样不能低估“青色独立派”的崛起，它代表了澳大利亚政治的结构性转变。工党、绿党（他们在众议院赢得了两个席位）以及值得一提的绿党独立派，他们都在竞选中致力于更大规模的气候行动和更雄心勃勃的减排目标。由安东尼·阿尔巴尼西领导的新一届工党政府承诺到 2030 年将排放削减 43%。

澳大利亚经历“黑色夏季”时我在那里学术休假，结识了马尔科姆·特恩布尔（Malcolm Turnbull），在我和他的一篇专栏文章中，我讨论了美国人可以从澳大利亚发生的事情中汲取的经验教训。例如，澳大利亚是如何打败默多克的气候虚假信息机器的？多年来，这个机器一直卓有成效地对美国的气候政策发动战争。[34]

我们认为，澳大利亚选举制度的几个特点使其能够抵御默多克的侵蚀。例如，他们采用公正的选区划分和强制投票，这些都有助于政治代表体系更加民主。这两个都可以在美国作为值得称赞的目标，但实施这些目标将是一场艰苦的战斗，因为在红色州①可能会有党派反对。不过，最后也是最重要的一点是前面提过的澳大利亚的“排序投票制”②。目前，美国只有两个州的法律规定了排序投票制。有趣的是，它们并不是蓝色州，一个是紫色州（缅因州）③，另一个是深红色州（阿拉斯加州）。可以说，这就是为什么来自这两个州的共和党参议员——丽莎·穆尔科夫斯基（Lisa Murkowski）和苏珊·柯林斯（Susan Collins）——在政策上比大多数共和党成员更加中立。

---

① 美国南部和中部各州，是共和党的票仓。——译者注

② 澳大利亚采用偏好投票（preferential voting），在选举中，选民需要按照自己的喜好对候选人进行排名，在选票上按顺序标记候选人的首选、次选、三选等，直到将所有候选人都排出顺序。在计票时，首先统计每个候选人的首选票数，如果某个候选人获得了超过半数的首选票，他就会被宣布获胜当选。如果没有候选人获得超过半数的首选票，那么票数最少的候选人就会被淘汰。一旦有候选人被淘汰，将根据选民的次选，把被淘汰候选人获得的选票重新分配给其他候选人，这个过程会一直重复，直到某个候选人获得超过半数的有效票数，从而获胜当选。这种偏好投票制度可以确保选民的意愿得到更好的反映。——译者注

③ 紫色州又被称为“摇摆州”，指的是在美国总统选举中，民主党和共和党势均力敌的州，是决定选举胜负的关键地区。——译者注

越来越多的城市和自治市已实施了排序投票制，且目前有29个州正在考虑实施。排序投票制得到了美国两党的高度支持，这在当今美国党派极端化的政治环境中非常罕见，它具有潜在的改变游戏规则的影响。这在澳大利亚青色独立派的表现中显而易见，他们的竞争对手是现任的自由党人，他们中的大多数人通常会获得50%或更多的首选票，如果他们能吃掉10%的选票，将对手的票数降至40%或更多，然后在大量选民中排名第二，他们就能在工党和绿党选民的支持下获胜。事情就是这样的。

正如我和马尔科姆·特恩布尔在我们评论的结尾所说，“民众的力量战胜了默多克，也许在美国也可以做到”。鉴于美国是最大的累计碳排放国，美国的领导作用对于争取包括中国和印度等在内的其他主要排放国的支持至关重要。这是可能实现的途径，画出了在气候问题上前进的路线图。[35]

具有讽刺意味的是，在这个充满希望的时刻，一个新的障碍出现了。最大的威胁不再是否认主义者，坦率地说，鉴于我们所有人都能看到实时发生的影响，否认主义已站不住脚，最大的威胁来自末日主义者，就是那些认为现在采取行动为时已晚的人。

末日论以各种形式存在，其中一个最显著的例子是由英国学者杰姆·本德尔（Jem Bendell）发起的“深度适应”运动。在2019年年初，本德尔发表了一篇文章，被媒体机构Vice① 称为“这份气候变化文件令人如此沮丧，以至需要去接受心理治疗”。但这并不

① Vice是一家总部位于北美的数字新媒体集团，成立于1994年，深受网络时代年轻人的喜爱。旗下包括新闻、文化、音乐、艺术等诸多频道，估值最高达57亿美元，然而近几年该公司陷入困境，2023年开始寻求破产重组和出售业务。——译者注

是一篇经过同行评审的学术文章。实际上，它曾被学术期刊拒绝发表。最终本德尔在个人网站上发布了这篇文章。尽管这篇论文缺乏学术严谨性，但阅读量已超过10万人，远超过经过同行评审的一般文章。与其他末日论者相比，本德尔更好地伪装了他的末日论观点。例如，2012年，末日论者盖伊·麦克弗森（Guy McPherson）坚称到2020年失控的全球变暖将杀死绝大多数人，但是，本德尔仍然声称“气候引发的社会崩溃在短期内是不可避免的”，关于“短期”，他称这意味着“大约十年”（这可是他3年前的说法）。本德尔基于一个已经被证明站不住脚的观点，他坚持认为，北极“甲烷炸弹”和失控的变暖即将到来，这将导致农业崩溃、传染病呈指数级增长，并可能（他暗示）导致人类灭绝。尽管“深度适应”完全缺乏科学可信度，但它现在却拥有一大批拥趸[36]。

我们确实应该展开一场关于社会崩溃威胁的讨论和对话。在我们不断以砍伐森林、污染空气和水、过度捕捞、开采矿物燃料等形式破坏全球环境的时候，在我们发现自己与地球可持续发展的基本边界相冲突的时候，在栖息地被破坏而引发新的流行病的时候，我们有理由怀疑这种继续实行资源开采和自然资源驱动增长的政策的可行性。并且，在一个充斥着谣言和虚假信息的时代，这些信息被恶意行为者利用，以煽动本土不满和怨恨为武器，推进威权主义和法西斯主义的议程，这足以让人担忧。如果你一点都不担心，那说明你根本不关注现实。

迄今为止，采取政策进展缓慢，并且不充分，一些气候倡导者对此感到失望，这可以理解。但是他们不应该纵容这种失望被虚假的预言家所利用和挟持，引导他们走向漠视和无为的道路。

是的，我们面临巨大的挑战。但有些人声称气候引发迫在眉睫的“人类灭绝”和“失控变暖”，这些是夸张的说法，在科学上没有依据，也毫无帮助。正如我和苏珊·乔伊·哈索尔在《时代》杂志上写道：“我们没有理由停止限制全球变暖的努力，任何哪怕0.1摄氏度的增暖都会起作用，加剧气候紊乱的程度，最终增加我们的苦难。”[37]

与其被引向末日论和悲观，我们应该把失望合理地转化为正义的愤怒。研究表明，与恐惧、焦虑和抑郁等情绪不同，正义的愤怒实际上能够激发力量、参与和行动。简而言之，我们必须认清真正的敌人，即化石燃料行业的恶行者和教唆者，并将愤怒和失望转化为政治行动。[38]

对地球气候历史的回顾给了我们希望。它告诉我们，除非完全不作为（再加上非常糟糕的运气），我们不可能引发甲烷驱动的失控变暖，也不可能进入无法居住的类似PETM的热室世界。但这并不意味着我们不用担心了。要威胁人类文明的稳定几乎都不需要失控的热室情景。我们已经看到，政治运动和日益激烈的对自然资源的争夺就足以对人类文明的稳定构成挑战。气候变化给问题火上浇油，导致生产力下降、供应链和分配系统中断，煽动在水、粮食和土地问题上冲突的火焰，并助长了大流行病的失控。

因此，我们回到这本书试图回答的基本问题。我们今天的气候是否已经岌岌可危，已经到了危若累卵的地步？是否会随时掉入由甲烷驱动的失控变暖，是否会在越来越快的死亡螺旋中崩溃？或者它是否足够强大，可以容忍持续燃烧化石燃料，而几乎不会有严重的后果？正如史蒂芬·施奈德几十年前所忠告的那样，答案是“都不是”。

即使我们没能在现有气候政策的基础上再接再厉，陷入了“一切照旧”的状况，地球升温也不太可能超过3摄氏度。没有“甲烷炸弹”，没有“失控的变暖”，也没有“热室地球”。但是在那种变暖的程度上，可以预料我们将承受很多痛苦，出现物种灭绝、生命损失、社会基础设施不稳定、混乱和冲突。简而言之，那将是我们脆弱时刻的终结。

那不是我们想要生活的世界，也不是我们想留给子孙后代的世界。尽管那是一个可能的未来，但并不是一个注定的未来，这就是我们对过去和现在气候的回顾之旅明确告诉我们的。如果在未来十年和数十年里，在已经采取的行动的基础上，我们能再接再厉，使我们的工业文明脱碳，我们就还能维护我们这脆弱的时刻。

这就是通过对过去和现在气候的回顾揭示给我们的可信信息。所以，让它成为我们的集结号和使命吧！

致谢

我很感谢这些年来为我提供帮助和支持的许多人。首先最重要的是我的家人：我的妻子劳琳，女儿梅根，父母拉里和宝拉，兄弟杰和乔纳森，还有曼家的其他人，桑斯坦、范瑟斯和桑托斯。

我非常感谢所有激励我、指导我、给我做出榜样的人，包括但不限于：卡尔·萨根、史蒂芬·施奈德、简·卢布琴科、约翰·霍尔德伦、比尔·奈、保罗·埃利希、唐纳德·肯尼迪、沃伦·华盛顿和苏珊·乔伊·哈索尔。我感谢青年气候运动（YCM）的领袖们，包括格蕾塔·桑伯格、亚历山大·比利亚瑟诺、杰罗姆·福斯特和杰米·马戈林，感谢他们给予我灵感。

我特别感谢给我提供反馈和意见的同事们，包括加文·施密特、李·坎普、马特·胡伯、比尔·拉迪曼、理查德·艾利、戴维·波拉德、罗伯·德孔托、马特·奥斯曼、斯蒂芬·拉姆斯托夫和梅特奥·威利特。

我要感谢宾夕法尼亚大学的各位同事和员工，他们让我在学术界感到如鱼得水，包括利兹·马吉尔校长、史蒂文·弗鲁哈蒂院长和小约翰·杰克逊院长。还有我众多的专业同事，包括凯瑟琳·昂格尔·贝利、大卫·布雷纳德、琼·布奇利、香农·克里斯蒂安森、比尔·科恩、科妮莉亚·科林、以西结·伊曼纽尔、艾米丽·福尔克、约瑟夫·弗朗西斯科、大卫·戈兹比、凯瑟琳·霍尔·贾米森、维特·赫尼兹、拉肖恩·杰斐逊、海瑟·科斯蒂克、莎拉·莱特、伊琳娜·马里诺夫、贝克泽拉·姆博法纳、凯瑟琳·莫里森、珍妮弗·平托-马丁、西蒙·里希特、瓦妮莎·希帕、迈克尔·韦斯伯格。

我非常感谢两党里各位睿智的政治家，他们站出来反对强大的利益集团，支持和保护我和其他科学家免受出于政治动机的攻击，并努力推动气候政策对话的展开，使公众对此知情。其中包括舍伍德·博勒特、杰里·布朗、鲍勃·布拉德、小鲍勃·凯西、比尔·克林顿、希拉里·克林顿、彼得·加勒特、阿尔·戈尔、马克·赫林、鲍勃·英格利斯、杰伊·英斯利、爱德华·马基、特里·麦考利夫、约翰·麦凯恩、克里斯汀·米尔恩、吉姆·莫兰、亚历山大·奥卡西奥-科尔特斯、哈里·里德、伯尼·桑德斯、阿诺·施瓦辛格、阿伦·斯佩克特、马尔科姆·特恩布尔、亨利·韦克斯曼、谢尔登·怀特豪斯和他们的众多同事。

我还要感谢我的经纪人朱迪·所罗门、雷切尔·沃格尔和苏西·贾米尔以及公共事务部的工作人员，包括我的编辑科琳·劳里，公关人员布鲁克·帕森斯和米格尔·塞万提斯，文案夏洛特·伯恩斯，制作编辑米歇尔·威尔什·霍斯特和封面艺术家皮特·加索，感谢他们的辛勤工作和支持。

我要感谢过去和现在其他众多的朋友、支持者和同事，感谢他们多年来的协助、合作、友谊和鼓舞，包括约翰·亚伯拉罕、凯莉·埃亨、肯·亚历克斯、约卡·阿迪蒂-罗查、库尔特·巴德拉、小艾德·贝格利、安德烈·伯杰、卢·布劳斯坦、马克斯·博伊科夫、雷·布拉德利、理查德·布兰森、乔纳森·布勒克普、道格·博斯特罗姆、迈克·坎农-布鲁克斯、比尔·布鲁恩、詹姆斯·伯恩、伊丽莎白·卡皮诺、尼克·卡皮诺、凯雅·查特吉、诺姆·乔姆斯基、金·科布、福特·科克伦、米歇尔·科克伦、约翰·科尔、朱莉·科尔、约翰·库克、莱拉·康纳斯、杰森·克朗克、珍·克朗克、约翰·科尔利、米歇尔·克鲁西菲斯、海蒂·卡伦、亨特·卡廷、格雷格·道尔顿、弗雷德·达蒙、科特·戴维斯、比尔·伊斯特林、克里斯·菲尔德、迪迪迪埃·德方丹、布兰登·德梅尔、安德鲁·德斯勒、史蒂夫·德豪特、亨利·迪亚兹、莱昂纳多·迪卡普里奥、保罗·德奥德里科、皮特·多米尼克、安德烈·达顿、马特·英格兰、克里·伊曼纽尔、豪伊·爱泼斯坦、詹妮·埃文斯、摩根·费尔切尔德、蒂埃里·菲谢菲特、弗朗西斯·费舍尔、皮特·方丹、乔希·福克斯、阿尔·弗兰肯、皮特·弗鲁姆霍夫、何塞·富恩特斯、安德拉·加纳、彼得·加勒特、彼得·格雷克、杰夫·古德尔、艾米·古德曼、休格斯·古斯、内莉·戈尔比亚、大卫·格雷夫斯、大卫·格林斯彭、大卫·哈尔彭、汤姆·哈特曼、大卫·哈斯林登、凯瑟琳·海霍、托尼·海梅特、梅根·赫伯特、比尔·希金斯、米歇尔·霍利斯、罗伯·霍尼卡特、本·霍顿、马尔科姆·休斯、简·贾瑞特、菲尔·琼斯、苏珊·乔伊·哈索尔、保罗·约翰森、吉姆·卡斯廷、比尔·基恩、谢乐尔·科什鲍姆、芭芭拉·基泽、约翰娜·科布、米罗斯拉瓦·科伦哈、乔纳森·库米、卡里·克莱德、保罗·克鲁格曼、劳伦·库尔茨、格雷格·拉登、克里斯·拉尔森、黛布·劳伦斯、托尼·莱瑟洛维茨、斯蒂芬·莱万多夫斯基、迪肯·洛克斯顿、简·卢布琴科、艾德·迈巴赫、斯科特·曼迪亚、约瑟夫·马龙、约翰·马希、弗朗索瓦·马松内、罗杰·麦康奇、安德烈·麦吉姆西、比尔·麦基本、皮特·迈尔斯、索尼娅·米勒、克里斯·穆尼、约翰·莫拉莱斯、格兰杰·摩根、艾伦·莫斯利–汤普森、莱拉尼·蒙特、雷·纳贾尔、乔达诺·南尼、杰夫·内斯比特、菲尔·纽厄尔、杰拉德·诺斯、达娜·努奇泰利、米里亚姆·奥布莱恩、迈克尔·奥本海默、娜奥米·奥瑞斯克斯、蒂姆·奥斯本、乔纳森·奥弗派克、丽莎·奥克斯博尔、杰弗里·帕克、拉金德拉·帕乔里、布莱尔·帕莱斯、大卫·帕拉迪斯、里克·皮尔茨、菲尔·普莱特、詹姆斯·鲍威尔、斯特凡·拉姆斯托夫、克里夫·雷希沙芬、汉克·雷奇曼、安·里德凯、瑟琳·赖利、詹姆斯·伦维克、安迪·雷夫金、汤姆·理查德、大卫·里特、艾伦·罗伯克、乔·罗姆、林德尔·罗利、马克·鲁弗洛、斯科特·卢瑟福、萨莎·萨根、巴里·萨尔茨曼、本·桑特、朱莉·施密德、加文·施密特、史蒂夫·施奈德、约翰·施瓦茨、马歇尔·谢泼德、尤金妮·斯科特、琼·斯科特、德鲁·辛德尔、兰迪·肖斯塔克、汉克·舒加特、大卫·西尔伯特、彼得·辛克莱、迈克尔·斯默科尼什、戴夫·史密斯、乔迪·所罗门、理查德·萨默维尔、格雷厄姆·斯潘尼尔、尼克·斯托克斯、阿曼达·斯托特、埃里克·斯泰格、拜伦·斯坦曼、大卫·斯坦斯鲁德、肖恩·苏布莱特、拉里·坦纳、杰克·塔珀、朗尼·汤普森、金·廷格利、戴夫·蒂特利、劳伦斯·托切洛、莎拉·汤普森、凯文·特伦伯斯、弗雷德·特雷兹、利亚·特雷尔、凯蒂·图尔、安娜·安鲁–科恩、让–帕斯卡·范·耶珀塞尔、阿里·韦尔什、戴夫·韦拉多、米哈伊尔·维比茨基、大卫·弗拉迪克、尼基·武、鲍勃·沃德、巴德·沃德、比尔·威尔、雷·威曼、罗伯特·维尔切、约翰·威廉姆斯、巴贝尔·温克勒、克里斯托弗·赖特。

注释

引言

1. In this book, we will generally use the (almost exclusively now) American convention of measuring temperatures in degrees Fahrenheit (°F), though both units are given when dealing with quantities that have been scientifically defined in Celsius. Those in other countries can use the simple conversation that any change in temperature in degrees Fahrenheit must be multiplied by 0.56 to yield an equivalent change in degrees Celsius (°C).

2. Ira Flatow, "Truth, Deception, and the Myth of the One-Handed Scientist," *The Humanist*, October 18, 2012, https://thehumanist.com/magazine/november-december-2012/features/truth-deception-and-the-myth-of-the-one-handed-scientist/.

3. The term was coined by former *New York Times* scientist Andrew Revkin. See: Andrew C. Revkin, "Media Mania for a 'Front-Page Thought' on Climate," by *Dot Earth New York Time Blog*, December 14, 2007, https://archive.nytimes.com/dotearth.blogs.nytimes.com/2007/12/14/the-mania-for-a-front-page-thought-on-climate/.

第一章

1. Blythe A. Williams, "Effects of Climate Change on Primate Evolution in the Cenozoic," *Nature Education Knowledge* 7(1), 1(2016).

2. M. E. Raymo and W. F. Ruddiman, "Tectonic Forcing of Late Cenozoic Climate,"*Nature* 359, 117–122 (1992), https://doi.org/10.1038/359117a0.

3. See: James Zachos, Mark Pagani, Lisa Sloan, Ellen Thomas, and Katharina Billups, "Trends, Rhythms, and Aberrations in Global Climate 65 Ma to Present," *Science* 292, 686–693 (2001), https://doi.org/10.1126/science.1059412.247

4. Tom Yulsman, "In the Blink of an Eye, We're Turning Back the Climatic Clock by 50 Million Years," *Discover Magazine*, December 14, 2018, https://

www.discovermagazine.com/environment/in-the-blink-of-an-eye-were-turning-back-the-climatic-clock-by-50-million-years.

5. James C. Zachos, Gerald R. Dickens, and Richard E. Zeebe, "An Early Cenozoic Perspective on Greenhouse Warming and Carbon-Cycle Dynamics," *Nature* 451, 279–283 (2008), https://doi.org/10.1038/nature06588; R. Potts, "Environmental Hypotheses of Pliocene Human Evolution," in R. Bobe, Z. Alemseged, and A. K. Behrensmeyer (eds.), *Hominin Environments in the East African Pliocene: An Assessment of the Faunal Evidence* (Dordrecht: Springer, 2007), 25–49.

6. M. E. Raymo, "The Timing of Major Climate Terminations," *Paleocean ography and Paleoclimatology* 12, 577–585 (1997),https://doi.org/10.1029/97PA01169.

7. Nicholas R. Longrich, "When Did We Become Fully Human? What Fossils and DNA Tell Us About the Evolution of Modern Intelligence," *The Conversation*, September 9, 2020, https://theconversation.com/when-did-we-become-fully-human-what-fossils-and-dna-tell-us-about-the-evolution-of-modern-intelligence-143717.

8. Jason Daley,"Climate Change Likely Iced Neanderthals Out of Existence," *Smithsonian Magazine*, August 29, 2018,https://www.smithsonianmag.com/smart-news/modern-humans-didnt-kill-neanderthals-weather-did-180970167/.

9. John Noble Wilford,"When Humans Became Human," *New York Times*, February 26, 2002, https://www.nytimes.com/2002/02/26/science/when-humans-became-human.html.

10. James Trefil, "Evidence for a Flood," *Smithsonian Magazine*, April 1, 2000, https://www.smithsonianmag.com/science-nature/evidence-for-a-flood-102813115/; David R. Montgomery, "Biblical-Type Floods Are Real, and They're Absolutely Enormous," *Discover*, August 29, 2012, https://www.discovermagazine.com/planet-earth/biblical-type-floods-are-real-and-theyre-absolutely-enormous.

11. Julian B. Murton, Mark D. Bateman, Scott R. Dallimore, James T. Teller, and Zhirong Yang, "Identification of Younger Dryas Outburst Flood Path from Lake Agassiz to the Arctic Ocean," *Nature*464, 740–743(2010), https://

doi.org/10.1038/nature08954.

12. Stefan Rahmstorf, Jason E. Box, Georg Feulner, Michael E. Mann, Alexander Robinson, etal., "Exceptional Twentieth-Century Slow down in Atlantic Ocean Overturning Circulation," *Nature Climate Change* 5, 475–480 (2015), https://doi.org/10.1038/nclimate2554.

13. Conrad P. Kottak, *Window on Humanity: A Concise Introduction to Anthropology* (Boston: McGraw-Hill, 2005),155–156.

14. Ofer Bar-Yosef, "Climatic Fluctuations and Early Farming in West and East Asia," *Current Anthropology* 52(S4), S175–S193 (2011),https://doi.org/10.1086/659784.

15. There is evidence of cultivation, for example, at the archeological site of Tell Qaramel, just north of modern-day Aleppo, dating back to 11,700 years ago; the site is home to the earliest known temples—two of them, in fact.

16. Bar-Yosef, "Climatic Fluctuations and Early Farming in West and East Asia."

17. Takuro Kobashi, Jeffrey P. Severinghaus, Edward J. Brook, Jean-Marc Barnola, and Alexi M. Grachev, "Precise Timing and Characterization of Abrupt Climate Change 8200 Years Ago from Air Trapped in Polar Ice," *Quaternary Science Reviews* 26(9–10), 1212–1222 (2007), https://doi.org/10.1016/j.quascirev.2007.01.009; Harvey Weiss and Raymond S. Bradley, "What Drives Societal Collapse?" *Science* 291, 609–610 (2001),https://doi.org/10.1126/science.1058775.

18. Daniel Hillel, *Rivers of Eden: The Struggle for Water and the Quest for Peace in the Middle East*(New York: Oxford University Press, 1994), 355; Weiss and Bradley, "What Drives Societal Collapse?"

19. Max Engel and Helmut Brückner, "Holocene Climate Variability of Mesopotamia and Its Impact on the History of Civilisation," in Eckart Ehlers and Katajun Amirpur (eds.), *Middle East and North Africa: Climate, Culture and Conflicts* (Leiden, The Netherlands: Brill, 2021), Chapter 3, https://doi.org/10.1163/9789004444973_005.

20. Heinz Wanner, Jürg Beer, Jonathan Bütikofer, Thomas J. Crowley, Ulrich Cubasch, et al., "Mid to Late Holocene Climate Change: An Overview," *Quaternary Science Reviews* 27 (19–20), 1791–1828 (2008), https://

doi.org/10.1016/j.quascirev.2008.06.013; Weiyi Sun, Bin Wang, Qiong Zhang, Deliang Chen, Guonian Lu, and Jian Liu, "Middle East Climate Response to the Saharan Vegetation Collapse During the Mid-Holocene," *Journal of Climate* 34(1), 229–242 (2021), https://doi.org/10.1175/JCLI-D-20-0317.1; Ian J. Orland, Feng He, Miryam BarMatthews, Guangshan Chen, Avner Ayalon, and John E. Kutzbach, "Resolving Seasonal Rainfall Changes in the Middle East During the Last Interglacial Period," *Proceedings of the National Academy of Sciences* 116(50), 24985–24990 (2019), https://doi.org/10.1073/pnas.1903139116.

21. R. E. Sojka, D. L. Bjorneberg, and J. A. Entry, "Irrigation: An Historical Perspective," in R. Lal(ed.), *Encyclopedia of Soil Science*, First Edition (New York: Marcel Dekker, Inc., 2002),745–749.

22. H. Weiss, M.A. Courty, W. Wetterstrom, F. Guichard, L. Senior, et al., "The Genesis and Collapse of Third Millennium North Mesopotamian Civilization," *Science* 261, 995–1004 (1993), https://doi.org/10.1126/science.261.5124.995; Weiss and Bradley, "What Drives Societal Collapse?"; Vasile Ersek, "How Climate Change Caused the World's First Ever Empire to Collapse," *The Conversation*, January 3, 2019, https://the conversation.com/how-climate-change-caused-the-worlds-first-ever-empire-to-collapse-109060.

23. Ersek, "How Climate Change Caused the World's First Ever Empire to Collapse"; Raymond S. Bradley and Jostein Bakke, "Is There Evidence for a 4.2 ka BP Event in the Northern North Atlantic Region?" *Climate of the Past* 15, 1665–1676 (2019), https://doi.org/10.5194/cp-15-1665-2019. Weiss sought out paleoclimate experts at Yale who might be able to provide confirmatory evidence of climate disruption when he was first pursuing this hypothesis during the early 1990s—I was one of them, which is how I first learned of this work.

24. The Indus Valley Civilization did dissipate several centuries later, in part because it had been dependent on trade with Mesopotamia, which was impacted by the fall of the Akkadian Empire: "What Happened to the Indus Civilisation?" *BBC Bitesize*, accessed February 17, 2022, https://www.bbc.co.uk/bitesize/topics/zxn3r82/articles/z8b987h. The Minoan civilization was destroyed by a volcanic eruption around 3500 BP. Several other Bronze Age civilizations collapsed shortly after 3200 BP. The notion that the Old Kingdom of Egypt under went collapse has been contested by more recent research that

suggests a relatively smooth transition from the old to new kingdoms: Andrew Lawler, "Did Egypt's Old Kingdom Die—or Simply Fade Away?" *National Geographic*, December 24, 2015,https://www.nationalgeographic.com/history/article/151224-egypt-climate-change-old-kingdom-archaeology.

25. For a number of alternative hypotheses, in addition to the monsoon/trade-wind hypothesis, see: Sarah M. White, A. Christina Ravelo, and Pratigya J. Polissar, "Dampened El Niño in the Early and Mid-Holocene Due to Insolation-Forced Warming/Deepening of the Thermocline," *Geophysical Research Letters* 45, 316–326 (2017),https://doi.org/10.1002/2017GL075433.

26. Northern Illinois University, "Archaeologists Shed New Light on Americas' Earliest Known Civilization," *Science Daily*, January 4, 2005, https://www.sciencedaily.com/releases/2005/01/050104112957.htm.

27. Lawler, "Did Egypt's Old Kingdom Die—or Simply Fade Away?"

28. See, for example: Kyle Harper, "6 Ways Climate Change and Disease Helped Topple the Roman Empire," *Vox*, November 4, 2017,https://www.vox.com/the-big-idea/2017/10/30/16568716/six-ways-climate-change-disease-toppled-roman-empire; Kyle Harper, "How Climate Change and Plague Helped Bring Down the Roman Empire," *Smithsonian Magazine*, December 19, 2017, https://www.smithsonianmag.com/science-nature/how-climate-change-and-disease-helped-fall-rome-180967591/.

29. See: Dagomar Degroot, Kevin Anchukaitis, Martin Bauch, Jakob Burn- ham, Fred Carnegy, et al., "Towards a Rigorous Understanding of Societal Responses to Climate Change," *Nature* 591, 539–550 (2021), https://doi.org/10.1038/s41586-021-03190-2; J. Luterbacher, J. P. Werner, J. E. Smerdon, L. Fernández-Donado, F. J. González-Rouco, et al., "European Summer Temperatures Since Roman Times," *Environmental Research Letters* 11, 024001 (2016), https://doi.org/10.1088/1748-9326/11/2/024001.

30. Drew T. Shindell, Gavin A. Schmidt, Michael E. Mann, David Rind, and Anne Waple, "Solar Forcing of Regional Climate Change During the Maunder Minimum," *Science* 294, 2149–2152 (2001),https://doi.org/10.1126/science.1064363; Ilya G. Usoskin, "A History of Solar Activity over Millennia," *Living Reviews in Solar Physics* 10, 1 (2013), https://doi.org/10.12942/lrsp-2013-1.

31. Degroot et al., "Towards a Rigorous Understanding of Societal Responses to Climate Change."

32. Sarah Zielinski, "Plague Pandemic May Have Been Driven by Climate, Not Rats," *Smithsonian Magazine*, February 23, 2015, https://www.smith sonianmag.com/science-nature/plague-pandemic-may-have-been-driven-climate-not-rats-180954378/. The year 1453 CE, coincidentally, also saw one of the largest volcanic eruptions of the past 1000 years: the Kuwae eruption in Vanuatu in the tropical western Pacific Ocean. But there's no evidence that it played any role whatsoever in the fall of Constantinople that year. Coincidences do happen!

33. See: Michael E. Mann, Zhihua Zhang, Scott Rutherford, Raymond S. Bradley, Malcolm K. Hughes, et al., "Global Signatures and Dynamical Origins of the Little Ice Age and Medieval Climate Anomaly," *Science* 326, 1256–1260 (2009), https://doi.org/10.1126/science.1177303; Michael E. Mann, "Beyond the Hockey Stick: Climate Lessons from the Common Era," *Proceedings of the National Academy of Sciences* 118(39), e2112797118 (2021),https://doi.org/10.1073/pnas.2112797118.

34. Eli Kintisch, "Why Did Greenland's Vikings Disappear?" *Science*, November 10, 2016,https://www.science.org/content/article/why-did-greenland-s-vikings-disappear; George Dvorsky, "Over-Hunting Walruses Likely Forced Vikings to Abandon Greenland," *Gizmodo*, January 7, 2020, https://gizmodo.com/over-hunting-walruses-likely-forced-vikings-to-abandon-1840859102; Michael E. Mann, "Medieval Climatic Optimum," in Michael C. MacCracken and John S. Perry (eds.), *Encyclopedia of Global Environmental Change* (London: John Wiley and Sons Ltd., 2001), 514–516; Michael E. Mann, "Little Ice Age," in Michael C. MacCracken and John S. Perry (eds.), *Encyclopedia of Global Environmental Change* (London: John Wiley and Sons Ltd, 2001), 504–509.

35. Jeffrey S. Dean, William H. Doelle, and Janet D. Orcutt, "Adaptive Stress: Environment and Demography," in George J. Gumerman (ed.), *Themes in Southwest Prehistory* (Santa Fe: School for Advanced Research, 1993), 53–86; Robert L. Axtell, Joshua M. Epstein, Jeffrey S. Dean, George J. Gumerman, Alan C. Swedlund, et al., "Population Growth and Collapse in a Multiagent Model of the Kayenta Anasazi in Long House Valley," *Proceedings of the National Academy of Sciences* 99, 7275–7279(2002), https://doi.org/10.1073/

pnas.092080799.

36. Degroot et al., “Towards a Rigorous Understanding of Societal Responses to Climate Change.”

37. Mike Duncan, “Climate Chaos Helped Spark the French Revolution—and Holds a Dire Warning for Today,” *Time*, October20, 2021, https://time.com/6107671/french-revolution-history-climate/.

38. For a representative report, see: Michael Reilly, “‘Little Ice Age’ Hastened Fall of Aztecs, Incas,” *NBC News*, December 22, 2008, https://www.nbcnews.com/id/wbna28353083; Charles C. Mann, *1491: New Revelations of the Americas Before Columbus* (New York: Vintage Books, 2006); Peter M. J. Douglas, Arthur A. Demarest, Mark Brenner, and Marcello A. Canuto, “Impacts of Climate Change on the Collapse of Lowland Maya Civilization,” *Annual Review of Earth and Planetary Sciences* 44, 613–645 (2016), https://doi.org/10.1146/annurev-earth-060115-012512.

39. William F. Ruddiman, *Plows, Plagues, and Petroleum: How Humans Took Control of Climate* (Princeton: Princeton University Press,2005).

40. Richard J. Blaustein, “William Ruddiman and the Ruddiman Hypothesis,” *Humans and Nature*, September 27, 2015, https://humansandnature.org/william-ruddiman-and-the-ruddiman-hypothesis/.

41. Carl Sagan, *Billions and Billions: Thoughts on Life and Death at the Brink of the Millennium* (New York: Random House, 1997).

42. Hannah Miao, “Climate Change Is a Major Factor Behind Increased Migration at U.S. Southern Border, Experts Say,” *CNBC*, April 18, 2021, https://www.cnbc.com/2021/04/18/us-mexico-border-climate-change-factor-behind-increased-migration.html.

第二章

1. For an application of energy balance models, see: Michael E. Mann, “Earth Will Cross the Climate Danger Threshold by 2036,” *Scientific American*, April 1, 2014, https://www.scientificamerican.com/article/earth-will-cross-the-climate-danger-threshold-by-2036/. An elementary discussion of the mathematics is described in this supplementary piece: Michael E. Mann, “Why Global Warming Will Cross a Dangerous Threshold in 2036,” *Scientific American*,

April 1, 2014, https://www.scientificamerican.com/article/mann-why-global-warming-will-cross-a-dangerous-threshold-in-2036/.

2. Carl Sagan and George Mullen, "Earth and Mars: Evolution of Atmospheres and Surface Temperatures," *Science* 177, 52–56 (1972), https://doi.org/10.1126/science.177.4043.52.

3. For a good background discussion, see: Lee R. Kump, James F. Kasting, and Robert G. Crane, *The Earth System*, Third Edition (San Francisco: Prentice Hall, 2010).

4. Lynn Margulis, "Gaia Is a Tough Bitch," in John Brockman (ed.), *The Third Culture: Beyond the Scientific Revolution* (New York: Touchstone, 1995), Chapter 7.

5. James E. Lovelock and Lynn Margulis, "Atmospheric Homeostasis by and for the Biosphere: The Gaia Hypothesis," *Tellus* 26 (1–2), 2–10 (1974), https:// doi.org/10.3402/tellusa.v26i1-2.9731.

6. John Postgate, "Gaia Gets Too Big for Her Boots," *New Scientist* 118 (1607), 60 (1988), quoted in Michael Ruse, "Earth's Holy Fool?" *Aeon*, January 14, 2013, https://aeon.co/essays/gaia-why-some-scientists-think-its-a-nonsensical-fantasy.

7. Robert A. Berner, "Weathering, Plants, and the Long-Term Carbon Cycle," *Geochimica et Cosmochimica Acta* 56(8), 3225–3231 (1992),https://doi.org/10.1016/0016-7037(92)90300-8.

8. Readers can find a profile of Lovelock in the first edition of *Dire Pre dictions: Understanding Global Warming* (New York: Pearson, 2008) by my former Penn State Geosciences colleague Lee R. Kump and me. Kump was a collaborator of Lovelock's since the mid-1990s.

9. For a more technical description of Daisyworld, see: Kump et al., *The Earth System*. For a more comprehensive discussion provided by Lovelock, see: James Lovelock, *Healing Gaia: Practical Medicine for the Planet* (New York: Harmony Books,1991).

10. D. A. Evans, N. J. Beukes, and J. L. Kirschvink, "Low-Latitude Glaciation in the Palaeoproterozoic Era," *Nature* 386, 262–266 (1997), https://doi.org/10.1038/386262a0; George E. Williams and Phillip W. Schmidt, "Paleomagnetism of the Paleoproterozoic Gowganda and Lorrain Formations,

Ontario: Low Paleolatitude for Huronian Glaciation," *Earth and Planetary Science Letters* 153(3–4), 157–169 (1997), https://doi.org/10.1016/S0012-821X (97)00181-7. Early evidence for low-latitude tillites, for example, was provided by: W. B. Harland, "Critical Evidence for a Great Infra-Cambrian Glaciation," *Geologische Rundschau* 54(1), 45–61 (1964),https://doi.org/10.1007/BF01821169. Evidence for dropstones is discussed in: S. K. Donovan and R. K. Pickerill, "Dropstones: Their Origin and Significance: A Comment," *Palaeogeography, Palaeoclimatology, Palaeoecology* 131(1–2), 175–178 (1997), https://doi.org/10.1016/S0031-0182(96)00150-2. Evidence of glacial striations was provided by:P.A. Jensen and E.Wulff-Pedersen,"Glacial or Non-glacial Origin for the Bigganjargga Tillite, Finnmark, Northern Norway," *Geological Magazine* 133(2), 137–145 (1996), https://doi.org/10.1017/S0016756800008657; A. Bekker, A. J. Kaufman, J. A. Karhu, and K. A. Eriksson, "Evidence for Paleoproterozoic Cap Carbonates in North America," *Precambrian Research* 37, 167–206 (2005), https://doi.org/10.1016/j.precamres.2005.03.009.

11. Robert E. Kopp, Joseph L. Kirschvink, Isaac A. Hilburn, and Cody Z. Nash,"The Paleoproterozoic Snowball Earth: A Climate Disaster Triggered by the Evolution of Oxygenic Photosynthesis," *Proceedings of the National Academy of Sciences* 102(32), 11131–11136 (2005),https://doi.org/10.1073/pnas.0504878102. Some scientists have challenged this interpretation. Alcott and colleagues claim that this spike in oxygen could have occurred from natural long-term geochemical cycles: Lewis J. Alcott, Benjamin J. W. Mills, and Simon W. Poulton, "Stepwise Earth Oxygenation Isan Inherent Property of Global Biogeochemical Cycling," *Science* 366, 1333–1337 (2019), https://doi.org/10.1126/science.aax6459. Other more recent work continues to argue that microbes indeed played the primary role: Haitao Shang, Daniel H. Rothman, and Gregory P. Fournier, "Oxidative Metabolisms Catalyzed Earth's Oxygenation," *Nature Communications* 13, 1328 (2022),https://doi.org/10.1038/s41467-022-28996-0. However, the prevailing thought is that oxygenic photosynthesis may have evolved tens to hundreds of millions of years before the Great Oxidation Event, but a large input of reducing gases from Earth's mantle likely delayed the oxygen spike; see, for example: Lee R. Kump, "Hypothesized Link Between Neoproterozoic Greening of the Land Surface and the Establish-

ment of an Oxygen-Rich Atmosphere," *Proceedings of the National Academy of Sciences* 111, 14062–14065 (2014), https://doi.org/10.1073/pnas.132149611. Recent analyses of sulfur isotope data demonstrate that the glaciation followed the spike in oxygen, ruling out the alternative hypothesis that the glaciation itself was the reason for the Great Oxidation Event: Matthew R. Warke, Tommaso Di Rocco, Aubrey L. Zerkle, Aivo Lepland, Anthony R. Prave, et al., "The Great Oxidation Event Preceded a Paleoproterozoic 'Snowball Earth,'" *Proceedings of the National Academy of Sciences*117, 13314–13320(2020), https://doi.org/10.1073/pnas.2003090117.

12. Peter Ward, *The Medea Hypothesis: Is Life on Earth Ultimately Self Destructive?* (Princeton: Princeton University Press, 2009).

13. Christopher McKay, "Thickness of Tropical Ice and Photosynthesis on a Snowball Earth," *Geophysical Research Letters* 27(14), 2153–2156 (2000), https://doi.org/10.1029/2000GL008525.

14. The cover of the January 2000 issue of *Scientific American* advertised an article on the putative Neoproterozoic ice age as "Beyond ice ages: A startling theory of our planet's frozen past": Paul F. Hoffman and Daniel P. Schrag, "Snowball Earth," *Scientific American* 282(1), 68–75 (2000). See also:Paul F. Hoffman, Alan J. Kaufman, Galen P. Halverson, and Daniel P. Schrag, "A Neoproterozoic Snowball Earth,"*Science* 281, 1342–1346 (1998), https://doi.org/10.1126/science.281.5381.1342; Jakub Žárský, Vojtěch Žárský, Martin Hanáček, and Viktor Žárský, "Cryogenian Glacial Habitats as a Plant Terrestrialisation Cradle—The Origin of the Anydrophytes and Zygnematophyceae Split," *Frontiers in Plant Science* 12, 735020 (2021), https://doi.org/10.3389/fpls.2021.735020; Kump, "Hypothesized Link Between Neoproterozoic Greening of the Land Surface and the Establishment of an Oxygen-Rich Atmosphere."

15. See, for example: N. M. Chumakov, "A Problem of Total Glaciations on the Earth in the Late Precambrian," *Stratigraphy and Geological Correlation* 16, 107–119 (2008), https://doi.org/10.1134/S0869593808020019; Philip A.Allen and James L. Etienne, "Sedimentary Challenge to Snowball Earth," *Nature Geoscience* 1, 817–825 (2008), https://doi.org/10.1038/ngeo355; Nicholas Eyles and Nicole Januszczak, "'Zipper-Rift': A Tectonic Model for Neoproterozoic Glaciations During the Breakup of Rodinia after 750 Ma,"

Earth Science Reviews 65(1–2), 1–73 (2004), https://doi.org/10.1016/S0012-8252(03)00080-1; Jiasheng Wang, Ganqing Jiang, Shuhai Xiao, Qing Li, and Qing Wei, “Carbon Isotope Evidence for Widespread Methane Seeps in the ca. 635 Ma Doushantuo Cap Carbonate in South China,” *Geology* 36(5), 347–350 (2008), https:// doi.org/10.1130/G24513A.1; William T. Hyde, Thomas J. Crowley,Steven K. Baum, and W. Richard Peltier, “Neoproterozoic ‘Snowball Earth’ Simulations with a Coupled Climate/Ice-Sheet Model,” *Nature* 405, 425–429 (2000), https://doi.org/10.1038/35013005; Daniel P. Schrag and Paul F. Hoffman, “Life, Geology and Snowball Earth,” *Nature* 409, 306 (2001), https://doi.org/10.1038/35053170.

16. For a nice review, see: Kendal McGuffie and Ann Henderson-Sellers, *A Climate Modelling Primer* (New York: Wiley, 1987). See also: Georg Feulner, “The Faint Young Sun Problem,” *Reviews of Geophysics*50(2), RG2006(2012), https://doi.org/10.1029/2011RG000375. For the original work by Budyko and Sellers, see: M. I. Budyko, “The Effect of Solar Radiation Variations on the Climate of the Earth,”*Tellus* 21(5), 611–619 (1969); William D. Sellers, “A Global Climatic Model Based on the Energy Balance of the Earth-Atmosphere System,” *Journal of Applied Meteorology and Climatology* 8(3), 392–400(1969).

17. The term *Snowball Earth* was coined in: Joseph Kirschvink, “Late Proterozoic Low-Latitude Global Glaciation: The Snowball Earth,” in J. William Schopf and Cornelis Klein (eds.), *The Proterozoic Biosphere: A Multidisciplinary Study* (New York: Cambridge University Press, 1992), 51–52.

18. Feulner, “The Faint Young Sun Problem.”

19. M. I. Budyko, “The Future Climate,” *Eos* 53 (10), 868–874(1972), https:// doi.org/10.1029/EO053i010p00868.

20. Dirk Notz and Julienne Stroeve, “Observed Arctic Sea-Ice Loss Directly Follows Anthropogenic CO_2 Emission,” *Science* 354, 747–750 (2016), https:// doi.org/10.1126/science.aag2345.

第三章

1. See: Steven M. Holland, “Ordovician-Silurian Extinction,” *Encyclopedia Britannica*, last updated June 1, 2020, https://www.britannica.com/science/Ordovician-Silurian-extinction. It is worth noting that the extinction event oc-

curred in two stages, and other factors—including anoxia in the oceans—might have been implicated in the later stage.

2. Robert A. Berner, "GEOCARBSULF: A Combined Model for Phanerozoic Atmospheric O_2 and CO_2," *Geochimica et Cosmochimica Acta* 70, 5653–5664 (2006), https://doi.org/10.1016/j.gca.2005.11.032.

3. Jeffery T. Kiehl and Christine A. Shields, "Climate Simulation of the Latest Permian: Implications for Mass Extinction," *Geology* 33(9), 757–760 (2005), https://doi.org/10.1130/G21654.1; R. M. H. Smith, "Changing Fluvial Environments Across the Permian-Triassic Boundary in the Karoo Basin, South Africa and Possible Causes of Tetrapod Extinctions," *Palaeoge ography, Palaeoclimatology, Palaeoecology* 117(1–2), 81–104 (1995), https://doi.org/10.1016/0031-0182(94)00119-S; Robert A. Berner, "Examination of Hypotheses for the Permo–Triassic Boundary Extinction by Carbon Cycle Modeling," *Proceedings of the National Academy of Sciences* 99(7), 4172–4177 (2002), https://doi.org/10.1073/pnas.032095199.

4. Raymond B. Huey and Peter D. Ward, "Hypoxia, Global Warming, and Terrestrial Late Permian Extinctions," *Science* 308, 398–401 (2005), https://doi.org/10.1126/science.1108019; Robert J. Brocklehurst, Emma R. Schachner, Jonathan R. Codd, and William I. Sellers, "Respiratory Evolution in Archosaurs," *Philosophical Transactions of the Royal Society B* 375, 20190140 (1793), https://doi.org/10.1098/rstb.2019.0140.

5. See the MIT press releases describing the two studies: Jennifer Chu, "An Extinction in the Blink of an Eye," *MIT News*, February 10, 2014, https://news.mit.edu/2014/an-extinction-in-the-blink-of-an-eye-0210; Jennifer Chu, "Siberian Traps Likely Culprit for End-Permian Extinction," *MIT News*, September 16, 2015, https://news.mit.edu/2015/siberian-traps-end-permian-extinction-0916.

6. See: Ying Cui and Lee R. Kump, "Global Warming and the End-Permian Extinction Event: Proxy and Modeling Perspectives," *Earth-Science Reviews* 149, 5–22 (2015),https://doi.org/10.1016/J.Earscirev.2014.04.007.

7. See: Scripps Institution for Oceanography, "Mauna Loa and South PoleIsotopic ^{13}C Ratio," *Scripps CO_2* Program, last updated January 2023, https://scrippsco2.ucsd.edu/graphics_gallery/isotopic_data/mauna_loa_and_south_pole_isotopic_c13_ratio.html.

8. Thure E. Cerling, "Carbon Dioxide in the Atmosphere: Evidence from Cenozoic and Mesozoic Paleosols," *American Journal of Science* 291, 377–400 (1991), https://doi.org/10.2475/ajs.291.4.377.

9. Yuyang Wu, Daoliang Chu, Jinnan Tong, Haijun Song, Jacopo Dal Corso, et al., "Six-Fold Increase of Atmospheric pCO_2 During the Permian–Triassic Mass Extinction," *Nature Communications* 12, 2137(2021), https://doi.org/10.1038/s41467-021-22298-7.

10. See: Cui and Kump, "Global Warming and the End-Permian Extinction Event: Proxy and Modeling Perspectives." One complication here is that the current pattern of warming reflects the amplifying high-latitude effects of ice melt. It's possible that there was very little ice around during the late Permian. If that's true, then there would have been less high-latitude amplification of warming, and the adjustment factor would therefore be smaller, perhaps not much larger than one.

11. Wu et al., "Six-Fold Increase of Atmospheric pCO_2 During the Permian– Triassic Mass Extinction."

12. The original report is: Ad Hoc Study Group on Carbon Dioxide and Climate, *Carbon Dioxide and Climate: A Scientific Assessment* (Washington, DC: National Academy of Sciences, 1979). See also: Neville Nicholls, "40 Years Ago, Scientists Predicted Climate Change. And Hey, They Were Right," *The Conversation*, July 22, 2019, https://theconversation.com/40-years-ago-scientists-predicted-climate-change-and-hey-they-were-right-120502; Reto Knutti and Gabriele C. Hegerl, "The Equilibrium Sensitivity of the Earth's Temperature to Radiation Changes," *Nature Geoscience* 1, 735–743 (2008), https://doi.org/10.1038/ngeo337.

13. Adam Morton, "Summer's Bushfires Released More Carbon Dioxide than Australia Does in a Year," *The Guardian*, April 21, 2020, https://www.theguardian.com/australia-news/2020/apr/21/summers-bushfires-released-more-carbon-dioxide-than-australia-does-in-a-year.

14. Daniel J. Lunt, Alan M. Haywood, Gavin A. Schmidt, Ulrich Salzmann, Paul J. Valdes, and Harry J. Dowsett, "Earth System Sensitivity Inferred from Pliocene Modelling and Data," *Nature Geoscience* 3, 60–64(2010), https://doi.org/10.1038/ngeo706.

15. Dana L. Royer, Robert A. Berner, and Jeffrey Park, "Climate Sensitivity Constrained by CO_2 Concentrations over the Past 420 Million Years," *Nature* 446, 530–532 (2007), https://doi.org/10.1038/nature05699.

16. See: Michael E. Mann, "Beyond the Hockey Stick: Climate Lessons from the Common Era," *Proceedings of the National Academy of Sciences* 118(39), e2112797118, https://doi.org/10.1073/pnas.2112797118, 2021.

17. See: M. O. Clarkson, S. A. Kasemann, R. A. Wood, T. M. Lenton, S. J. Daines,etal.,"Ocean Acidification and the Permo-Triassic Mass Extinction," *Science* 348, 229–232(2015), https://doi.org/10.1126/science.aaa0193.

18. Wu et al., "Six-Fold Increase of Atmospheric pCO_2 During the Permian–Triassic Mass Extinction."

19. Andrew H. Knoll, Richard K. Bambach, Jonathan L. Payne, Sara Pruss, and Woodward W. Fischer, "Paleophysiology and End-Permian Mass Extinction," *Earth and Planetary Science Letters* 256(3–4), 295–313(2007), https://doi.org/10.1016/j.epsl.2007.02.018.

20. Guancheng Li, Lijing Cheng, Jiang Zhu, Kevin E. Trenberth, Michael E. Mann, and John P. Abraham, "Increasing Ocean Stratification over the Past Half-Century," *Nature Climate Change* 10, 1116–1123 (2020),https://doi.org/10.1038/s41558-020-00918-2. For a summary of the findings from the article, see: Michael E. Mann, "The Oceans Appear to Be Stabilizing. Here's Why It's Very Bad News," *Newsweek*, September 28, 2020,https://www.newsweek.com/climate-change-oceans-stabilizing-1534512.

21. Michael R. Rampino and Ken Caldeira, "Major Perturbation of Ocean Chemistry and a 'Strangelove Ocean' After the End-Permian Mass Extinction," *Terra Nova* 17(6), 554–559 (2005), https://doi.org/10.1111/j.1365-3121.2005.00648.x.

22. Lee R. Kump, Alexander Pavlov, and Michael A. Arthur, "Massive Release of Hydrogen Sulfide to the Surface Ocean and Atmosphere During Intervals of Oceanic Anoxia," *Geology* 33(5), 397–400 (2005), https://doi.org/10.1130/G21295.1.

23. Arthur Capet, Emil V. Stanev, Jean-Marie Beckers, James W. Murray, and Marilaure Grégoire, "Decline of the Black Sea Oxygen Inventory," *Biogeo sciences* 13(4), 1287–1297 (2016), https://doi.org/10.5194/bg-13-1287-

2016; Peter Schwartzstein, "The Black Sea Is Dying, and War Might Push it Over the Edge," *Smithsonian Magazine*, May 11, 2016,https://www.smithsonianmag.com/science-nature/black-sea-dying-and-war-might-push-it-over-edge-180959053/.

24. Henk Visscher, Cindy V. Looy, Margaret E. Collinson, Henk Brinkhuis, Johanna H. A. van Konijnenburg-van Cittert, et al., "Environmental Mutagenesis During the End-Permian Ecological Crisis," *Proceedings of the National Academy of Sciences* 101, 12952–12956(2004), https://doi.org/10.1073/pnas.0404472101.

25. "Global Warming Led to Climatic Hydrogen Sulfide and Permian Extinction," Penn State press release, February 21, 2005, https://www.psu.edu/news/research/story/global-warming-led-climatic-hydrogen-sulfide-and-permian-extinction/.

26. John Quiggin, "Australia Has Stalled for Too Long, We Need to Quit Fossil Fuels Now," *Gizmodo*, April7, 2022, https://www.gizmodo.com.au/2022/04/australia-has-stalled-for-too-long-we-need-to-quit-fossil-fuels-now/.

27. Andrew Freedman, "Australia Fires: Yearly Greenhouse Gas Emissions Nearly Double Due to Historic Blazes," *The Independent*, January 25, 2020, https://www.independent.co.uk/news/world/australasia/australia-fires-greenhouse-gas-emissions-climate-crisis-fossil-fuel-a9301396.html; Laura Millan Lombrana, Hayley Warren, and Akshat Rathi, "Measuring the Carbon-Dioxide Cost of Last Year's Worldwide Wildfires," *Bloomberg*, February 10, 2020, https://www.bloomberg.com/graphics/2020-fire-emissions; Rhett A. Butler, "Amazon Destruction," *Mongabay*, November 23, 2021, https://rainforests.mongabay. com/amazon/amazon_destruction.html; Fiona Harvey, "Tropical Forests Losing Their Ability to Absorb Carbon, Study Finds," *The Guardian*, March 4, 2020, https://www.theguardian.com/environment/2020/mar/04/tropical-forests-losing-their-ability-to-absorb-carbon-study-finds; Wannes Hubau, Simon L. Lewis, Oliver L. Phillips, Kofi Affum-Baffoe, Hans Beeckman, et al., "Asynchronous Carbon Sink Saturation in African and Amazonian Tropical Forests," *Nature* 579, 80–87 (2020), https://doi.org/10.1038/s41586-020-2035-0.

28. See: Scripps Institution for Oceanography, "Scripps O_2 Global Oxygen

Measurements,"*Scripps O_2 Program*, accessed April 9, 2022, https://scrippso2.ucsd.edu/.

29. "Global Warming Led to Climatic Hydrogen Sulfide and Permian Extinction," Penn State press release; Andreas Oschlies, Peter Brandt, Lothar Stramma, and Sunke Schmidtko, "Drivers and Mechanisms of Ocean Deoxygenation," *Nature Geoscience* 11, 467–473 (2018), https://doi.org/10.1038/s41561-018-0152-2.

30. A nice review is provided by the National Oceanic and Atmospheric Administration: "Understanding Ocean Acidification," *NOAA Fisheries*, accessed April 9, 2022, https://www.fisheries.noaa.gov/insight/understanding-ocean-acidification. See also, for example, this report from the International Union for Conservation of Nature: "Latin American and Caribbean Countries Threatened by Rising Ocean Acidity, Experts Warn," *IUCN*, April 3, 2018, https://www.iucn.org/news/secretariat/201804/latin-american-and-caribbean-countries-threatened-rising-ocean-acidity-experts-warn.

31. O. Hoegh-Guldberg, P. J. Mumby, A. J. Hooten, R. S. Steneck, P. Greenfield, etal., "Coral Reefs Under Rapid Climate Change and Ocean Acidification," *Science* 318, 1737–1742 (2007), https://doi.org/10.1126/science.1152509.

32. Kelsey Piper, "When the World Actually Solved an Environmental Crisis," *Vox*, October 3, 2021,https://web.archive.org/web/20211003120318,/https://www.vox.com/future-perfect/22686105/future-of-life-ozone-hole-environmental-crisis.

33. See, for example: Ian Johnston, "Earth's Worst-Ever Mass Extinction of Life Holds 'Apocalyptic' Warning About Climate Change, Say Scientists," *The Independent*, March 24, 2017, https://www.independent.co.uk/climate-change/news/earth-permian-mass-extinction-apocalypse-warning-climate-change-frozen-methane-a7648006.html; Dana Nuccitelli, "There are Genuine Climate Alarm- ists, but They're Not in the Same League as Deniers," *The Guardian*, July 9, 2018, https://www.theguardian.com/environment/climate-consensus-97-per-cent/2018/jul/09/there-are-genuine-climate-alarmists-but-theyre-not-in-the-same-league-as-deniers; Timothy Gardner, "Global Methane Emissions Rising Due to Oil and Gas, Agriculture—Studies," *Reuters*, July 14, 2020,https://www.

reuters.com/article/us-climate-change-methane/global-methane-emissions-rising-due-to-oil-and-gas-agriculture-studies-idUSKCN24F2X8.

第四章

1. Luis W. Alvarez, Walter Alvarez, Frank Asaro, and Helen V. Michel, "Extraterrestrial Cause for the Cretaceous-Tertiary Extinction," *Science* 208, 1095– 1108 (1980), https://doi.org/10.1126/science.208.4448.1095.

2. The one exception is the semiterrestrial crocodile. For a comprehensive review, see: Peter Schulte, Laia Alegret, Ignacio Arenillas, José A. Arz, Penny J. Barton, et al., "The Chicxulub Asteroid Impact and Mass Extinction at the Cretaceous-Paleogene Boundary," *Science* 327(5970), 1214–1218 (2010), https://doi.org/10.1126/science.1177265.

3. "Bolide," *Wikipedia*, accessed April 25, 2022,https://en.wikipedia.org/wiki/Bolide; Alan R. Hildebrand and William V. Boynton, "Proximal Cretaceous- Tertiary Boundary Impact Deposits in the Caribbean," *Science* 248(4957), 843– 847 (1990), https://doi.org/10.1126/science.248.4957.843.

4. Nicholas St. Fleur, "Drilling into the Chicxulub Crater, Ground Zero of the Dinosaur Extinction," *New York Times*, November1 7, 2016, https://www.nytimes.com/2016/11/18/science/chicxulub-crater-dinosaur-extinction.html; Daphne Leprince-Ringuet, "Supercomputer Simulates the Impact of the Asteroid that Wiped out Dinosaurs," *ZDNET*, May26, 2020, https://www.zdnet.com/article/supercomputer-simulates-the-impact-of-the-asteroid-that-wiped-out-dinosaurs/; David Kindy, "Mile-High Tsunami Caused by Dinosaur-Killing Asteroid Left Behind Towering 'Megaripples,'" *Smithsonian Magazine*, July19, 2021, https://www.smithsonianmag.com/smart-news/mile-high-tsunami-caused-dinosaur-killing-asteroid-left-behind-towering-megaripples-180978229/.

5. Jonathan Amos, "Tanis: Fossil Found of Dinosaur Killed in Asteroid Strike, Scientists Claim," *BBC*, April 6, 2022,https://www.bbc.com/news/science-environment-61013740.

6. Nola Taylor Redd, "After the Dinosaur-Killing Impact, Soot Played a Remarkable Role in Extinction," *Smithsonian Magazine*, April 27, 2020, https://www.smithsonianmag.com/science-nature/soot-dinosaur-impact-180974708/.

7. See, for example: Elizabeth Kolbert, *The Sixth Extinction: An Unnatural*

History (London: Bloomsbury,2014).

8. The film, as I recount in *The Hockey Stick and the Climate Wars* (New York: Columbia University Press, 2012), so impacted me that I ended up coding a self-learningtic-tac-toeprograminschoolnextfall.

9. Ronald Reagan,"WhiteHouse Diaries: Monday, October 10, 1983," *The Ronald Reagan Presidential Foundation and Institute*, accessed September 10, 2019, https://www.reaganfoundation.org/ronald-reagan/white-house-diaries/diary-entry-10101983/.

10. See:"Carl,"*Baby Centre*, accessed May 1, 2022, https://www.babycentre.co.uk/babyname/1005569/carl; Polly Logan-Banks, "Number 7 Numerology," *Baby Centre*, accessed May 1, 2022, https://www.babycentre.co.uk/a25017039/number-7-in-numerology. I feel compelled to point out that, as apt as this description might seem of Carl Sagan, he would be among the first to dismiss such superstitious assessments. And as a person of science, I would have to side with him. But I also feel compelled to note that Carl Jung might have embraced this ostensible additional example of synchronicity.

11. R. P. Turco, O. B. Toon, T. P. Ackerman, J. B. Pollack, and C. Sagan, "Nuclear Winter: Global Atmospheric Consequences of Nuclear War," Science 222, 1283–1292 (1983), https://doi.org/10.1126/science.222.4630.1283; for comprehensive review of the so-called TTAPS article, see: Naomi Oreskes and Erik M. Conway, *Merchants of Doubt: How a Handful of Scientists Obscured the Truth on Issues from Tobacco Smoke to Global Warming* (New York: Bloomsbury, 2010).

12. "President Obama Names Harvard Physicist John P. Holdren as Science Adviser," APS News, February 2009, https://www.aps.org/publications/apsnews/200902/holdren.cfm; Paul R. Ehrlich, Anne H. Ehrlich, and John P. Holdren, *Ecoscience: Population, Resources, Environment* (San Francisco: Freeman, 1977); Paul R. Ehrlich, John Harte, Mark A. Harwell, Peter H. Raven, Carl Sagan, et al., "Long-Term Biological Consequences of Nuclear War," *Sci ence* 222, 1293–1300 (1983), https://doi.org/10.1126/science.6658451; Paul J. Crutzen and John W. Birks, "The Atmosphere After a Nuclear War: Twilight at Noon," *Ambio* 11(2/3), 114–125(1982).

13. "Walking in Your Footsteps,"*The Police Wiki*, accessed September

17,2021, http://www.thepolicewiki.org/Police_wiki/index.php?title=Walking_In_Your_Footsteps. It is fair to quibble a bit with the lyrics, incidentally. We might take note, for example, that *Brontosaurus* was not a casualty of the K-Pg impact event. It actually went extinct seventy-nine million years earlier, in the late Jurassic period. Lest that seem like a minor dating error, let us note that more time elapsed between the demise of Brontosaurus and the occurrence of the K-Pg extinction event than has elapsed since the K-Pg event. While we're quibbling about dating, the K-Pg event was sixty-six million years ago, not the "fifty million years" mentioned in the lyrics. *Brontosaurus*, finally, wasn't actually even a "thing" by 1982. In the 1970s, it was discovered to, in reality, be the same species as the earlier-named species *Apatosaurus*. When naming dinosaurs, it's first come, first served. Paleontologists, following the rule book, had to cancel poor *Brontosaurus*. But an engaging song and an apt metaphor are deserving of some degree of leniency and poetic license, and we should forgive these minor transgressions.

14. Ed Regis, "The Doomslayer," *Wired*, February 1, 1997, https://www.wired.com/1997/02/the-doomslayer-2/; "World Scientists' Warning to Humanity," *Union of Concerned Scientists*, July 16, 1992, https://www.ucsusa.org/resources/1992-world-scientists-warning-humanity; "A Joint Statement by Fifty-Eight of the World's Scientific Academies," *Population Summit of the World's Scientific Academies*, 1993, http://www.nap.edu/openbook.php?record_id=9148&page=R2.

15. I've discussed the affair at length in: Michael E. Mann, *The Hockey Stick and the Climate Wars: Dispatches from the Front Lines* (New York: Columbia University Press, 2012).

16. I had the pleasure of participating in a one-on-one author conversation event for my last book, *The New Climate War*, with Sasha Sagan for the Brooklyn Public Library on February 17, 2021. It is archived here: BPLvideos, "Green Series: Michael Mann on 'The New Climate War' with Sasha Sagan" (video), *YouTube*, February 24, 2021, https://www.youtube.com/watch?v=nWb-FnORuI4s.

17. Johnny Carson (host), *The Tonight Show*, episode 3885, aired March 2, 1978 on NBC; Matthew R. Francis, "When Carl Sagan Warned the World About

Nuclear Winter," *Smithsonian Magazine*, November 15, 2017, https://www.smithsonianmag.com/science-nature/when-carl-sagan-warned-world-about-nuclear-winter-180967198/.

18. See, for example: Philip Ball, "Lessons from Cold Fusion, 30 Years On," *Nature*, May 27, 2019,https://www.nature.com/articles/d41586-019-01673-x.

19. Associated Press, "Hansen and Hannah Arrested in West Virginia Mining Protest," *The Guardian*, June 24, 2009, https://www.theguardian.com/environment/2009/jun/24/james-hansen-daryl-hannah-mining-protest; Jeanna Bryner, "NASA Climate Scientist Arrested in Pipeline Protest," *Live Science*, February 13, 2013, https://www.livescience.com/27117-nasa-climate-scientist-arrest.html; Ethan Freedman, "'It's Critical the Message Makes It to the Mainstream': NASA Climate Scientist Speaks on His Tearful Protest," *The Independent*, April 17, 2022, https://www.independent.co.uk/climate-change/news/protest-nasa-scientist-rebellion-b2059788.html.

20. See: Keay Davidson, Carl Sagan: A Life (New York: John Wiley & Sons, 2000).

21. J. Hansen, D. Johnson, A. Lacis, S. Lebedeff, P. Lee, et al., "Climate Impact of Increasing Atmospheric Carbon Dioxide," *Science* 213, 957–966 (1981), https:// doi.org/10.1126/science.213.4511.957; Benjamin Franta, "Shell and Exxon's Secret 1980s Climate Change Warnings," *The Guardian*, September 19, 2018, https://www.theguardian.com/environment/climate-consensus-97-per-cent/ 2018/sep/19/shell-and-exxons-secret-1980s-climate-change-warnings.

22. See: U. S. National Academy of Sciences, Understanding Climate Change: A *Program for Action* (Washington, DC: National Academies Press, 1975); Thomas C. Peterson, William M. Connolley, and John Fleck, "The Myth of the 1970s Global Cooling Scientific Consensus," *Bulletin of the American Meteorological Society* 89(9), 1325–1338 (2008), https://doi.org/10.1175/2008BAMS2370.1; S. I. Rasool and S. H. Schneider, "Atmospheric Carbon Dioxide and Aerosols: Effects of Large Increases on Global Climate," *Science* 173, 138–141 (1971), https://doi.org/10.1126/science.173.3992.138.

23. A good example is this extremely misleading commentary: Conrad Black, "The Moving Targets of the Climate Change Movement,"

The Hill, March 25, 2021, https://thehill.com/opinion/energy-environment/544472-the-moving-targets-of-the-climate-change-movement/.

24. Starley L. Thompson and Stephen H. Schneider, "Nuclear Winter Reappraised," *Foreign Affairs*, Summer 1986, https://www.foreignaffairs.com/articles/1986-06-01/nuclear-winter-reappraised; Owen Jarus, "The 9 Most Powerful Nuclear Weapon Explosions," *Live Science*, March 23, 2022, https:// www.livescience.com/most-powerful-nuclear-explosions;Curt Covey,Stephen H. Schneider, and Starley L. Thompson, "Global Atmospheric Effects of Massive Smoke Injections from a Nuclear War: Results from General Circulation Model Simulations," *Nature* 308, 21–25 (1984), https://doi.org/10.1038/308021a0. See also: S. L. Thompson, V. V. Aleksandrov, G. L. Stenchikov, S. H. Schneider, C. Covey, and R. M. Chervin, "Global Climatic Consequences of Nuclear War: Simulations with Three Dimensional Models," *Ambio* 13(4), 236–243 (1984).

25. Malcolm W. Browne, "Nuclear Winter Theorists Pull Back," *New York Times*, January 23, 1990, https://www.nytimes.com/1990/01/23/science/nuclear-winter-theorists-pull-back.html; R. P. Turco, O. B. Toon, T. P. Ackerman, J. B. Pollack, and C. Sagan, "Climate and Smoke: An Appraisal of Nuclear Winter," *Science* 247, 166–176 (1990), https://doi.org/10.1126/science.11538069.

26. Alan Robock, "Nuclear Winter Is a Real and Present Danger," *Nature* 473, 275–275 (2011), https://doi.org/10.1038/473275a.

27. See: Mann, *The Hockey Stick and the Climate Wars*.

28. William F. Buckley Jr., "The Specter of Nuclear War," *The Washington Post*, April 22, 1985; Matthew R. Francis, "When Carl Sagan Warned the World About Nuclear Winter," *Smithsonian Magazine*, November 15, 2017, https://www.smithsonianmag.com/science-nature/when-carl-sagan-warned-world-about-nuclear-winter-180967198/.

29. See: Oreskes and Conway, *Merchants of Doubt*; Ross Gelbspan, *The Heat Is On: The Climate Crisis, The Coverup, The Prescription* (New York: Basic Books, 1997); James Hoggan, with Richard Littlemore, *Climate CoverUp: The Crusade to Deny Global Warming* (Vancouver: Greystone, 2009); Mann, *The Hockey Stick and the Climate Wars*.

30. S. Fred Singer, "Is the 'Nuclear Winter' Real?" *Nature* 310, 625 (1984), https://doi.org/10.1038/310625a0; Jill Lepore, "The Atomic Origins of Climate

Science: How Arguments About Nuclear Weapons Shaped the Debate over Global Warming," *New Yorker*, January 22, 2017, https://www.newyorker.com/magazine/2017/01/30/the-atomic-origins-of-climate-science; Singer, "Is the 'Nuclear Winter' Real?"; S. Fred Singer, "On a 'Nuclear Winter'" (letter), *Science* 227, 356 (1985), https://doi.org/10.1126/science.227.4685.356.a.

31. For a detailed account of these individuals, including their backgrounds and the history of how they became involved in industry-funded public relations campaigns including climate change denial, see: Oreskes and Conway, *Merchants of Doubt*; Davidson, *Carl Sagan*; Mann, *The Hockey Stick and the Climate Wars*.

32. Oreskes and Conway, *Merchants of Doubt*, Chapter2.

33. Lepore, "The Atomic Origins of Climate Science"; Edward Teller, "Widespread After-Effects of Nuclear War," *Nature* 310, 621–624 (1984), https://doi.org/10.1038/310621a0.

34. See: Charles Schwartz, "Defying the Laws of Physics: A Professor Takes a Stand Against Star Wars," *Sojourners*, May 1987, https://sojo.net/magazine/may-1987/defying-laws-physics-professor-takes-stand-against-star-wars.

35. Sharon Begley, "The Truth About Denial," *Newsweek*, August 13,2007.

36. Robock, "Nuclear Winter Is a Real and Present Danger."

37. The moderated debate between Patrick Michaels and Alan Robock took place on July 15, 1997, during The Costs of Kyoto conference held at the Competitive Enterprise Institute in Washington, DC. A transcript is available at *Climate Files*:https://www.climatefiles.com/deniers/patrick-michaels-collection/1997-cei-debate-climate-change-patrick-michaels-alan-robock/.

38. Carl Sagan, "With Science on Our Side," *The Washington Post*, January 9, 1994, https://www.washingtonpost.com/archive/entertainment/books/1994/01/09/with-science-on-our-side/9e5d2141-9d53-4b4b-aa0f-7a6a0faff845/; Alfio Alessandro Chiarenza, Alexander Farnsworth, Philip D. Mannion, Daniel J. Lunt, Paul J. Valdes, et al., "Asteroid Impact, Not Volcanism, Caused the End-Cretaceous Dinosaur Extinction," *Proceedings of the National Academy of Sciences* 117(29),17084–17093 (2020), https://doi.org/10.1073/pnas.2006087117; Paul R. Renne, Courtney J. Sprain, Mark A. Richards, Stephen Self, Loÿc Vanderkluysen, and Kanchan Pande, "State Shift in Deccan

Volcanism at the Cretaceous-Paleogene Boundary, Possibly Induced by Impact," *Science* 350(6256), 76–78 (2015), https://doi.org/10.1126/science.aac7549.

39. Manabu Sakamoto, Michael J. Benton, and Chris Venditti, "Dinosaurs in Decline Tens of Millions of Years Before Their Final Extinction," *Proceedings of the National Academy of Sciences* 113(18), 5036–5040 (2016), https://doi.org/10.1073/pnas.1521478113.

40. Wallace S. Broecker and Tsung-Hung Peng, Tracers in the Sea (Palisades, NY: Lamont-Doherty Geological Observatory,1982).

41. Broecker and Peng, *Tracers in the Sea*.

42. Steven D'Hondt, Percy Donaghay, James C. Zachos, Danielle Luttenberg, and Matthias Lindinger, "Organic Carbon Fluxes and Ecological Recovery from the Cretaceous-Tertiary Mass Extinction,"*Science* 282, 276–279 (1998), https:// doi.org/10.1126/science.282.5387.276.

43. J. Brad Adams, Michael E. Mann, and Steven D'Hondt, "The Cretaceous Tertiary Extinction: Modeling Carbon Flux and Ecological Response," *Pale oceanography and Paleoclimatology* 19, PA1002(2004), https://doi.org/10.1029/2002PA000849.

44. Jim Shelton, "Mystery Solved: Ocean Acidity in the Last Mass Extinction," *Yale University News*, October 21, 2019, https://news.yale.edu/2019/10/21/mystery-solved-ocean-acidity-last-mass-extinction; Michael J. Henehan, Andy Ridgwell, Ellen Thomas, Shuang Zhang, Laia Alegret, et al., "Rapid Ocean Acid- ification and Protracted Earth System Recovery Followed the End-Cretaceous Chicxulub Impact," *Proceedings of the National Academy of Sciences* 116(45), 22500–22504 (2019), https://doi.org/10.1073/pnas.1905989116.

45. Henehan et al., "Rapid Ocean Acidification and Protracted Earth System Recovery."

46. T. J. Raphael and Jack D'Isidoro, "How the Threat of Nuclear Winter Changed the Cold War," *The World*, April 5, 2016, https://theworld.org/stories/2016-04-05/how-threat-nuclear-winter-changed-cold-war.

47. Henry Jacoby, Benjamin Santer, Gary Yohe, and Richard Richels, "Fighting Climate Change in a Fragmented World," The Hill, May 7, 2022, https://thehill.com/opinion/energy-environment/3479916-fighting-cli-

mate-change-in-a-frag mented-world/; Michael E. Mann, *The New Climate War: The Fight to Take Back Our Planet* (New York: PublicAffairs, 2020).

48. Gordon N. Inglis, Fran Bragg, Natalie J. Burls, Margot J. Cramwinckel, David Evans, et al., "Global Mean Surface Temperature and Climate Sensitivity of the Early Eocene Climatic Optimum (EECO), Paleocene–Eocene Thermal Maximum (PETM), and Latest Paleocene," *Climate of the Past* 16(5), 1953–1968 (2020), https://doi.org/10.5194/cp-16-1953-2020.

第五章

1. Tom Dunkley Jones, Daniel J. Lunt, Daniela N. Schmidt, Andy Ridgwell, Appy Sluijs, et al., "Climate Model and Proxy Data Constraints on Ocean Warming Across the Paleocene–Eocene Thermal Maximum," *Earth-Science Reviews* 125, 123–145 (2013), https://doi.org/10.1016/j.earscirev.2013.07.004.

2. See: Francesca A. McInerney and Scott L. Wing, "The Paleocene-Eocene Thermal Maximum: A Perturbation of Carbon Cycle, Climate, and Biosphere with Implications for the Future," *Annual Review of Earth and Planetary Sciences* 39, 489–516 (2011), https://doi.org/10.1146/annurev-earth-040610-133431; Aradhna K. Tripati and Henry Elderfield, "Abrupt Hydrographic Changes in the Equatorial Pacific and Subtropical Atlantic from Foraminiferal Mg/Ca Indicate Greenhouse Origin for the Thermal Maximum at the Paleocene-Eocene Boundary," *Geochemistry, Geophysics, Geosystems* 5(2), Q02006 (2004), https://doi.org/10.1029/2003GC000631.

3. David A. Carozza, Lawrence A. Mysak, and Gavin A. Schmidt, "Methane and Environmental Change During the Paleocene-Eocene Thermal Maximum (PETM): Modeling the PETM Onset as a Two-Stage Event," *Geophysical Re search Letters* 38(5), L05702 (2011), https://doi.org/10.1029/2010GL046038.

4. Alexander Gehler, Philip D. Gingerich, and Andreas Pack, "Temperature and Atmospheric CO_2 Concentration Estimates Through the PETM Using Triple Oxygen Isotope Analysis of Mammalian Bioapatite," *Proceedings of the National Academy of Sciences* 113(28), 7739–7744 (2016), https://doi.org/10.1073/pnas.1518116113.

5. Richard E. Zeebe, Andy Ridgwell, and James C. Zachos, "Anthropogenic

Carbon Release Rate Unprecedented During the Past 66 Million Years," *Nature Geoscience* 9, 325–329 (2016), https://doi.org/10.1038/ngeo2681. See also: Andrew Freedman, "Carbon Dioxide Is Rising at Its Fastest Ratein 66 Million Years," *Mashable*, March 21, 2016, https://mashable.com/article/co2-fastest-66-million-years.

6. Christophe McGlade and Paul Ekins, "The Geographical Distribution of Fossil Fuels Unused When Limiting Global Warming to 2°C," *Nature* 517, 187–190 (2015), https://doi.org/10.1038/nature14016.

7. Thomas A. Stidham and Jaelyn J. Eberle, "The Palaeobiology of High Latitude Birds from the Early Eocene Greenhouse of Ellesmere Island, Arctic Canada," *Scientific Reports* 6, 20912 (2016), https://doi.org/10.1038/srep20912; Joost Frieling, Holger Gebhardt, Matthew Huber, Olabisi A. Adekeye, Samuel O. Akande, et al., "Extreme Warmth and Heat-Stressed Plankton in the Tropics During the Paleocene-Eocene Thermal Maximum," *Science Advances* 3(3), e1600891 (2017), https://doi.org/10.1126/sciadv.1600891.

8. Timothy Bralower and David Bice, "Ancient Climate Events: Paleocene Eocene Thermal Maximum," *Earth 103: Earth in the Future*, accessed April 17, 2022, https://www.e-education.psu.edu/earth103/node/639.

9. Paul L. Koch, William C. Clyde, Robert P. Hepple, Marilyn L. Fogel, Scott L. Wing, and James C. Zachos, "Carbon and Oxygen Isotope Records from Paleosols Spanning the Paleocene-Eocene Boundary, Bighorn Basin, Wyoming," in Scott L. Wing, Philip D. Gingerich, Birger Schmitz, and Ellen Thomas (eds.), *Causes and Consequences of Globally Warm Climates in the Early Paleogene*, Special Paper 369 (Boulder, CO: Geological Society of America, 2003), 49–64. Such is the description of Penn State research professor Allie Baczynski: "Paleocene-Eocene Thermal Maximum in Bighorn Basin, Wyoming with Allie Baczynski," *Traveling Geologist*, July 6, 2016, http://www.travelinggeologist.com/2016/07/paleocene-eocene-thermal-maximum-in-bighorn-basin-wyoming-with-allie-baczynski/.

10. Michael Marshall, "Tropical Forests Thrived in Ancient Global Warming," *New Scientist*, November 11, 2010, https://www.newscientist.com/article/dn19713-tropical-forests-thrived-in-ancient-global-warming/; Gabriel J. Bowen, David J. Beerling, Paul L. Koch, James C. Zachos, and Thomas Quattlebaum,

"A Humid Climate State During the Palaeocene/Eocene Thermal Maximum," *Nature*432,495–499(2004), https://doi.org/10.1038/nature03115.

11. See: Robert Kopp, Jonathan Buzan, and Matthew Huber, "The Deadly Combination of Heat and Humidity," *New York Times*, June 6, 2015, https://www.nytimes.com/2015/06/07/opinion/sunday/the-deadly-combination-of-heat-and-humidity.html.

12. See this discussion between experts: Michelle Jewell, Rob Dunn, Ethan Coffel, Steve Sherwood, and Abigail D'Ambrosia, "Tiny Monkey-Horses, Unbearable Heat and Wet Bulbs, an Interview About the Future," *Applied Ecology News*, February 1, 2021, https://cals.ncsu.edu/applied-ecology/news/tiny-monkey-horses-unbearable-heat-and-wet-bulbs-an-interview-about-the-future/; see: Jewell et al., "Tiny Monkey-Horses, Unbearable Heat and Wet Bulbs, an Interview About the Future"; Kim Stanley Robinson, *The Ministry for the Future* (New York: Orbit, 2020); "A Climate Change Q&A with Kim Stanley Robinson & Michael E. Mann" (virtual Q and A), *Orbit LIVE!*, October 7, 2020, https://www.crowdcast.io/e/climatechangeqa-oct2020/register; Lydia Millet, Kim Stanley Robinson, and Michael Mann, "The Future Is Now for Climate Change," panel at Tucson Festival of Books, March 6, 2021, https://tucsonfestivalofbooks.org/? action=display_event&id=7579&year=2021;RounakJain,"Heatwave in India: What Is Wet Bulb Temperature, Why Is It Important and How to Measure It," *Business Insider India*, May 4, 2022, https://www.businessinsider.in/science/environment/news/heatwave-in-india-what-is-wet-bulb-temperature-why-is-it-important-and-how-to-measure-it/articleshow/91306156.cms.

13. Katarzyna B. Tokarska, Nathan P. Gillett, Andrew J. Weaver, Vivek K. Arora, and Michael Eby, "The Climate Response to Five Trillion Tonnes of Carbon,"*Nature Climate Change* 6, 851–855(2016), https://doi.org/10.1038/nclimate3036; Colin Raymond, Tom Matthews, and Radley M. Horton, "The Emergence of Heat and Humidity Too Severe for Human Tolerance," *Science Advances*6,eaaw1838(2020), https://doi.org/10.1126/sciadv.aaw1838;Steven C. Sherwood and Michael Huber, "An Adaptability Limit to Climate Change Dueto Heat Stress," *Science* 107, 9552–9555 (2010), https://doi.org/10.1073/pnas.0913352107.

14. Sourav Mukherjee, Ashok Kumar Mishra, Michael E. Mann, and Colin

Raymond, "Anthropogenic Warming and Population Growth May Double US Heat Stress by the Late 21st Century," *Earth's Future* 9(5), e2020EF001886 (2021), https://doi.org/10.1029/2020EF001886; Michael E. Mann, Stefan Rahmstorf, Kai Kornhuber, Byron A. Steinman, Sonya K. Miller, et al.,"Projected Changes in Persistent Extreme Summer Weather Events: The Role of Quasiresonant Amplification," *Science Advances* 4(10), eaat3272 (2018), https://doi.org/10.1126/sciadv.aat3272; Denise Mann, "Workers in U.S. Southwest in Peril as Summer Temperatures Rise," *U.S. News & World Report*, May 18, 2022, https://www.usnews.com/news/health-news/articles/2022-05-18/workers-in-u-s-southwest-in-peril-as-summer-temperatures-rise.

15. Riley Black, "Hot Fossil Mammals May Give a Glimpse of Nature's Future," *National Geographic*, August 13, 2015, https://www.nationalgeographic.com/science/article/hot-fossil-mammals-may-give-a-glimpse-of-natures-future.

16. Ross Secord, Jonathan I. Bloch, Stephen G. B. Chester, Doug M. Boyer, Aaron R. Wood, et al., "Evolution of the Earliest Horses Driven by Climate Change in the Paleocene-Eocene Thermal Maximum," *Science* 535, 959–962 (2012), https://doi.org/10.1126/science.1213859. There is also speculation that higher CO_2 levels might have led to less nutritious leaves, which would have also favored smaller herbivores. See: Penn State, "Insects Will Feast, Plants Will Suffer: Ancient Leaves Show Affect of Global Warming," *Science Daily*, February 15, 2008, www.sciencedaily.com/releases/2008/02/080211172638.htm. Examples are provided in: Michael E. Mann, *The New Climate War: The Fight to Take Back Our Planet* (New York: PublicAffairs, 2020); R. Daniel Bressler, "The Mortality Cost of Carbon," *Nature Communications* 12, 4467 (2021), https://doi.org/10.1038/s41467-021-24487-w.

17. Allison Mills, "Boron Proxies Detail Past Ocean Acidification," *Earth Magazine*, September 2, 2014, https://www.earthmagazine.org/article/boron-proxies-detail-past-ocean-acidification/.

18. Christian Robert and James P. Kennett, "Paleocene and Eocene Kaolinite Distribution in the South Atlantic and Southern Ocean: Antarctic Climatic and Paleoceanographic Implications," *Marine Geology* 103, 99–110 (1994), https:// doi.org/10.1016/0025-3227(92)90010-F; Karen L. Bice and Jochem

Marotzke, "Could Changing Ocean Circulation Have Destabilized Methane Hydrate at the Paleocene/Eocene Boundary?" *Paleoceanography and Paleoclimatology* 17(2), 1018 (2002), https://doi.org/10.1029/2001PA000678; Flavia Nunes and Richard D. Norris, "Abrupt Reversal in Ocean Overturning During the Palaeocene/Eocene Warm Period," *Nature* 439, 60–63 (2006), https://doi.org/10.1038/nature04386.

19. Riley Black, "An Ancient Era of Global Warming Could Hint at Our Scorching Future,"*Popular Science*, August 16, 2021, https://www.popsci.com/environment/petm-climate-change/; Dean Scott, "Warmer Oceans Ahead May Bring More Waves of Toxic Red Tide," *Bloomberg Law*, November 6, 2018, https://news.bloomberglaw.com/environment-and-energy/warmer-oceans-ahead-may-bring-more-waves-of-toxic-red-tide.

20. *Land of the Lost dot com* homepage, accessed May 21, 2022, https://www.landofthelost.com/.

21. Adam Frank, "Was There a Civilization on Earth Before Humans?" *At lantic*, April 13, 2018, https://www.theatlantic.com/science/archive/2018/04/are-we-earths-only-civilization/557180/; Gavin A. Schmidt and Adam Frank, "The Silurian Hypothesis: Would It Be Possible to Detect an Industrial Civilization in the Geological Record?" *International Journal of Astrobiology* 18(2), 142–150 (2018), https://doi.org/10.1017/S1473550418000095.

22. Adam Frank, "A New Frontier Is Opening in the Search for Extraterrestrial Life," *Washington Post*, December 31, 2020, https://www.washingtonpost.com/outlook/2020/12/31/breakthrough-listen-seti-technosignatures/; "Our Founders," *The Planetary Society*, accessed May 22, 2022, https://www.planetary.org/about/our-founders.

23. Keay Davidson, *Carl Sagan: A Life* (New York: John Wiley & Sons, 1999). Sagan friend and protégé David Grinspoon—who is a personal friend of mine—makes a compelling argument in his inspiring book *Earth in Human Hands* (New York: Grand Central Publishing, 2016).

24. Frank, "Was There a Civilization on Earth Before Humans?"

25. Gavin Schmidt, "Under the Sun," *Vice*, April 16, 2018, https://www.vice.com/en/article/3kj4y8/gavin-schmidt-fiction-under-the-sun.

26. For a nice overview, see: Andrea Thompson, "How Did Iceland Form?"

Live Science, March 22, 2010, https://www.livescience.com/8129-iceland-form.html.

27. A. D. Saunders, S. M. Jones, L. A. Morgan, K. L. Pierce, M. Widdowson, and Y. G. Xu, "Regional Uplift Associated with Continental Large Igneous Provinces: The Roles of Mantle Plumes and the Lithosphere," *Chemical Ge ology* 241, 282–318 (2007), https://doi.org/10.1016/j.chemgeo.2007.01.017; Michael Storey,RobertA.Duncan,and Carl C. Swisher, III, "Paleocene–Eocene Thermal Maximum and the Opening of the Northeast Atlantic," *Science* 316, 587–589 (2007), https://doi.org/10.1126/science.1135274; Marcus Gutjahr, Andy Ridgwell, Philip F. Sexton, Eleni Anagnostou, Paul N. Pearson, et al., "Very Large Release of Mostly Volcanic Carbon During the Palaeocene–Eocene Thermal Maximum," *Nature* 548, 573–577(2017), https://doi.org/10.1038/nature23646; Katrin J. Meissner and Timothy J. Bralower, "Volcanism Caused Ancient Global Warming," *Nature* 548, 531–533 (2017), https://doi.org/10.1038/548531a; Laura L. Haynes and Bärbel Hönisch, "The Seawater Carbon Inventory at the Paleocene–Eocene Thermal Maximum," *Proceedings of the National Academy of Sciences* 117, 24088–24095 (2020), https://doi.org/10.1073/pnas.2003197117.

28. Meissner and Bralower, "Volcanism Caused Ancient Global Warming"; Ryan L. Sriver, Axel Timmermann, Michael E. Mann, Klaus Keller, and Hugues Goosse, "Improved Representation of Tropical Pacific Ocean–Atmosphere Dynamics in an Intermediate Complexity Climate Model," *Journal of Climate* 27(1), 168–187 (2014), https://doi.org/10.1175/JCLI-D-12-00849.1; Hugues Goosse, Joel Guiot, Michael E. Mann, Svetlana Dubinkina, and Yoann Sallaz-Damaz, "The Medieval Climate Anomaly in Europe: Comparison of the Summer and Annual Mean Signals in Two Reconstructions and in Simulations with Data Assimilation," *Global and Planetary Change* 84–85, 35–47 (2012), https://doi.org/10.1016/j.gloplacha.2011.07.002; H. Goosse, E. Crespin, A. de Montety, M. E. Mann, H. Renssen, and A. Timmermann, "Reconstructing Surface Temperature Changes over the Past 600 Years Using Climate Model Simulations with Data Assimilation," *Journal of Geophysical Research* 115, D09108 (2010), https://doi.org/10.1029/2009JD012737; E. Crespin, H. Goosse, T. Fichefet, and M.E.Mann,"The 15th Century Arctic Warming in Coupled Model Simulations

with Data Assimilation,"*Climate of the Past* 5, 389–405 (2009), https://doi.org/10.5194/cp-5-389-2009.

29. Meissner and Bralower, "Volcanism Caused Ancient Global Warming." A more recent 2020 study based on the analysis of boron and calcium ratios in ocean sediments—a proxy for dissolved inorganic ocean carbon—places the number a bit higher, at just under 14,900 GtC, concluding that it was no greater than eight percent: Haynes and Hönisch, "The Seawater Carbon Inventory at the Paleocene–Eocene Thermal Maximum."

30. Tapio Schneider, Colleen M. Kaul, and Kyle G. Pressel, "Possible Climate Transitions from Breakup of Stratocumulus Decks Under Greenhouse Warming," *Nature Geoscience* 12, 163–167 (2019), https://doi.org/10.1038/s41561-019-0310-1.

31. Paul Voosen, "A World Without Clouds? Hardly Clear, Climate Scientists Say," *Science*, February 26, 2019, https://www.science.org/content/article/world-without-clouds-hardly-clear-climate-scientists-say.

32. Gutjahr et al., "Very Large Release of Mostly Volcanic Carbon During the Palaeocene–Eocene Thermal Maximum." See also: Michael E. Mann, "Beyond the Hockey Stick: Climate Lessons from the Common Era," *Proceedings of the National Academy of Sciences* 118(39), e2112797118 (2021), https://doi.org/10.1073/pnas.2112797118.

33. Rodrigo Caballero and Matthew Huber, "State-Dependent Climate Sensitivity in Past Warm Climates and Its Implications for Future Climate Projections," *Proceedings of the National Academy of Sciences* 110, 14162–14167 (2013), https://doi.org/10.1073/pnas.130336511; Gary Shaffer, Matthew Huber, Roberto Rondanelli, and Jens Olaf Pepke Pedersen, "Deep Time Evidence for Climate Sensitivity Increase with Warming," *Geophysical Research Letters* 43, 6538–6545 (2016), https://doi.org/10.1002/2016GL069243; Gordon N. In- glis, Fran Bragg, Natalie J. Burls, Margot J. Cramwinckel, David Evans, etal., "Global Mean Surface Temperature and Climate Sensitivity of the Early Eocene Climatic Optimum (EECO), Paleocene–Eocene Thermal Maximum (PETM), and Latest Paleocene," *Climate of the Past* 16(5), 1953–1968 (2020), https://doi.org/10.5194/cp-16-1953-2020; Tobias Friedrich, Axel Timmermann, Michelle Tigchelaar, Oliver Elison Timm, and Andrey Ganopolski, "Nonlinear Climate

Sensitivity and Its Implications for Future Greenhouse Warming," *Science Advances* 2(11), e1501923 (2016), https://doi.org/10.1126/sciadv.1501923; Ivan Mitevski, Lorenzo Polvani, and Clara Orbe, "Asymmetric Warming/Cooling Response to CO_2 Increase/Decrease Mainly Due to Non-logarithmic Forcing, Not Feedbacks," *Geophysical Research Letters* 49, e2021GL097133 (2022), https:// doi.org/10.1029/2021GL097133.

34. Mann, *The New Climate War*.

35. Madeleine Stone, "Earth Is Setting Heat Records. It Will Be Much Hotter One Day," *National Geographic*, August 20, 2020, https://www.nationalgeographic.com/science/article/earth-130-degrees-this-week-much-hotter-one-day.

36. Alicia Newton, "Arctic Ice Across the Ages," *Nature Geoscience* 3, 304 (2010), https://doi.org/10.1038/ngeo861; Carolyn D. Ruppel, "Methane Hydrates and Contemporary Climate Change," *Nature Education Knowledge* 3(10), 29 (2011), https://www.nature.com/scitable/knowledge/library/methane-hydrates-and-contemporary-climate-change-24314790/.

37. Timothy Gardner, "Global Methane Emissions Rising Due to Oil and Gas, Agriculture—Studies," *Reuters*, July 14, 2020, https://www.reuters.com/article/us-climate-change-methane/global-methane-emissions-rising-due-to-oil-and-gas-agriculture-studies-idUSKCN24F2X8; Gabrielle B. Dreyfus, Yangyang Xu, Drew T. Shindell, Durwood Zaelke, and Veerabhadran Ramanathan, "Mitigating Climate Disruption in Time: A Self-Consistent Approach for Avoiding Both Near-Term and Long-Term Global Warming," *Proceedings of the National Academy of Sciences* 119(22), e2123536119 (2022), https://doi.org/10.1073/pnas.2123536119.

38. Michael E. Mann and Susan Joy Hassol, "That Heat Dome? Yeah, It's Climate Change," *New York Times*, June 29, 2021, https://www.nytimes.com/2021/06/29/opinion/heat-dome-climate-change.html.

39. Christopher R. Schwalm, Spencer Glendon, and Philip B. Duffy,"RCP8.5 Tracks Cumulative CO_2 Emissions," *Proceedings of the National Academy of Sciences* 117, 19656–19657 (2020), https://doi.org/10.1073/pnas.2007117117.

40. Valérie Masson-Delmotte, Panmao Zhai, Anna Pirani, Sarah L. Connors, Clotilde Péan, et al. (eds.), *Climate Change 2021: The Physical Science*

Basis, Working Group I Contribution to the Sixth Assessment Report of the Intergovernmental Panel on Climate Change (Cambridge, UK: Cambridge University Press, 2021), https://doi.org/10.1017/9781009157896.

41. Peter Brannen, "This Is How Your World Could End," *The Guardian*, September 9, 2017, https://www.theguardian.com/environment/2017/sep/09/this-is-how-your-world-could-end-climate-change-global-warming; Steven C.Sherwood and Matthew Huber, "An Adaptability Limit to Climate Change Due to Heat Stress," *Science* 107, 9552–9555 (2010), https://doi.org/10.1073/pnas.0913352107.

42. Derek M. Norman, "The 1977 Blackout in New York City Happened Exactly 42 Years Ago," *New York Times*, July 14, 2019, https://www.nytimes.com/2019/07/14/nyregion/1977-blackout-photos.html.

第六章

1. For a particularly vivid description of this period, see: Peter Brannen, "This Is How Your World Could End," *Guardian*, September 9, 2017, https://www.theguardian.com/environment/2017/sep/09/this-is-how-your-world-could-end-climate-change-global-warming.

2. Eivind O. Straume, Aleksi Nummelin, Carmen Gaina, and Kerim H. Nisan- cioglu, "Climate Transition at the Eocene–Oligocene Influenced by Bathymetric Changes to the Atlantic–Arctic Oceanic Gateways," *Proceedings of the National Academy of Sciences* 119(17), e2115346119 (2022), https://doi.org/10.1073/pnas.2115346119; Zhonghui Liu, Mark Pagani, David Zinniker, Robert DeConto, Matthew Huber, et al., "Global Cooling During the Eocene–Oligocene Climate Transition," *Science* 323, 1187–1190 (2009), https://doi.org/10.1126/science.1166368.

3. See: "Interval 2," *American Museum of Natural History*, accessed April 17, 2022, https://research.amnh.org/paleontology/perissodactyl/environment/inter val2; "Eocene Epoch (54–33 mya)," *PBS*, accessed April17, 2022, https://www.pbs.org/wgbh/evolution/change/deeptime/eocene.html; Dorien de Vries, Steven Heritage, Matthew R. Borths, Hesham M. Sallam, and Erik R. Seiffert, "Wide spread Loss of Mammalian Lineage and Dietary Diversity in the Early Oligocene of Afro-Arabia," *Communications Biology* 4, 1172 (2021), https://

doi.org/10.1038/s42003-021-02707-9.

4. Paul N. Pearson, Gavin L. Foster, and Bridget S. Wade, "Atmospheric Carbon Dioxide Through the Eocene–Oligocene Climate Transition," *Nature* 461, 1110–1113 (2009), https://doi.org/10.1038/nature08447.

5. Robert M. DeConto and David Pollard, "Rapid Cenozoic Glaciation of Antarctica Induced by Declining Atmospheric CO_2," *Nature* 421, 245–249 (2003), https://doi.org/10.1038/nature01290. It should be noted that the preciseresults appear to be model and study-dependent. See, for example: Aisling M. Dolan, Bas de Boer, Jorge Bernales, Daniel J. Hill, and Alan M. Haywood,"High Climate Model Dependency of Pliocene Antarctic Ice-Sheet Predictions," *Nature Communications* 9, 2799 (2018), https://doi.org/10.1038/s41467-018-05179-4.

6. Eleni Anagnostou, Eleanor H. John, Kirsty M. Edgar, Gavin L. Foster, Andy Ridgwell, et al., "Changing Atmospheric CO_2 Concentration was the Primary Driver of Early Cenozoic Climate," Nature 533, 380–384 (2016), https://doi.org/10.1038/nature17423; M. Huber and R. Caballero, "The Early Eocene Equable Climate Problem Revisited," *Climate of the Past*7(2), 603–633 (2011), https://doi.org/10.5194/cp-7-603-2011; Margot J. Cramwinckel, Matthew Huber, Ilja J. Kocken, Claudia Agnini, Peter K. Bijl, et al., "Synchronous Tropical and Polar Temperature Evolution in the Eocene," *Nature* 559, 382–386 (2018), https://doi.org/10.1038/s41586-018-0272-2.

7. David Pollard and Robert M. DeConto, "Hysteresis in Cenozoic Antarctic Ice-Sheet Variations," *Global and Planetary Change* 45, 9–21 (2005), https:// doi.org/10.1016/j.gloplacha.2004.09.011.

8. One notable exception is the eastern and central equatorial Pacific Ocean, which exhibited an ElNiño–like warming pattern.See: Marci M.Robinson, Harry J. Dowsett, and Mark A. Chandler, "Pliocene Role in Assessing Future Climate Impacts,"*Eos*89(49),501–502 (2008), https://doi.org/10.1029/2008eo490001.

9. Eric J. Barron, "A Warm, Equable Cretaceous: The Nature of the Problem," *Earth Science Reviews* 19(4), 305–338 (1983), https://doi.org/10.1016/0012 8252(83)90001-6; Robert L. Korty and Kerry A. Emanuel, "The Dynamic Response of the Winter Stratosphere to an Equable Climate Surface Temperature Gradient," *Journal of Climate* 20, 5213–5228 (2007), https://

doi.org/10.1175/2007JCLI1556.1. My collaborators and I have also done some research into this mechanism: Ryan L. Sriver, Marlos Goes, Michael E. Mann, and Klaus Keller, "Climate Response to Tropical Cyclone–Induced Ocean Mixing in an Earth System Model of Intermediate Complexity," *Journal of Geophysical Research: Oceans* 115, C10042 (2010), https://doi.org/10.1029/2010JC006106.

10. Richard Levy, David Harwood, Fabio Florindo, Francesca Sangiorgi, Robert Tripati, et al., "Antarctic Ice Sheet Sensitivity to Atmospheric CO_2 Variations in the Early to Mid-Miocene," *Proceedings of the National Academy of Scienc* 113(13), 3453–3458 (2016), https://doi.org/10.1073/pnas.1516030113; Aisling M. Dolan, Bas de Boer, Jorge Bernales, Daniel J. Hill, and Alan M. Haywood, "High Climate Model Dependency of Pliocene Antarctic Ice-Sheet Predictions," *Nature Communications* 9, 2799 (2018), https://doi.org/10.1038/s41467-018-05179-4; David Pollard and Robert M. DeConto, "Modelling West Antarctic Ice Sheet Growth and Collapse Through the Past Five Million Years," *Nature* 458, 329–332 (2009), https://doi.org/10.1038/nature07809.

11. Maureen E. Raymo, Jerry X. Mitrovica, Michael J. O'Leary, Robert M. DeConto, and Paul J. Hearty, "Departures from Eustasy in Pliocene Sea-Level Records,"*Nature Geoscience*4,328–332(2011), https://doi.org/10.1038/ngeo1118. My former Penn State colleague David Pollard indicated to me that he sees this is a more plausible set of contributions but argues that the true sea level rise might have actually been as small as thirty-three feet, consisting of twenty feet from Greenland, ten feet from the marine portions of the WAIS, and perhaps three feet from the marine portions of the EAIS.

12. See, for example: Gloria Dickie, "Climate Tipping Points of Coral Die- Off, Ice Sheet Collapse Closer than Thought," *Reuters*, September 8, 2022, https://www.reuters.com/business/environment/climate-tipping-points-coral-die-off-ice-sheet-collapse-closer-than-thought-2022-09-08/.

13. Daniel J. Lunt, Alan M. Haywood, Gavin A. Schmidt, Ulrich Salzmann, Paul J. Valdes, and Harry J. Dowsett, "Earth System Sensitivity Inferred from Pliocene Modelling and Data," *Nature Geoscience* 3, 60–64 (2010), https:// doi.org/10.1038/ngeo706; IPCC, "Summary for Policymakers," in Valérie Masson Delmotte, Panmao Zhai, Hans Otto Pörtner, Debra Roberts, Jim Skea, et al.

(eds.), *Global Warming of 1.5℃*, An IPCC Special Report, on the impacts of global warming of 1.5°C above pre-industrial levels and related global greenhouse gas emission pathways, in the context of strengthening the global response to the threat of climate change, sustainable development, and efforts to eradicate poverty (Cambridge, UK: Cambridge University Press, 2018), https://doi.org/10.1017/9781009157940.001.

14. See: Lunt et al., "Earth System Sensitivity Inferred from Pliocene Modelling and Data"; Tony E. Wong, Ying Cui, Dana L. Royer, and Klaus Keller, "A Tighter Constraint on Earth-System Sensitivity from Long-Term Temperature and Carbon-Cycle Observations," *Nature Communications* 12, 3173 (2021), https://doi.org/10.1038/s41467-021-23543-9.

15. Alexander Robinson, Reinhard Calov, and Andrey Ganopolski, "Multistability and Critical Thresholds of the Greenland Ice Sheet," *Nature Climate Change* 2, 429–432 (2012), https://doi.org/10.1038/nclimate1449; DanielJ. Lunt, Gavin L. Foster, Alan M. Haywood, and Emma J. Stone, "Late Pliocene Greenland Glaciation Controlled by a Decline in Atmospheric CO_2 Levels," *Nature* 454, 1102–1105 (2008), https://doi.org/10.1038/nature07223.

16. Robinson et al. ("Multistability and Critical Thresholds of the Greenland Ice Sheet") express their thresholds in terms of a summer temperature anomaly rather than a CO_2 level, making it difficult to interpret, and they don't include Earth orbital cycles, which can influence the likelihood of crossing key temperature thresholds. Ridley et al. find hysteresis but their analysis is complicated by transient effects: Jeff Ridley, Jonathan M. Gregory, Philippe Huybrechts, and Jason Lowe, "Thresholds for Irreversible Decline of the Greenland Ice Sheet," *Climate Dynamics* 35, 1049–1057 (2010), https://doi.org/10.1007/s00382-009-0646-0. Lunt et al. ("Earth System Sensitivity Inferred from Pliocene Modelling and Data") only look at the small-to-large ice sheet transition, and do not state what CO_2 levels were used in their simulations.

17. "The Isthmus of Panama and the Ice Ages," *Science* 287, 13 (2000), https://doi.org/10.1126/science.287.5450.13b.

18. John Turner, Phil Anderson, Tom Lachlan-Cope, Steve Colwell, Tony Phillips, et al., "Record Low Surface Air Temperature at Vostok Station, Antarctica," *Journal of Geophysical Research: Atmospheres* 114(D24), D24102 (2009),

https://doi.org/10.1029/2009JD012104.

19. Marc Kaufman, "Russians Drill into Previously Untouched Lake Miles Below Antarctic Glacier," *Washington Post*, February6, 2012, https://www.washingtonpost.com/national/health-science/russians-drill-into-previously-untouched-lake-vostok-below-antarctica/2012/02/06/gIQAGziNuQ_story.html.

20. Milutin Milankovitch, *Théorie Mathématique des Phénomènes Ther miques Produits par la Radiation Solaire* (Paris: Gauthier-Villars,1920).

21. John Imbrie and John Z. Imbrie, "Modeling the Climatic Response to Orbital Variations," *Science* 207, 943–953 (1980), https://doi.org/10.1126/science.207.4434.943.

22. Neela Banerjee, "Prominent Climate Change Denier Now Admits He Was Wrong," *Christian Science Monitor*, July 30, 2012, https://www.csmonitor.com/Science/2012/0730/Prominent-climate-change-denier-now-admits-he-was-wrong;"Our Team," Deep Isolation, accessed June 2, 2022, https://www.deepisolation.com/team/.

23. "Nemesis Star Theory: The Sun's 'Death Star' Companion," *Space.com*, July 20, 2017, https://www.space.com/22538-nemesis-star.html.

24. Walter Munk, Naomi Oreskes, and Richard Muller, "Gordon James Fraser MacDonald: July 30, 1930–May 14, 2002," in *Biographical Memoirs*, Volume 84 (Washington, DC: The National Academies Press, 2004), 225–250, https://nap.nationalacademies.org/read/10992/chapter/13; Richard A. Muller and Gordon J. MacDonald, "Glacial Cycles and Orbital Inclination," *Nature* 377, 107–108 (1995), https://doi.org/10.1038/377107b0.

25. Richard A. Kerr, "Upstart Ice Age Theory Gets Attentive but Chilly Hearing," *Science* 277, 183–184 (1997), https://doi.org/10.1126/science.277.5323.183. See also: Wallace S. Broecker, David L. Thurber, John Goddard, Teh-LungKu,R. K. Matthews, and Kenneth J. Mesolella, "Milankovitch Hypothesis Supported by Precise Dating of Coral Reefs and Deep Sea Sediments," *Science* 159, 297–300 (1968), https://doi.org/10.1126/science.159.3812.297.

26. In 1962, Saltzman published an article in which he modeled the atmospheric phenomenon of thermal convection through a set of nonlinear equations. Solving these equations numerically, he noted that there was some unstable

behavior for certain solutions. A year later, in the same journal, Lorenz published the now-famous article that showed that this system of equations exhibits chaotic behavior—something that was known to be possible theoretically, but which hadn't ever been demonstrated for a real-world physical system. Lorenz credited Saltzman in the acknowledgments: "The writer is indebted to Dr. Barry Saltzman for bringing to his attention the existence of nonperiodic solutions of the convection equations": Edward N. Lorenz, "Deterministic Nonperiodic Flow," *Journal of the Atmospheric Sciences* 20, 130–141 (1963). See also: "Necrologies: Barry Saltzman 1931–2000," *Bulletin of the American Meteorological Society* 82(7), 1448–1450 (2001), https://journals.ametsoc.org/downloadpdf/journals/bams/82/7/1520-0477-82_7_1448.pdf; "In Memoriam: Yale Pioneer in the Theory of Weather and Climate, Barry Saltzman," *Yale University News*, February 5, 2001, https://news.yale.edu/2001/02/05/memoriam-yale-pioneer-theory-weather-and-climate-barry-saltzman.

27. For a representative publication, see: B. Saltzman and M. Y. Verbitsky, "Multiple Instabilities and Modes of Glacial Rhythmicity in the Plio-Pleistocene: A General Theory of Late Cenozoic Climatic Change," *Climate Dynamics* 9(1), 1–15 (1993), https://doi.org/10.1007/BF00208010.

28. M. Willeit, A. Ganopolski, R. Calov, and V. Brovkin, "Mid-Pleistocene Transition in Glacial Cycles Explained by Declining CO_2 and Regolith Removal," *Science Advances* 5(4), eaav7337 (2019), https://doi.org/10.1126/sciadv.aav7337.

29. A. Ganopolski and R. Calov, "The Role of Orbital Forcing, Carbon Dioxide and Regolith in 100 kyr Glacial Cycles," *Climate of the Past* 7(4), 1415–1425 (2011), https://doi.org/10.5194/cp-7-1415-2011.

30. Nicholas P. McKay, Jonathan T. Overpeck, and Bette L. Otto-Bliesner, "The Role of Ocean Thermal Expansion in Last Interglacial Sea Level Rise," *Geophysical Research Letters* 38(14), L14605 (2011), https://doi.org/10.1029/2011GL048280; Robert M. DeConto and David Pollard, "Contribution of Antarctica to Past and Future Sea-Level Rise," *Nature* 531, 591–597 (2016), https://doi.org/10.1038/nature17145.

31. Tim Stephens, "100,000-Year-Old Polar Bear Genome Reveals Ancient Hybridization with Brown Bears," *UC Santa Cruz News*, June 16, 2022, https://

news.ucsc.edu/2022/06/polar-bear-bruno.html; Emma Stone and Alex Farnsworth, "The Last Time Earth Was This Hot Hippos Lived in Britain (That's 130,000 Years Ago)," *The Conversation*, January 20, 2016, https://theconversation.com/the-last-time-earth-was-this-hot-hippos-lived-in-britain-thats-130-000-years-ago-53398; Th. van Kolfschoten, "The Eemian Mammal Fauna of Central Europe," *Netherlands Journal of Geosciences* 79 (2–3), 269–281 (2000), https://doi.org/10.1017/S0016774600021752.

32. Nathaelle Bouttes, "Warm Past Climates: Is Our Future in the Past?" *The National Centre for Atmospheric Science*, August13, 2018, https://web.archive.org/web/20180813004809/https://www.ncas.ac.uk/en/climate-blog/397-warm-past-climates-is-our-future-in-the-past.

33. Eric Post, Richard B. Alley, Torben R. Christensen, Marc Macias-Fauria, Bruce C. Forbes, et al., "The Polar Regions in a 2°C Warmer World," *Science Advances* 5(12), eaaw9883 (2019), https://doi.org/10.1126/sciadv.aaw9883; Ruediger Stein, Kirsten Fahl, Paul Gierz, Frank Niessen, and Gerrit Lohmann, "Arctic Ocean Sea Ice Cover During the Penultimate Glacial and the Last Interglacial," *Nature Communications* 8, 373 (2017), https://doi.org/10.1038/s41467-017-00552-1; Clara Moskowitz, "Polar Bears Evolved Just 150,000 Years Ago,"*Live Science*,March1,2010, https://www.livescience.com/10956-polar-bears-evolved-150-000-years.html.

34. Matthew B. Osman, Jessica E. Tierney, Jiang Zhu, Robert Tardif, Gregory J. Hakim, et al., "Globally Resolved Surface Temperatures Since the Last Glacial Maximum," *Nature* 599, 239–244 (2021), https://doi.org/10.1038/s41586-021-03984-4.

35. "La Brea Tar Pits and Hancock Park," *La Brea Tar Pits and Museum*, accessed June 7, 2022, https://tarpits.org/experience-tar-pits/la-brea-tar-pits-and-hancock-park.

36. Fen Montaigne, "The Fertile Shore," *Smithsonian Magazine*, January 2020, https://www.smithsonianmag.com/science-nature/how-humans-came-to-americas-180973739/;David J. Meltzer, "Overkill, Glacial History, and the Extinction of North America's Ice Age Megafauna," *Proceedings of the National Academy of Sciences* 117, 28555–28563 (2020), https://doi.org/10.1073/pnas.201503211.

37. Liz Calvario, "'Before the Flood': Leonardo DiCaprio's Climate Change Doc Gets Record 60 Million Views,"*Indie Wire*, November 16, 2016, https://www. indiewire.com/2016/11/before-the-flood-climate-change-documentary-record-60-million-views-1201747088/; David Adam, "Gore's Climate Film Has Scientific Errors—Judge," *Guardian*, October 11, 2007, https://www.theguardian.com/environment/2007/oct/11/climatechange.

38. "Convenient Untruths" (group post), *RealClimate*, October 15, 2007, https://www.realclimate.org/index.php/archives/2007/10/convenient-untruths/.

39. Nathan Collins, "A Two-Million-Year History of the Temperature of the Earth," *Pacific Standard*, September 27, 2016, https://psmag.com/news/a-two-million-year-history-of-the-temperature-of-the-earth; Anthea Batsakis, "What Two Million Years of Climate History Tells Us About the Future," *Cosmos Magazine*, September 26, 2016, https://cosmosmagazine.com/earth/climate/what-two-million-years-of-climate-history-tells-us-about-the-future/. See also: Carolyn W. Snyder, "Evolution of Global Temperature over the Past Two Million Years, *Nature* 538, 226–228 (2016), https://doi.org/10.1038/nature19798.

40. Gavin A. Schmidt, Jeff Severinghaus, Ayako Abe-Ouchi, Richard B. Alley, Wallace Broecker, et al., "Overestimate of Committed Warming," *Nature* 547, E16–E17 (2017), https://doi.org/10.1038/nature22803; IPCC, "Summary for Policymakers"(2018).

41. Jessica E. Tierney, Jiang Zhu, Jonathan King, Steven B. Malevich, Gregory J. Hakim, and Christopher J. Poulsen, "Glacial Cooling and Climate Sensitivity Revisited," *Nature* 584, 569–573 (2020), https://doi.org/10.1038/s41586-020-2617-x.

42. Scott A. Kulp and Benjamin H. Strauss, "New Elevation Data Triple Estimates of Global Vulnerability to Sea-Level Rise and Coastal Flooding," *Nature Communications* 10, 4844 (2019), https://doi.org/10.1038/s41 467-019-12808-z.

43. Frank Pattyn, Catherine Ritz, Edward Hanna, Xylar Asay-Davis, Rob DeConto, et al., "The Greenland and Antarctic Ice Sheets Under 1.5°C Global Warming," *Nature Climate Change* 8, 1053–1061(2018), https://doi.org/10.1038/s41558-018-0305-8.

44. Jeff Goodell, "The Doomsday Glacier," *Rolling Stone*, May 9, 2017,

https://www.rollingstone.com/politics/politics-features/the-doomsday-glacier-113792/. See the review by my *RealClimate* colleague Stefan Rahmstorf of the Potsdam Institute for Climate Impact Research: "Sea Level in the 5th IPCC Report," *RealClimate*, October 15, 2013, https://www.realclimate.org/index.php/archives/2013/10/sea-level-in-the-5th-ipcc-report/. See also: Kulp and Strauss, "New Elevation Data Triple Estimates of Global Vulnerability to Sea-Level Rise and Coastal Flooding."

45. J. H. Mercer, "West Antarctic Ice Sheet and CO_2 Greenhouse Effect— Threat of Disaster," *Nature* 271, 321–325 (1978), https://doi.org/10.1038/271321a0.

46. E. Rignot, J. Mouginot, M. Morlighem, H. Seroussi, and B. Scheuchl, "Widespread, Rapid Grounding Line Retreat of Pine Island, Thwaites, Smith, and Kohler Glaciers, West Antarctica, from 1992 to 2011," *Geophysical Research Letters* 41, 3502–3509 (2014), https://doi.org/10.1002/2014GL060140; Goodell, "The DoomsdayGlacier."

47. DeConto and Pollard, "Contribution of Antarctica to Past and Future Sea-LevelRise."

48. Katie Hunt, "Massive Amount of Water Found Below Antarctica's Ice Sheet for 1st Time," *CNN*, May 5, 2022, https://www.cnn.com/2022/05/05/world/antarctica-hidden-water-climate-scn/index.html; C-Smart Solutions (@C_Smart_Climate),"Does new mapping of a massive amount of groundwater...,"*Twitter*,May7,2022, https://twitter.com/C_Smart_Climate/status/1522946760922046464; Personal communication (email) with Richard Alley, May 7, 2022; Prof. Michael E. Mann (@MichaelEMann), "My go-to person on thisismycolleagueRichardAlley...,"*Twitter*,May7,2022, https://twitter.com/MichaelEMann/status/1522997499287453697.

49. Pattyn et al., "The Greenland and Antarctic Ice Sheets Under 1.5℃ GlobalWarming."

50. Tamsin L. Edwards, Sophie Nowicki, Ben Marzeion, Regine Hock, Heiko Goelzer, et al., "Projected Land Ice Contributions to Twenty-First-Century Sea Level Rise," *Nature* 593, 74–82 (2021), https://doi.org/10.1038/s41586-021-03302-y; Robert M. DeConto, David Pollard, Richard B. Alley, Isabella Velicogna, Edward Gasson, et al., "The Paris Climate Agreement and

Future Sea-Level Rise from Antarctica," *Nature* 593, 83–89 (2021), https://doi.org/10.1038/s41586-021-03427-0.

51. Personal communication (email) with Richard Alley, November 30, 2022.

52. Edwards et al.,"Projected Land Ice Contributions to Twenty-First-Century Sea Level Rise"; DeConto et al., "The Paris Climate Agreement and Future Sea- Level Rise fromAntarctica."

53. DeConto et al., "The Paris Climate Agreement and Future Sea-Level Rise from Antarctica."

第七章

1. Michael E. Mann, *The Hockey Stick and the Climate Wars: Dispatches from the Front Lines* (New York: Columbia University Press,2012).

2. The discussion in this chapter is, in part, adapted from a 2021 review article by the author: Michael E. Mann, "Beyond the Hockey Stick: Climate Lessons from the Common Era," *Proceedings of the National Academy of Sciences* 118(39), e2112797118 (2021), https://doi.org/10.1073/pnas.2112797118.

3. Tammy M. Rittenour, Julie Brigham-Grette, and Michael E. Mann,"El Niño– Like Climate Teleconnections in New England During the Late Pleistocene," *Science* 288, 1039–1042 (2000), https://doi.org/10.1126/science.288.5468.1039.

4. Eystein Jansen, Jonathan Overpeck, Keith R. Briffa, Jean-Claude Duplessy, Fortunat Joos, et al., "Palaeoclimate," in Susan Solomon, Dahe Qin,Martin Manning, Z. Chen, Melinda Marquis, et al. (eds.), *Climate Change 2007: The Physical Science Basis*, Contribution of Working Group I to the Fourth Assessment Report of the Intergovernmental Panel on Climate Change (Cambridge, UK: Cambridge University Press, 2007), 433–497, https://www.ipcc.ch/report/ar4/wg1/.

5. See: William F. Ruddiman, "The Early Anthropogenic Hypothesis: Challenges and Responses," *Reviews of Geophysics* 45,RG4001(2007), https://doi.org/10.1029/2006RG000207.

6. Olive Heffernan, "Why the Hockey Stick Graph Will Always Be Climate Science's Icon," *New Scientist*, April 23, 2018, https://www.newscientist.com/

article/2167127-why-the-hockey-stick-graph-will-always-be-climate-sciences-icon/; Mann, *The Hockey Stick and the Climate Wars*.

7. Carl Sagan, "With Science on Our Side," *Washington Post*, January 9, 1994, https://www.washingtonpost.com/archive/entertainment/books/1994/01/09/with-science-on-our-side/9e5d2141-9d53-4b4b-aa0f-7a6a-0faff845/; Carl Sagan and Anne Druyan, *The DemonHaunted World: Science as a Candle in the Dark* (New York: Ballantine Books, 1997).

8. Michael E. Mann, Raymond S. Bradley, and Malcolm K. Hughes, "Global Scale Temperature Patterns and Climate Forcing over the Past Six Centuries," *Nature* 392, 779–787 (1998), https://doi.org/10.1038/33859; Michael E. Mann, Raymond S. Bradley, and Malcolm K. Hughes, "Northern Hemisphere Temperatures During the Past Millennium: Inferences, Uncertainties, and Limitations," *Geophysical Research Letters* 26, 759–762 (1999), https://doi.org/10.1029/1999GL900070; Valérie Masson-Delmotte, Michael Schulz, Ayako Abe-Ouchi, Jürg Beer, Andrey Ganopolski, et al., "Information from Paleoclimate Archives," in Thomas F. Stocker, Dahe Qin, Gian-Kasper Plattner, Melinda M. B. Tignor, Simon K. Allen, et al. (eds.), *Climate Change 2013: The Physical Science Basis*, Contribution of Working Group I to the Fifth Assessment Report of the Intergovernmental Panel on Climate Change (Cambridge, UK: Cambridge University Press, 2013), 383–464; PAGES 2k Consortium, "A Global Multiproxy Database for Temperature Reconstructions of the Common Era," *Scientific Data* 4, 170088 (2017), https://doi.org/10.1038/sdata.2017.88.

9. IPCC, "Summary for Policymakers," in Robert T. Watson, Daniel L. Albritton, Terry Barker, Igor A. Bashmakov, Osvaldo Canziani, et al. (eds.), *Climate Change 2001: Synthesis Report*, Contribution of Working Groups I, II, and III to the Third Assessment Report of the Intergovernmental Panel on Climate Change (Cambridge, UK: Cambridge University Press, 2001), 1–34; Michael E. Mann, "'Widespread and Severe.' The Climate Crisis Is Here, but There's Still Time to Limit the Damage," *Time*, August 9, 2021, https://time.com/6088531/ipcc-climate-report-hockey-stick-curve/; IPCC, "Summary for Policymakers," in Valérie Masson-Delmotte, Panmao Zhai, Anna Pirani, Sarah L. Connors, Clotilde Péan, et al. (eds.), *Climate Change 2021: The Physical Science Basis*, Working Group I Contribution to the Sixth Assessment Report of the Intergov-

ernmental Panel on Climate Change (Cambridge, UK: Cambridge University Press, 2021),3–32.

10. IPCC, “Summary for Policymakers”(2021).

11. D. L. Druckenbrod, M. E. Mann, D. W. Stahle, M. K. Cleaveland, M. D. Therrell, and H. H. Shugart, “Late 18th Century Precipitation Reconstructions from James Madison’s Montpelier Plantation,” *Bulletin of the American Me teorological Society* 84, 57–71 (2003), https://doi.org/10.1175/BAMS-84-1-57.

12. Druckenbrod et al., “Late 18th Century Precipitation Reconstructions from James Madison’s Montpelier Plantation.”

13. Thomas Jefferson, *The Writings of Thomas Jefferson*, Volume 16 (Washington, DC: Thomas Jefferson Memorial Association, 1905); quoted in Druckenbrod et al., “Late 18th Century Precipitation Reconstructions from James Madison’s Montpelier Plantation.”

14. Richard Seager, Mark Cane, Naomi Henderson, Dong-Eun Lee, Ryan Abernathey, and Honghai Zhang,“Strengthening Tropical Pacific Zonal Sea Surface Temperature Gradient Consistent with Rising Greenhouse Gases,” *Nature Climate Change* 9, 517–522 (2019), https://doi.org/10.1038/s41558-019-0505-x.

15. Amy C. Clement, Richard Seager, Mark A. Cane, and Stephen E. Zebiak, “An Ocean Dynamical Thermostat,” *Journal of Climate* 9, 2190–2196 (1996), https://doi.org/10.1175/1520-0442(1996)009<2190:AODT>2.0.CO;2; Mark A. Cane, Amy C. Clement, Alexey Kaplan, Yochanan Kushnir, Dmitri Pozdnyakov, et al., “Twentieth-Century Sea Surface Temperature Trends,” *Science*275, 957–960 (1997), https://doi.org/10.1126/science.275.5302.957.

16. Ruben van Hooidonk and Matthew Huber, “Equivocal Evidence for a Thermostat and Unusually Low Levels of Coral Bleaching in the Western Pacific Warm Pool,” *Geophysical Research Letters* 36, L06705 (2009), https://doi.org/10.1029/2008GL036288; Ian N. Williams, Raymond T.Pierrehumbert, and Matthew Huber, “Global Warming, Convective Threshold and False Thermostats,” *Geophysical Research Letters* 36, L21805 (2009), https://doi.org/10.1029/2009GL039849; Yiyong Luo, Jian Lu, Fukai Liu, and Oluwayemi Garuba, “The Role of Ocean Dynamical Thermostat in Delaying the El Niño–Like Response over the Equatorial Pacific to Climate Warming,” *Journal of*

Climate 30, 2811–2827 (2017), https://doi.org/10.1175/JCLI-D-16-0454.1; S. Coats and K. B. Karnauskas, "A Role for the Equatorial Undercurrent in the Ocean Dynamical Thermostat," *Journal of Climate* 31, 6245–6261(2018), https://doi.org/10.1175/JCLI-D-17-0513.1; Ulla K. Heede, Alexey V. Fedorov, and Natalie J. Burls, "Time Scales and Mechanisms for the Tropical Pacific Response to Global Warming: A Tug of War Between the Ocean Thermostat and Weaker Walker," *Journal of Climate* 33, 6101–6118 (2020), https://doi.org/10.1175/JCLI-D-19-0690.1.

17. Michael E. Mann, Zhihua Zhang, Scott Rutherford, Raymond S. Bradley, Malcolm K. Hughes, et al., "Global Signatures and Dynamical Origins of the Little Ice Age and Medieval Climate Anomaly," *Science* 326, 1256–1260 (2009), https://doi.org/10.1126/science.1177303; Benjamin I. Cook, Jason E. Smerdon, Richard Seager, and Edward R. Cook, "Pan-Continental Droughts in North America over the Last Millennium," *Journal of Climate* 27, 383–397 (2014), https://doi.org/10.1175/JCLI-D-13-00100.1; Byron A. Steinman, Mark B. Abbott, Michael E. Mann, Joseph D. Ortiz, Song Feng, et al., "Ocean-Atmosphere Forcing of Centennial Hydroclimate Variability in the Pacific Northwest," *Geophysical Research Letters* 41, 2553–2560 (2014), https://doi.org/10.1002/2014GL059499; J. Brad Adams, Michael E. Mann, and Caspar M. Ammann, "Proxy Evidence for an El Niño–Like Response to Volcanic Forcing," *Nature* 426, 274–278 (2003), https://doi.org/10.1038/nature02101; Michael E. Mann, Mark A. Cane, Stephen E. Zebiak, and Amy Clement, "Volcanic and Solar Forcing of the Tropical Pacific over the Past 1000 Years," *Journal of Climate* 18, 447–456 (2005), https://doi.org/10.1175/JCLI-3276.1; Evgeniya Predybaylo, Georgiy Stenchikov, Andrew T. Wittenberg, and Sergey Osipov, "El Niño/Southern Oscillation Response to Low-Latitude Volcanic Eruptions Depends on Ocean Pre-conditions and Eruption Timing," *Communications Earth & Environment* 1, 12 (2020), https://doi.org/10.1038/s43247-020-0013-y; Sylvia G. Dee, Kim M. Cobb, Julien Emile-Geay, Toby R. Ault, R. Lawrence Edwards, et al., "No Consistent ENSO Response to Volcanic Forcing over the Last Millennium," *Science* 367, 1477–1481 (2020), https://doi.org/10.1126/science.aax2000; Benjamin I. Cook, Toby R. Ault, and Jason E. Smerdon, "Unprecedented 21st Century Drought Risk in the American Southwest and Central Plains," *Science*

Advances 1, e1400082(2015), https://doi.org/10.1126/sciadv.1400082. See also the discussion in: Mann,"Beyond the Hockey Stick."

18. Cook et al., "Unprecedented 21st Century Drought Risk in the American Southwest and Central Plains."

19. Mann et al., "Global Signatures and Dynamical Origins of the Little Ice Age and Medieval Climate Anomaly."

20. R. P.Acosta and M. Huber, "Competing Topographic Mechanisms for the Summer Indo-Asian Monsoon," *Geophysical Research Letters* 47, e2019GL085112 (2020), https://doi.org/10.1029/2019GL085112; Fangxing Fan, Michael E. Mann, Sukyoung Lee, and Jenni L. Evans, "Observed and Modeled Changes in the South Asian Summer Monsoon over the Historical Period," *Journal of Climate* 23, 5193–5205 (2010), https://doi.org/10.1175/2010JCLI3374.1; Fangxing Fan, Michael. E. Mann, Sukyoung Lee, and Jenni L. Evans, "Future Changes in the South Asian Summer Monsoon: An Analysis of the CMIP3 Multimodel Projections," *Journal of Climate* 25, 3909–3928 (2012), https://doi.org/10.1175/JCLI-D-11-00133.1.

21. Fangxing Fan, Michael. E. Mann, and Caspar M. Ammann, "Understanding Changes in the Asian Summer Monsoon over the Past Millennium: Insights from a Long-Term Coupled Model Simulation," *Journal of Climate* 22, 1736– 1748 (2009), https://doi.org/10.1175/2008JCLI2336.1.

22. L. C. Jackson, R. Kahana, T. Graham, M. A. Ringer, T. Woollings, et al., "Global and European Climate Impacts of a Slowdown of the AMOC in a High Resolution GCM," *Climate Dynamics* 45, 3299–3316 (2015), https://doi.org/10.1007/s00382-015-2540-2.

23. Stefan Rahmstorf, Jason E. Box, Georg Feulner, Michael E. Mann, Alexander Robinson, et al., "Exceptional Twentieth-Century Slowdown in Atlantic Ocean Overturning Circulation," *Nature Climate Change* 5, 475–480 (2015), https://doi.org/10.1038/nclimate 2554; L. Caesar, G.D.McCarthy, D.J.R.Thornalley, N. Cahill, and S. Rahmstorf, "Current Atlantic Meridional Overturning Circulation Weakest in Last Millennium," *Nature Geoscience* 14, 118–120 (2021), https://doi.org/10.1038/s41561-021-00699-z.

24. Stefan Hofer, Charlotte Lang, Charles Amory, Christoph Kittel, Alison Delhasse, et al., "Greater Greenland Ice Sheet Contribution to Global Sea

Level Rise in CMIP6,"*NatureCommunications*11, 6289 (2020), https://doi.org/10.1038/s41467-020-20011-8.

25. Eleanor Frajka-Williams, Isabelle J. Ansorge, Johanna Baehr, Harry L. Bryden, Maria Paz Chidichimo, et al., "Atlantic Meridional Overturning Circulation: Observed Transport and Variability," *Frontiers in Marine Science* 6, 260 (2019), https://doi.org/10.3389/fmars.2019.00260.

26. Bryam Orihuela-Pinto, Matthew H. England, and Andréa S. Taschetto, "Interbasin and Interhemispheric Impacts of a Collapsed Atlantic Overturning Circulation," *Nature Climate Change* (2022), https://doi.org/10.1038/s41558-022-01380-y. See also: Nicola Jones, "Rare 'Triple' La Niña Climate Event Looks Likely—What Does the Future Hold?" *Nature*, June 23, 2022, https://www.nature.com/articles/d41586-022-01668-1.

27. Lijing Cheng, John Abraham, Kevin E. Trenberth, John Fasullo, Tim Boyer, et al., "Another Record: Ocean Warming Continues Through 2021 Despite La Niña Conditions," *Advances in Atmospheric Sciences* 39, 373–385 (2022), https://doi.org/10.1007/s00376-022-1461-3. Record "cold blob" temperatures were reported by my RealClimate colleague Stefan Rahmstorf:"Q&-A About the Gulf Stream System Slowdown and the Atlantic 'Cold Blob,'" *RealClimate*, October 14, 2016, https://www.realclimate.org/index.php/archives/2016/10/q-a-about-the-gulf-stream-system-slowdown-and-the-atlantic-cold-blob/. Record cold temperatures in the eastern and central equatorial Pacific Ocean were reported by NOAA senior scientist Michael McPhaden during a scientific talk he gave on June 8, 2022: Prof. Matt England (@ProfMatt England),"ProfMatt England), "East and central Pacific SST anomalies at their coldest since 1950...," *Twitter*, June 8, 2022, https://twitter.com/ProfMattEngland/status/1534388415457660928.

28. See: Stefan Rahmstorf, "The IPCC Sea Level Numbers," *Real Climate*, March 27, 2007, https://www.realclimate.org/index.php/archives/2007/03/the-ipcc-sea-level-numbers/.

29. Stefan Rahmstorf, "A Semi-Empirical Approach to Projecting Future Sea-Level Rise," *Science* 315, 368–370(2007), https://doi.org/10.1126/science.1135456.

30. Andrew C. Kemp, Benjamin P. Horton, Jeffrey P. Donnelly, Michael

E. Mann, Martin Vermeer, and Stefan Rahmstorf, "Climate Related Sea-Level Variations over the Past Two Millennia," *Proceedings of the National Academy of Sciences* 108,11017–11022(2011), https://doi.org/10.1073/pnas.1015619108.

31. Robert E. Kopp, Andrew C. Kemp, Klaus Bittermann, Benjamin P. Horton, Jeffrey P. Donnelly, et al., "Temperature-Driven Global Sea-Level Variability in the Common Era," *Proceedings of the National Academy of Sciences* 113, E1434–E1441 (2016), https://doi.org/10.1073/pnas.1517056113.

32. See: Stefan Rahmstorf, "Sea Level in the 5th IPCC Report," *Real Climate*, October 15, 2013, https://www.realclimate.org/index.php/archives/2013/10/sea-level-in-the-5th-ipcc-report/; Stefan Rahmstorf, "Sea Level in the IPCC 6th Assessment Report (AR6)," *Real Climate*, August 13, 2021, https://www.realclimate.org/index.php/archives/2021/08/sea-level-in-the-ipcc-6th-assessment-report-ar6/.

33. Kerry Emanuel, "Response of Global Tropical Cyclone Activity to Increasing CO_2: Results from Downscaling CMIP6 Models," *Journal of Climate* 34, 57–70 (2020), https://doi.org/10.1175/JCLI-D-20-0367.1.

34. See: Jeff Masters, "Above-Normal Atlantic Hurricane Season Is Most Likely This Year: NOAA," *The Weather Underground*, May 25, 2017, https://www.wunderground.com/cat6/above-normal-atlantic-hurricane-season-most-likely-year-noaa.

35. Michael E. Mann, Jonathan D. Woodruff, Jeffrey P. Donnelly, and Zhihua Zhang, "Atlantic Hurricanes and Climate over the Past 1,500 Years," *Nature* 460, 880–883 (2009), https://doi.org/10.1038/nature08219.

36. Andra J. Reed, Michael E. Mann, Kerry A. Emanuel, Ning Lin, Benjamin P. Horton, et al., "Increased Threat of Tropical Cyclones and Coastal Flooding to New York City During the Anthropogenic Era," *Proceedings of the National Academy of Sciences* 112, 12610–12615 (2015), https://doi.org/10.1073/pnas.1513127112; Nathan Rott, "Climate Change's Impact on Hurricane Sandy Has a Price: $8 Billion," *NPR*, May 18, 2021, https://www.npr.org/2021/05/18/997666304/climate-changes-impact-on-hurricane-sandy-has-a-price-8-billion; Andra J. Garner, Michael E. Mann, Kerry A. Emanuel, Robert E. Kopp, Ning Lin, et al., "Impact of Climate Change on New York City's Coastal Flood Hazard: Increasing Flood Heights from the Preindustrial to 2300CE,"

Proceedings of the National Academy of Sciences 114,11861–11866 (2017), https://doi.org/10.1073/pnas.1703568114.

37. T. Delworth, S. Manabe, and R. J. Stouffer, "Interdecadal Variations of the Thermohaline Circulation in a Coupled Ocean-Atmosphere Model," *Journal of Climate* 6, 1993–2011 (1993), https://doi.org/10.1175/1520-0442(1993)006<1993:IVOTTC>2.0.CO;2; Michael E. Mann, Jeffrey Park, and R. S. Bradley, "Global Interdecadal and Century-Scale Climate Oscillations During the Past Five Centuries," *Nature* 378, 266–270(1995), https://doi.org/10.1038/378266a0.

38. T. L. Delworth and M. E. Mann, "Observed and Simulated Multidecadal Variability in the Northern Hemisphere," *Climate Dynamics* 16, 661–676 (2000), https://doi.org/10.1007/s003820000075. Science writer Richard Kerr wrote a piece about our article for *Science*. In an interview, he asked me what we should call it: Richard A. Kerr, "A North Atlantic Climate Pacemaker for the Centuries,"*Science*288,1984–1985(2000), https://doi.org/10.1126/science.288.5473.1984

39. See the discussion in: Mann, *The Hockey Stick and the Climate Wars*. A review is provided in: Michael E. Mann, Byron A. Steinman, and Sonya K. Miller, "Absence of Internal Multidecadal and Interdecadal Oscillations in Climate Model Simulations," *Nature Communications* 11, 49 (2020), https://doi.org/10.1038/s41467-019-13823-w.

40. Mann et al., "Absence of Internal Multidecadal and Interdecadal Oscillations in Climate Model Simulations."

41. Amanda J. Waite, Jeremy M. Klavans, Amy C. Clement, Lisa N. Murphy, Volker Liebetrau, et al., "Observational and Model Evidence for an Important Role for Volcanic Forcing Driving Atlantic Multidecadal Variability over the Last 600 Years," *Geophysical Research Letters* 47, e2020GL089428 (2020), https://doi.org/10.1029/2020GL089428.

42. The search was performed on June 15, 2022, and yielded the following hits: Addrew Shawn,"Hurricane Season 2022: How Long It Lasts and What to Expect," *Verve Times*, June 8, 2022, https://vervetimes.com/hurricane-season-2022-how-long-it-lasts-and-what-to-expect/; Ryan Smith, "Acrisure Predicts Above-Average Hurricane Season for 2022," *Insurance Business America*,

June 2, 2022, https://www.insurancebusinessmag.com/us/news/catastrophe/acrisure-predicts-aboveaverage-hurricane-season-for-2022-408198.aspx; Jairo Ibarra, "Acrisure: 2022 Atlantic Hurricane Season Below 2020, 2021 Activity," *Insurance Insider*, June 1, 2022, https://www.insuranceinsider.com/article/2a69ya394pmcmwe97s16o/catastrophes-section/acrisure-2022-atlantic-hurricane-season-below-2020-2021-activity; "Acrisure Re Issues Qualified Storm Season Prediction," *The Royal Gazette*, June 1, 2022, https://www.royalgazette.com/reinsurance/business/article/20220601/acrisure-re-issues-qualified-storm-season-prediction/; Karen Braun, "La Nina May Further Disrupt Commodity Markets via Hurricanes," *Reuters*, June 8, 2022, https://www.reuters.com/markets/commodities/la-nina-may-further-disrupt-commodity-markets-via-hurricanes-2022-06-08/.

43. Gabriele C. Hegerl, Thomas J. Crowley, William T. Hyde, and David J. Frame, "Climate Sensitivity Constrained by Temperature Reconstructions over the Past Seven Centuries," *Nature* 440, 1029–1032 (2006), https://doi.org/10.1038/nature04679; Rick Weiss, "Climate Change Will Be Significant but Not Extreme, Study Predicts," *Washington Post*, April 20, 2006, https:// www.washingtonpost.com/wp-dyn/content/article/2006/04/19/AR2006041902335.html.

44. Michael E. Mann, Jose D. Fuentes, and Scott Rutherford, "Underestimation of Volcanic Cooling in Tree-Ring-Based Reconstructions of Hemispheric Temperatures," *Nature Geoscience* 5, 202–205 (2012), https://doi.org/10.1038/ngeo1394; Michael E. Mann, Scott Rutherford, Andrew Schurer, Simon F. B. Tett, and Jose D. Fuentes, "Discrepancies Between the Modeled and Reconstructed Response to Volcanic Forcing over the Past Millennium: Implications and Possible Mechanisms," *Journal of Geophysical Research: Atmospheres* 118, 7617–7627 (2013), https://doi.org/10.1002/jgrd.50609.

45. Scott Rutherford and Michael E. Mann, "Missing Tree Rings and the AD 774–775 Radiocarbon Event," *Nature Climate Change* 4, 648–649 (2014), https://doi.org/10.1038/nclimate2315; Hegerl et al., "Climate Sensitivity Constrained by Temperature Reconstructions over the Past Seven Centuries"; Andrew P. Schurer, Gabriele C. Hegerl, Michael E. Mann, Simon F. B. Tett, and Steven J. Phipps, "Separating Forced from Chaotic Climate Variability over

the Past Millennium," *Journal of Climate* 26, 6954–6973 (2013), https://doi.org/10.1175/JCLI-D-12-00826.1.

46. S. C. Sherwood, M. J. Webb, J. D. Annan, K. C. Armour, P. M. Forster, et al., "An assessment of Earth's climate sensitivity using multiple lines of evidence," *Reviews of Geophysics* 58, e2019RG000678(2020), https://doi.org/10.1029/2019RG000678.

47. United Nations, "Paris Agreement," *United Nations Framework Con vention on ClimateChange*, 2015, https://unfccc.int/sites/default/files/english_paris_agreement.pdf, Article2.IPCC, "Summary for Policymakers," in Valérie Masson-Delmotte, Panmao Zhai, Hans-Otto Pörtner, Debra Roberts, Jim Skea, et al. (eds.), *Global Warming of 1.5°C*, An IPCC Special Report, on the impacts of global warming of 1.5°C above pre-industrial levels and related global greenhouse gas emission pathways, in the context of strengthening the global response to the threat of climate change, sustainable development, and efforts to eradicate poverty (Cambridge, UK: Cambridge University Press, 2018), https://doi.org/10.1017/9781009157940.001.

48. Richard J. Millar, Jan S. Fuglestvedt, Pierre Friedlingstein, Joeri Rogelj, Michael J. Grubb, et al., "Budgets and Pathways Consistent with Limiting Warming to 1.5°C," *Nature Geoscience* 10, 741–747 (2017), https://doi.org/10.1038/ngeo3031.

49. A. P. Schurer et al., "Importance of the Pre-industrial Baseline for Likelihood of Exceeding Paris Goals"; A. P. Schurer, K. Cowtan, E. Hawkins, M. E. Mann, V. Scott, and S. F. B. Tett, "Interpretations of the Paris Climate Target," *Nature Geoscience* 11, 220–221 (2018), https://doi.org/10.1038/s41561-018-0086-8.

50. PAGES 2k Consortium, "Consistent Multidecadal Variability in Global Temperature Reconstructions and Simulations over the Common Era," *Nature Geoscience* 12, 643–649 (2019), https://doi.org/10.1038/s41561-019-0400-0.

第八章

1. Stephen Schneider spoke at a lecture on November 3, 2009, at the Commonwealth Club in San Francisco, part of which is archived here: Stanford Woods Institute for the Environment, "Stephen Schneider | Climate One

Montage" (video), *YouTube*, March 29, 2013, https://www.youtube.com/watch?v=7YZ84pD895Q.

2. Ryan Smith, "Leonardo DiCaprio a 'Sweet Guy,' Says Scientist Who Inspired 'Don't Look Up' Role," *Newsweek*, December 31, 2021, https://www.newsweek.com/leonardo-dicaprio-sweet-guy-michael-mann-scientist-dont-look-role-1664590.

3. See, for example: Rob Waugh, "Warning That Alpine Permafrost 'May Accelerate Global Warming,'" *Yahoo! News*, March 15, 2022, https://news.yahoo.com/warning-that-alpine-permafrost-may-accelerate-global-warming-144856632.html. This story is based on a University of Arizona press release: Mikayla Mace Kelley, "Fast-Melting Alpine Permafrost May Contribute to Ris- ing Global Temperatures," *University of Arizona News*, March 14, 2022, https:// news.arizona.edu/story/fast-melting-alpine-permafrost-may-contribute-rising-global-temperatures.

4. Robert M. DeConto and David Pollard, "Contribution of Antarctica to Future Sea-Level Rise," *Nature*531,591–597(2016), https://doi.org/10.1038/nature17145.

5. Eric Post, Richard B. Alley, Torben R. Christensen, Marc Macias-Fauria, Bruce C. Forbes, et al., "The Polar Regions in a 2°C Warmer World," *Science Advances*5,eaaw9883(2019), https://doi.org/10.1126/sciadv.aaw9883.

6. Ruediger Stein, Kirsten Fahl, Paul Gierz, Frank Niessen, and Gerrit Lohmann, "Arctic Ocean Sea Ice Cover During the Penultimate Glacial and the Last Interglacial," *Nature Communications* 8, 373 (2017), https://doi.org/10.1038/s41467-017-00552-1; Clara Moskowitz, "Polar Bears Evolved Just 150,000 Years Ago," Live Science, March 1, 2010, https://www.livescience.com/10956-polar-bears-evolved-150-000-years.html.

7. See the thread of comments after this post: Prof. Michael E. Mann (@MichaelEMann), "Another reason that claims that we can rule out the up- per end of the climate sensitivity uncertainty range are premature," *Twitter*, October 26, 2020, https://twitter.com/climatedynamics/status/1321068288 697344000.

8. Laura Millan Lombrana, "Climate Change Linked to 5 Million Deaths a Year, New Study Shows," *Bloomberg*, July 7, 2021, https://www.bloomberg.com/news/articles/2021-07-07/climate-change-linked-to-5-million-deaths-a-

year-new-study-shows#xj4y7vzkg; "Fossil Fuels May Be Responsible for Twice as Many Deaths as First Thought," *Economist*, February 25, 2021, https://www.economist.com/graphic-detail/2021/02/25/fossil-fuels-may-be-responsible-for-twice-as-many-deaths-as-first-thought.

9. Denise Mann, "Workers in U.S. Southwest in Peril as Summer Temperatures Rise," *U. S. News & World Report*, May 18, 2022, https://www.usnews.com/news/health-news/articles/2022-05-18/workers-in-u-s-southwest-in-peril-as-summer-temperatures-rise; Zachary Hansen, "It's So Hot in Phoenix, They Can't Fly Planes," *AZ Central*, June 20, 2017, https://www.azcentral.com/story/travel/nation-now/2017/06/19/its-so-hot-phoenix-they-cant-fly-planes/410766001/.

10. "Maricopa's Ozone High Pollution Advisory Extended Through Tuesday, June 20, 2017," *Phoenix Interagency Dispatch Center*, June 19, 2017, https:// www.az-phc.com/2017/06/page/36/.

11. Michael Mann, "Australia, Your Country Is Burning—Dangerous Climate Change Is Here with You Now," *Guardian*, January 1, 2020, https://www.theguardian.com/commentisfree/2020/jan/02/australia-your-country-is-burning-dangerous-climate-change-is-here-with-you-now.

12. "'Unprecedented' South Asian Heatwave 'Testing the Limits of Human Survivability,'" *Climate Signals*, May 3, 2022, https://www.climatesignals.org/headlines/unprecedented-south-asian-heatwave-testing-limits-human-survivability.

13. "Western North American Extreme Heat Virtually Impossible Without Human-Caused Climate Change," *World Weather Attribution*, July 7, 2021, https://www.worldweatherattribution.org/western-north-american-extreme-heat-virtually-impossible-without-human-caused-climate-change/.

14. Michael E. Mann and Susan Joy Hassol, "That Heat Dome? Yeah, It's Climate Change," *New York Times*, June 29, 2021, https://www.nytimes.com/2021/06/29/opinion/heat-dome-climate-change.html.

15. Michael E. Mann, Stefan Rahmstorf, Kai Kornhuber, Byron A. Steinman, Sonya K. Miller, and Dim Coumou, "Influence of Anthropogenic Climate Change on Planetary Wave Resonance and Extreme Weather Events," *Scientific Reports* 7, 45242 (2017), https://doi.org/10.1038/srep45242; Michael E. Mann,

Stefan Rahmstorf, Kai Kornhuber, Byron A. Steinman, Sonya K. Miller, et al., "Projected Changes in Persistent Extreme Summer Weather Events: The Role of Quasi-resonant Amplification," *Science Advances* 4, eaat3272 (2018), https://doi.org/10.1126/sciadv.aat3272.

16. My colleague Kai Kornhuber of Columbia University demonstrated that resonance conditions held at the time: Prof. Michael E. Mann (@Michael EMann),"The extreme weather we're seeing in the Northern Hemisphere appears to be a consequence of 'resonance'...,"*Twitter*, June 20, 2022, https://twitter.com/MichaelEMann/status/1538892180521115649; Susan Joy Hassol and Michael E. Mann, "Heat Wave Bakes One-Third of Americans, Highlighting Urgency of Climate Legislation," *The Hill*, June 15, 2022, https://thehill.com/opinion/energy-environment/3524705-heat-wave-bakes-one-third-of-americans-highlighting-urgency-of-climate-legislation; Gabrielle Canon, "'Historic' Weather: Why a Cocktail of Natural Disasters Is Battering the US," *Guardian*, June 18, 2022, https://www.theguardian.com/us-news/2022/jun/17/compound-extremes-natural-disasters-us-west; USA TODAY Network and the Associated Press, "Here Are All the People Who Died in the California Mudslide," *USA TODAY*, January 14, 2018, https://www.usatoday.com/story/news/nation-now/2018/01/13/all-people-who-died-california-mudslides/1031202001/; Gabrielle Canon, "California Storm Death Toll Climbs to 20 as DelugeBeginstoSubside,"*Guardian*,January17,2023, https://www.theguardian.com/us-news/2023/jan/17/california-storm-death-toll-deluge-subside.

17. Julhas Alam and Wasbir Hussain, "Millions of Homes Under Water as Floods Hit India, Bangladesh," *Sydney Morning Herald*, June 18, 2022, https://www.smh.com.au/world/asia/millions-of-homes-under-water-as-floods-hit-india-bangladesh-20220618-p5auqr.html; Paolo Santalucia, "As Po Dries Up, Italy's Food and Energy Supplies Are at Risk," *Associated Press*, June 17, 2022, https://apnews.com/article/climate-italy-and-environment-e0274e5f2b4dd6bb2854cc7a970f75f6; Michael E. Mann, "It's Not Rocket Science: Climate Change Was Behind This Summer's Extreme Weather," *Washington Post*, November 2, 2018, https://www.washingtonpost.com/opinions/its-not-rocket-science-climate-change-was-behind-this-summers-extreme-weather/2018/11/02/b8852584-dea9-11e8-b3f0-62607289efee_story.html.

18. Mann et al., “Projected Changes in Persistent Extreme Summer Weather Events: The Role of Quasi-resonant Amplification.”

19. Warren Cornwall, “Even 50-Year-Old Climate Models Correctly Predicted Global Warming,” *Science*, December 4, 2019, https://science.org/content/article/even-50-year-old-climate-models-correctly-predicted-global-warming.

20. Adam Quinton (@adamquinton), “Again we see that climate science as often presented to the public is too conservative ...,” *Twitter*, June 18, 2022, https://web.archive.org/web/20220618121210/https://twitter.com/adam quinton/status/1538132292228489216.

21. Prof. Michael E. Mann (@MichaelEMann), “Actually, the warming of the planet is very much in line with early climate model predictions...,”*Twitter*, June 18, 2022, https://twitter.com/MichaelEMann/status/1538175708471648256; Stanford Woods Institute for the Environment, “Stephen Schneider | Climate One Montage.”

22. Jamie Gumbrecht, “Formula Production at Abbott’s Michigan Plant Delayed After Flooding from Severe Storms,” *CNN*, June 16, 2022, https://www.cnn.com/2022/06/15/health/abbott-formula-plant-flood-delay/index.html; Ciara Nugent, “Rising Heat Is Making It Harder to Work in the U.S., and the Costs to the Economy Will Soar with Climate Change,” *Time*, August 31, 2021, https:// time.com/6093845/how-heat-hurts-the-economy/.

23. “UN Report: Nature’s Dangerous Decline ‘Unprecedented’; Species Extinction Rates ‘Accelerating,’” United Nations press release, May 6, 2019, https:// www.un.org/sustainabledevelopment/blog/2019/05/nature-decline-unprecedented-report/; IPCC [Hans-Otto Pörtner, Debra C. Roberts, Helen Adams, Car- olina Adler, Paulina Aldunce, et al.], “Summary for Policymakers,” in Hans-Otto Pörtner, Debra C. Roberts, Melinda M. B. Tignor, Elvira Poloczanska, Katja Mintenbeck, et al. (eds.), *Climate Change 2022: Impacts, Adaptation, and Vul nerability*, Working Group II Contribution to the Sixth Assessment Report of the Intergovernmental Panel on Climate Change (Cambridge, UK: Cambridge University Press,2022).

24. See: Mark Hertsgaard, Saleemul Huq, and Michael E. Mann, “How a Little-Discussed Revision of Climate Science Could Help Avert Doom,”

Washington Post, February 23, 2022, https://www.washingtonpost.com/outlook/2022/02/23/warming-timeline-carbon-budget-climate-science/.

25. Myles R. Allen, Opha Pauline Dube, William Solecki, Fernando Aragón-Durand, Wolfgang Cramer, et al., "Framing and Context," in Valérie Masson-Delmotte, Panmao Zhai, Hans-Otto Pörtner, Debra Roberts, Jim Skea, et al. (eds.), *Global Warming of 1.5°C*, An IPCC Special Report, on the impacts of global warming of 1.5°C above pre-industrial levels and related global greenhouse gas emission pathways, in the context of strengthening the global response to the threat of climate change, sustainable development, and efforts to eradicate poverty (Cambridge, UK: Cambridge University Press, 2018), 49–92, https://doi.org/10.1017/9781009157940.003.

26. Malte Meinshausen, Jared Lewis, Christophe McGlade, Johannes Güt- schow, Zebedee Nicholls, et al., "Realization of Paris Agreement Pledges May Limit Warming Just Below 2°C," *Nature* 604, 304–309 (2022), https://doi.org/10.1038/s41586-022-04553-z; Michael E. Mann and Susan Joy Hassol, "Glasgow's Hope at a Critical Moment in the Climate Battle,"*Los Angeles Times*, November 13, 2021, https://www.latimes.com/opinion/story/2021-11-13/cop26-glasgow-climate-change.

27. Damian Carrington and Matthew Taylor, "Revealed: The 'Carbon Bombs' Set to Trigger Catastrophic Climate Breakdown," *Guardian*, May 11, 2022, https://www.theguardian.com/environment/ng-interactive/2022/may/11/fossil-fuel-carbon-bombs-climate-breakdown-oil-gas.

28. See: Anthony Leiserowitz, Edward Maibach, Seth Rosenthal, John Kotcher, Jennifer Carman, et al., "Public Support for Climate Action by the President and Congress Is Rising," *Yale Program on Climate Change Communication*, September 28, 2021, https://climatecommunication.yale.edu/publications/public-support-for-climate-action-by-the-president-and-congress/; Oliver Milman, "Republicans Pledge Allegiance to Fossil Fuels Like It's Still the 1950s," *Guardian*, June 7, 2021, https://www.theguardian.com/us-news/2021/jun/07/republicans-fossil-fuels-coal.

29. Michael E. Mann, *The New Climate War: The Fight to Take Back Our Planet* (New York: PublicAffairs, 2020); Nick Grimm, "Rupert and the Saudi Prince: Key Murdoch Ally Sells Off Shares in 21st Century Fox," *Australian*

Broadcast Corporation, November 7, 2017, https://www.abc.net.au/news/2017-11-08/key-murdoch-ally-saudi-prince-sells-shares-in-21st-century-fox/9129470.

30. See, for example: Robin Young and Serena McMahon, "'Climate Denial' to 'Climate Delay': Rupert Murdoch's News Corp Pivots Media Narrative in Australia," *WBUR*, November 9, 2021, https://www.wbur.org/hereandnow/2021/11/09/climate-change-tabloids-murdoch.

31. For a more detailed discussion of these events, see: Mann, *The New Climate War*.

32. Julia Baird, "A Carbon Tax's Ignoble End," *New York Times*, July 24, 2014, https://www.nytimes.com/2014/07/25/opinion/julia-baird-why-tony-abbott-axed-australias-carbon-tax.html.

33. I had the pleasure of meeting with Zali Steggall at her seaside office in Manly in mid-February 2020. Manly is a peninsula that juts out into the Pacific Ocean, forming the northern gate of Sydney Harbor. It's home to one of Australia's prized beaches (my family and I spent New Year's Day 2020 there). I have to confess to having been just a bit intimidated by Steggall going into the meeting. Was it because she's a four-time Olympian whose bronze medal at Nagano in 1998 was only the second Winter Olympic medal in Australia's history? Perhaps. But I think it's mostly because she's just plain badass.

34. Michael Mann and Malcolm Turnbull, "How Australia's Electoral System Allowed Voters to Finally Impose a Ceasefire in the Climate Wars," *Guardian*, May 27, 2022, https://www.theguardian.com/commentisfree/2022/may/28/how-australias-electoral-system-allowed-voters-to-finally-impose-a-ceasefire-in-the-climate-wars.

35. Mann and Turnbull, "How Australia's Electoral System Allowed Voters to Finally Impose a Ceasefire in the Climate Wars."

36. Zing Tsjeng, "The Climate Change Paper So Depressing It's Sending People to Therapy," *Vice*, February 27, 2019, https://www.vice.com/en/article/vbwpdb/the-climate-change-paper-so-depressing-its-sending-people-to-therapy; Jem Bendell, "Deep Adaptation: A Map for Navigating Climate Tragedy," IFLAS Occasional Paper 2, July27, 2018, https://web.archive.org/web/20180805214026/https://www.lifeworth.com/deepadaptation.pdf; Thomas Nicholas, Galen Hall, and Colleen Schmidt, "The Faulty Science, Doomism,

and Flawed Conclusions of Deep Adaptation," *Scientists' Warning*, July 14, 2020, https://www.scientistswarning.org/2020/07/14/the-faulty-science-doomism-and-flawed-conclusions-of-deep-adaptation/; Tsjeng, "The Climate Change Paper So Depressing It's Sending People to Therapy"; Jack Hunter, "The 'Climate Doomers' Preparing for Society to Fall Apart," *BBC News*, March 16, 2020, https://www.bbc.com/news/stories-51857722.

37. Susan Joy Hassol and Michael E. Mann, "Now Is Not the Time to Give in to Climate Fatalism," *Time*, April 12, 2022, https://time.com/6166123/climate-change-fatalism/.

38. Samantha K. Stanley, Teaghan L. Hogg, Zoe Leviston, and Iain Walker, "From Anger to Action: Differential Impacts of Eco-anxiety, Eco-depression, and Eco-anger on Climate Action and Wellbeing," *The Journal of Climate Change and Health* 1, 100003 (2021), https://doi.org/10.1016/j.joclim.2021.100003.

图书在版编目（CIP）数据

脆弱时刻：如何渡过气候危机 /（美）迈克尔·E. 曼（MICHAEL E. MANN）著；魏科，林征译 .— 北京：东方出版社，2024.10.

— ISBN 978-7-5207-3987-0

I. P467

中国国家版本馆 CIP 数据核字第 2024KU5938 号

脆弱时刻：如何渡过气候危机

（CUIRUO SHIKE: RUHE DUGUO QIHOU WEIJI）

作　　者：［美］迈克尔·E. 曼

译　　者：魏　科　林　征

责任编辑：申　浩

出　　版：东方出版社

发　　行：人民东方出版传媒有限公司

地　　址：北京市东城区朝阳门内大街 166 号

邮　　编：100010

印　　刷：北京明恒达印务有限公司

版　　次：2024 年 10 月第 1 版

印　　次：2024 年 10 月第 1 次印刷

开　　本：880 毫米 ×1230 毫米　1/32

印　　张：12

字　　数：269 千字

书　　号：ISBN 978-7-5207-3987-0

定　　价：68.00 元

发行电话：（010）85924663　85924644　85924641